全栈工程师 系列丛书

Node.js 开发指南

李锴 编著

人民邮电出版社

北京

图书在版编目（CIP）数据

Node.js开发指南 / 李锴编著. -- 北京 : 人民邮电出版社, 2021.1（2023.6重印）
ISBN 978-7-115-54237-3

Ⅰ. ①N… Ⅱ. ①李… Ⅲ. ①JAVA语言－程序设计－指南 Ⅳ. ①TP312.8-62

中国版本图书馆CIP数据核字(2020)第098781号

内 容 提 要

本书紧随 Node.js 的最新标准与行业发展趋势，在介绍新标准与新技术的同时兼顾理论基础和实际应用，主要内容分为基础和应用两部分，基础部分内容包含 Node.js 环境配置、npm 项目管理、JavaScript 语法基础、Node.js 基本模块的原理与使用、异步代码的编写与组织，应用部分包含网络编程、桌面应用开发以及测试和调试。

本书讲解与示例并重，由浅入深地剖析了 Node.js 模块与语言原理，并通过各种实际场景下的示例来引导读者进行思考，使读者在学习编程语言的同时增进对语言本身的了解。

本书可作为高等院校计算机相关课程的教材，也可以供对 Node.js 语言感兴趣的读者自学使用。

◆ 编　　著　李　锴
　责任编辑　刘　博
　责任印制　王　郁　陈　犇
◆ 人民邮电出版社出版发行　　北京市丰台区成寿寺路 11 号
　邮编　100164　　电子邮件　315@ptpress.com.cn
　网址　https://www.ptpress.com.cn
　北京隆昌伟业印刷有限公司印刷
◆ 开本：787×1092　1/16
　印张：15.75　　2021 年 1 月第 1 版
　字数：455 千字　　2023 年 6 月北京第 3 次印刷

定价：59.80 元

读者服务热线：(010)81055256　印装质量热线：(010)81055316
反盗版热线：(010)81055315
广告经营许可证：京东市监广登字 20170147 号

前 言

从 Node.js（以下简称 Node）诞生的 2009 年 5 月到现在已经 11 年了。站在当前的时间点，已经有些难以想象 11 年前的软件开发是什么样子。那时，SSH 框架还是 Web 开发的标配，ECMAScript5 即将发布，HTML5 还看不到影子，GitHub 上线运行不到一年，Chrome 刚刚放出了测试版（当时很多人还在怀疑它是不是像宣称的那么快）。

随着计算机性能和软件开发技术的提升，很多实现起来比较困难或者看起来性价比不高的技术构想成为现实。例如，借助使用开源的 JavaScript 引擎创造了一个全新的 JavaScript 运行时，即 Node.js。

使用 Node 代表着可以在 Web 开发中统一前后端开发的语言，这意味着节约了大量的开发和沟通成本，作为其中代表的 MEAN（MongoDB+Express+Angular+Node）技术栈仍然保持流行。

很多高校的软件工程教学有这样的思维：真正的软件工程师就要多学习“形而上学”，如设计模式和软件工程理论，编程语言本身反而不那么重要，尤其是 JavaScript 这种近乎领域特定的语言，没有专门开设课程的必要。

在学生时代学习的编程语言会导致路径依赖，如果一名初创企业的架构师在学校里最拿手的是 Java，那么他在选择技术栈的时候选择 Spring 解决方案的概率会更大。

作为一门编程语言，Node 包含了过程式编程、面向对象及函数式编程的特性。即使已经过了 11 年，Node 仍然处在快速发展中，并且不断从现有的编程语言中汲取更多优秀的思想。如果读者有过 Java EE 开发的经验，那么一定会被 Node 简洁的代码和配置吸引，如果 Node 是读者接触的第一门服务器编程语言，那么希望读者在了解 Node 之后，依然能把眼光投向其他的编程语言。

内容简介

从逻辑上看本书可以分为两个部分。第一部分是基础，包括第 1～5 章，介绍了 Node 作为 JavaScript 运行时的各种概念与使用方式，这部分的内容会和专门介绍 JavaScript 的书籍有重合部分。第二部分偏向于应用，包括第 6～8 章，介绍了 Node 在 Web 服务、桌面应用程序中的应用等。

第 1 章主要介绍了如何准备 Node 环境及为了更好地学习和编码需要的其他软件环境。对于编程经验丰富的开发者来说，这些都是理应掌握的技能；但对于很多入门者来说，正确进行软件的下载和安装有时也会成为一个挑战。

第 2 章介绍了 npm 作为 Node 项目构建工具的使用方法。

第 3 章介绍了 JavaScript 的基本语法。这部分的内容是为了之前没有接触过 JavaScript 的读者对语法本身有一个快速的了解。

第 4 章开始进入 Node 的世界，介绍 Node 中主要模块的使用与背后的原理。

第 5 章的重点放在异步代码的组织上，主要介绍了回调函数以及 Promise 对象的使用。

第 6 章详细介绍了 Node 在网络编程上的应用，包括原生 HTTP 模块及 express 框架的使用。

第 7 章的主要内容是 Node 在桌面开发领域的应用，主要介绍了 Electron 框架以及常见开发需求在其中的实现。

第 8 章介绍了测试和调试的基本技巧。

本书还有一部分的内容是以附录的形式存在的，正文章节主要介绍语言使用和编程技巧，附录则包含了一些编程语言底层的内容，如果读者能够完全理解附录中的内容，可以进一步加深对 Node 的理解。

附录 A 主要介绍了一些操作系统相关的基础概念，包括 Node 与 JavaScript 的关联与区别，以及操作系统的相关内容，包括进程和线程的基本知识。

附录 B 作为第 6 章的补充内容，重点介绍网络编程相关的基本概念，包括建立连接的过程，socket 相关的知识等。

附录 C 从代码层面将 Node 与其他编程语言，包括 C#和 Java 做了比较。

附录 D 介绍了容器技术，并将其运用在第 6 章提到的软件环境中。

在编写本书的时候，笔者时时刻刻在注意要从一个入门者的角度来介绍，务必兼顾到知识点的前因后果。但如果不断向下挖掘，这本书就会变得奇厚无比，甚至变成一本计算机导论的课本。因此，附录的基础知识也仅包含最低限度的内容，如果读者在阅读的过程中仍然有难以理解的名词或者概念，可以使用搜索引擎来获得答案。

软件环境与源代码

笔者使用一台操作系统为 Windows 10 的主机，绝大部分代码是在 Windows 环境下编写及运行的。笔者还有一部运行 MacOS 10.12 的 Macbook，可以把它近似看作一个 Linux 环境，本书的代码也都经过了测试，可以在该环境下运行。

本书在示例选择上尽可能地让其贴近真实世界的使用场景，这是因为在学习语言的时候，尽管能够理解书上的例子，但如果意识不到自己写的代码和实际工程有任何的关联，这会挫伤学习的热情。

本书中出现的所有代码均可以在 GitHub 上下载，虽然笔者对代码进行了测试，但仍有可能存在遗漏之处，如果读者发现其中的错误，可以通过 pull request 或者邮件的方式告诉笔者。

编者

2020 年 9 月

目　录

第 1 章 概述

作为全书的开篇章节，本章主要介绍 Node.js 的运行环境，以及为了更好地进行开发和学习所需要的其他环境。

1.1 了解 Node.js

在开始学习一门新技术之前，读者应当对它有些基本的了解。以下是官方对 Node.js 的定义：Node.js®是一个基于 Chrome V8 引擎的 JavaScript 运行时。

运行时即编程语言的运行环境，JavaScript 从诞生起就属于浏览器的一部分，只能在浏览器内部运行。Node.js 对其做了扩展，使得 JavaScript 可以直接运行在物理机器上，这意味着 JavaScript 可直接管理和控制物理机器的资源。

为了简化名称，本章及后续章节均将 Node.js 简称为 Node。

Node 的语法遵循 ECMAScript 标准，ECMAScript 是由 ECMA（European Computer Manufacturers Association，前身为欧洲计算机制造商协会）组织通过 ECMA-262 文件标准化的脚本程序设计语言，即 JavaScript 的语言标准。关于语言标准本身更加具体的内容，可以参考附录 A。

Node 在语法上和浏览器中的 JavaScript 是一致的。绝大部分与浏览器 BOM（Browser Object Model，浏览器对象模型，如 window 对象）、DOM（Document Object Model，文档对象模型，如 document 对象）无关的 JavaScript 代码，都可以直接在 Node 中运行并且获得相同的输出。

```
// 下面的代码在浏览器和 Node 中有相同的输出
function hello(){
    console.log("hello world");
}
hello();
// 输出
"hello world"

// 下面的 JavaScript 代码不能在 Node 中运行，因为它使用了 DOM
function getValue(){
    var x=document.getElementById("myHeader");
    alert(x.innerHTML);
}
```

1.2 安装

打开 Node 官网，网站会对用户当前的操作系统进行判断（图 1-1 中可以看出笔者使用的是 Mac

OS）并提供相应的安装包下载链接。出于安全性考虑，请不要使用任何来源的第三方下载，如 GitHub 或者 CSDN 等。

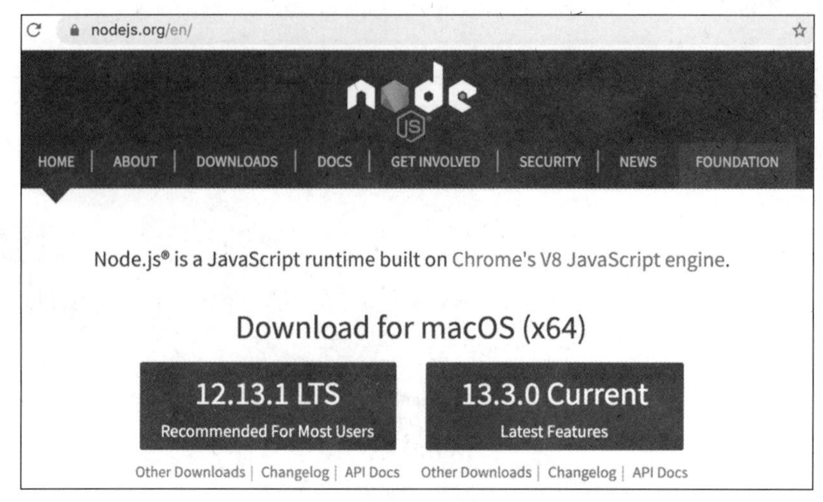

图 1-1　Node 官方网站的下载链接

Node 的版本分为 LTS（Long Term Support）和 Current。简单来说，LTS 是包含稳定特性和长期维护的版本，推荐绝大多数用户使用和升级。Current 是包含最新特性的版本，随着版本的推进，一个 Current 版本未来可能会变成 LTS。

下载完成之后打开可执行文件进行安装，Windows 下以.msi 后缀，Mac OS 下则是.pkg 为后缀。顺着安装文件的提示安装直到按下 Finish 按钮，如果安装过程中出现了某些错误提示，通常是由读者的系统环境引起的，而不是 Node 安装包本身的问题，可以利用搜索引擎来查找答案。

1.2.1　源代码安装

作为开源软件，Node 也提供了源代码下载，读者可以自行编译代码，最后会得到和下载版本相同的可执行文件。如果读者之前并没有通过编译源代码安装软件的经验，请使用安装包来安装。编译源代码的详细内容请参考附录 A。

1.2.2　验证安装

安装成功之后，需要验证一下 Node 环境是否已经正确无误地安装在计算机上，这一操作可以通过简单的控制台命令来完成。本书中统称 Windows 下的 CMD/PowerShell、Mac OS/Linux 下的 Terminal 工具为控制台或者命令行。如果控制台能打印出类似如下的版本信息，说明安装成功了。

```
// 本书的代码示例中，凡是使用$开头均表示在控制台中输入命令
$ node -v
// 输出
v12.16.0
```

在 Mac OS 和 Linux 平台下（如果读者正在使用 Windows，可以跳过这一段），有一个名叫 nvm 的第三方工具。借助 nvm 可以在当前系统下安装多个版本的 Node 并可以自由切换，这对于验证一些版本特性和错误修复比较有帮助，读者可以自行尝试。

本书的绝大部分内容都是基于最新版本的 Node（截止到成书时为 v12.16.0），涉及不同版本之间特性差异的内容和代码会特别注明。但由于 Node 的版本也在快速更新，读者只要安装了在阅读本书时最新版本的 Node 即可。

1.3　hello world

按照惯例，学习一门语言的第一个里程碑就是成功打印出“hello world”字符串。打开控制台，输入 Node 并回车，就可以进入 Node 的 REPL 环境。REPL 即 Read-Eval-Print-Loop，很多脚本语言都提供这样的交互式运行环境，输入代码就可以直接得到执行结果，如图 1-2 所示。

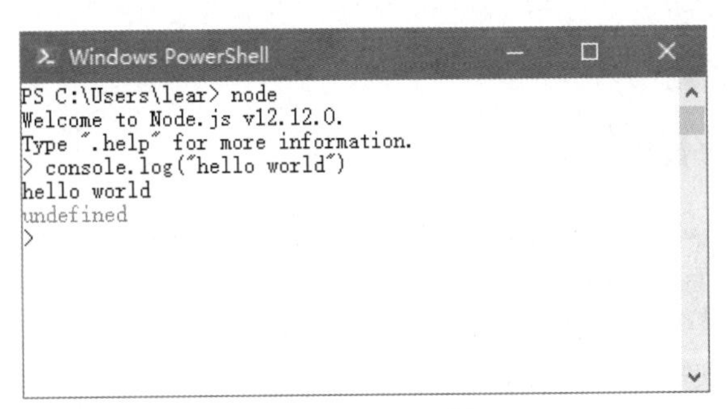

图 1-2　REPL 环境

从图 1-2 可以看出，除了打印出 hello world 之外，还输出了一行 undefined，它表示输入代码的返回值。因为 console.log 函数没有返回值，所以打印出 undefined。

控制台通常只适合运行和验证一些简单的代码，更常用的做法是编写代码文件并运行。打开项目文件夹，使用命令行或者鼠标右键，新建一个以.js 为后缀的文件，这是标准 JavaScript 及 Node 代码文件的后缀。

```
// 创建代码文件
$ echo "console.log('hello world');" > example.js

$ node .\example.js
// 输出
hello world
```

回忆一下，一名开发者在还没有接触 Node 的时候，想用 JavaScript 来验证一段代码或者算法，需要怎么做?

（1）新建 HTML 文件。

（2）在<script>标签里放入代码。

（3）用浏览器打开 HTML。

（4）在浏览器控制台中查看输出。

这个过程非常浪费时间，Node 摆脱了浏览器的限制，要运行脚本，只需要在控制台中运行 node xx.js 即可。

Node 代码的运行不会像 C++那样，编译链接后生成一个可执行文件，而是由 Node 可执行程序来负责翻译代码，每次执行都是一次翻译的过程。

1.4　其他准备工作

为了更好地学习 Node，下面列出了一些其他需要准备的工具和环境，它们对 Node 代码的编写和运行都不是必需的，但可以给入门者更好的编码和学习效率。

1.4.1 准备一个开发环境

目前，市面上已经有很多功能强大的 IDE 和代码编辑器，从功能上看，即使是 Windows 自带的记事本也可以用来编写代码。读者可以选择任意自己喜欢的代码编辑器或者 IDE，书写代码的工具不会影响代码本身。

本书推荐并使用的开发环境为 Visual Studio Code（以下统称 VS Code），有以下几个理由。

（1）VS Code 是跨平台并且免费的。

（2）VS Code 足够轻量。

（3）VS Code 拥有强大的调试功能。

1.4.2 准备一份源代码

为了便于说明某些概念和背后的原理，后面的章节里会用到源代码来配合讲解，源代码能让读者更好地理解 Node 在背后到底做了什么。

如果仅是为了理解基础概念，那么准备一份代码量少的低版本即可。在官方网站上可以下载 Node 过去所有版本的源代码。

在官方网站上能够下载到的最早版本是 0.1.14，虽然和最新的发行版本相比十分简陋，但基础的文件系统、HTTP、Events 等模块都已经完备，能够清晰地看到最初设计的思路。

1.4.3 准备一个类 Linux 环境

本书绝大部分代码都是与平台无关的，但大部分和底层相关的概念都是基于 Linux 系统来说明的，例如文件描述符、epoll 等。

尝试接触和使用 Linux（主要是各种控制台命令）有助于对操作系统的概念形成更好的了解，如果读者已经有了 Linux 环境或者在使用 Mac OS，那就再好不过了。如果读者在使用 Windows 10 系统，它其实已经自带了一个 Linux 子系统，可以很容易地创建一个 Ubuntu 系统。

如果只是想运行一些简单的 Linux 命令，那么可以安装一个 git bash，默认的 git 安装包里都会包含这个选项。如果想要获得一个更加完整的 Linux 环境，那么 MinGW 或者一个虚拟机是更好的选择。

1.4.4 熟悉控制台

后续内容中会频繁地在控制台环境下运行各种命令，如果读者使用 Linux 发行版本或者 Mac OS，那么使用默认的 Terminal 工具即可。

如果读者在 Windows 环境下工作，那么推荐使用 PowerShell 而不是传统的 CMD 环境，PowerShell 可以看作是增强版的 CMD，并且很多命令都和 Linux 命令是相同的，如 ls 和 mkdir 等。Windows 7 及以上的 Windows 版本中都内置了 PowerShell 环境，如果读者找不到它，可以通过 Win+R 组合键直接运行，如图 1-3 所示。

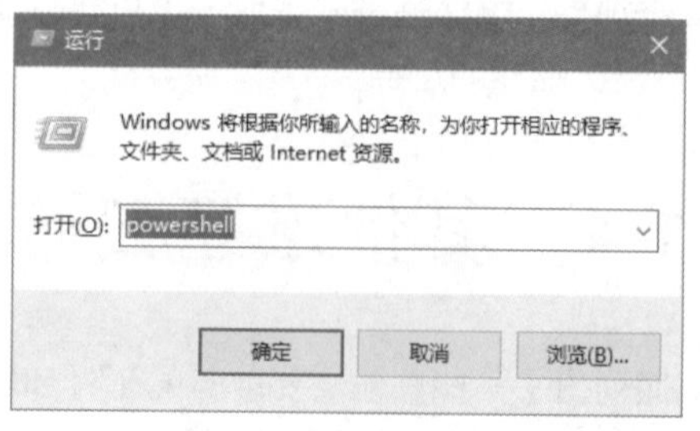

图 1-3 通过 Win+R 组合键运行 PowerShell

另外，如果读者使用了本书推荐的 VS Code 编辑器，那么可以使用 Ctrl+`组合键（Windows 环境，不同的操作系统可能有不同的组合键）来打开内置的控制台窗口。

1.4.5　准备一份文档

在学习和使用 Node 时，比起互联网上的文章和书籍，官方的在线文档才是最好的帮手。如果读者运行代码时出现了莫名其妙的错误，或者不清楚某个 API 的用法，那么第一时间查看文档永远是最正确的选择。

第2章 了解 npm

本章将会讲述如何创建和组织一个 Node 项目。如果读者只是想简单地编写代码来解决某个小任务，如 LeetCode 上的算法题目，可以手动创建代码文件并在命令行中运行。但如果想要开始一个稍微有些规模的项目，那么更好的选择是使用 npm 来初始化和构建。

npm（Node Package Manager）是随着 Node 一起发布的包管理工具，它最常用的功能是将别人编写好的代码模块下载到本地，然后用在自己的项目中。在 Node 从小众到流行，再到成为很多软件开发基础设施的过程中，npm 起到了重要的推动作用。

npm 会随着 Node 一同安装，在控制台中输入 npm -v，就会打印出当前的 npm 版本。

```
$ npm -v
6.9.0
```

在软件开发模块化程度越来越高的当下，很多基础功能不需要开发者自己动手实现，而是使用别人开发好的模块。多数语言或者框架都提供了类似的模块管理功能，如微软为 C++/C#提供的 Nuget，Java 平台的 Maven、Gradle 等。

每个模块管理工具都从一个中心模块仓库下载对应的模块，如 Maven 对应的中心仓库 repo.maven.apache.org，Python 的中心仓库 pypi.org 等。Node 的核心模块仓库是 npmjs.com，开发者可以自由地将自己编写的模块上传至中心仓库，这样世界各地的开发者就可以将模块下载到本地并使用。

下面用一个例子来说明，有些时候想要在代码中使用二叉树，由于编程语言通常不会内置这一数据结构，常见的做法是从数组中生成一个二叉树，以数组[1,2,3,4]为例，生成的二叉树如图 2-1 所示。

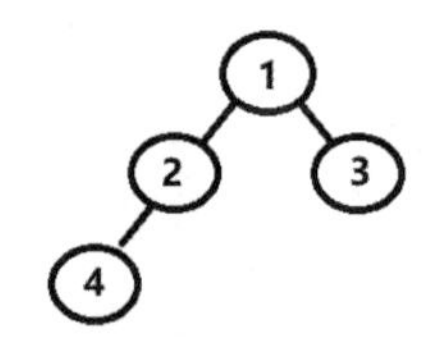

图 2-1　二叉树示意图

npm 上有个简单的用于生成二叉树的模块 node-tree-creator，首先把它下载到本地。

```
// 在命令行中运行
$ npm install node-tree-creator
// 安装成功之后，就可以直接在代码中使用它生成二叉树的方法
var tree_creator = require('node-tree-creator');
var arr =[1,2,3,4];
var root = tree_creator.generateBST(arr);// 返回根节点
```

模块本质上就是经过封装的代码文件，可能是一套完整的 Web 框架，也可能是一个简单的函数。即使是最简单的 hello world 也可以封装成一个模块供他人使用，模块相关的语法会在第 4 章介绍。

2.1 package.json

一个 Node 项目通常会用到许多第三方依赖，那么对于一个大型项目，如何描述和管理这些依赖就成为一个问题。其他的语言和工具，如 Maven，使用 XML 格式来描述第三方 jar 包和项目本身。Python 则是使用 setup.py 文件来描述项目中使用的第三方模块。Node 的做法是通过 package.json（描述文件）和 npm（构建工具）来完成这一流程。

2.1.1 生成 package.json

正如后缀名的描述，package.json 是一个 JSON 文件，读者可以手动创建它并声明对应的字段，也可以通过 npm 提供的命令来生成该文件。

```
// 在控制台中按照顺序运行以下命令
// 创建一个项目目录，并且使用 npm 初始化
// 最终会在 npmTest 目录下生成 package.json
$ mkdir npmTest
$ cd npmTest
$ npm init
```

控制台窗口会询问一系列的问题，包括项目的名称、描述、关键字、仓库地址等，读者可以根据自己项目的实际情况在控制台中输入对应内容并回车，输入的内容都会作为文件的一部分写入 package.json 中。如果想要使用默认配置，也可以什么都不填直接按回车，或者直接使用 npm init -y 命令，等到 package.json 生成后再去修改也一样。

```
$ npm init

// 输出
This utility will walk you through creating a package.json file.
It only covers the most common items, and tries to guess sensible defaults.

See `npm help json` for definitive documentation on these fields
and exactly what they do.

Use `npm install <pkg>` afterwards to install a package and
save it as a dependency in the package.json file.

Press ^C at any time to quit.
package name: (npmtest)
version: (1.0.0)
description:
entry point: (index.js)
test command:
git repository:
keywords:
author:
license: (ISC)
About to write to /Users/likai/Desktop/workspace/npmTest/package.json:

{
  "name": "npmtest",
  "version": "1.0.0",
  "description": "",
  "main": "index.js",
```

```
  "scripts": {
    "test": "echo \"Error: no test specified\" && exit 1"
  },
  "author": "",
  "license": "ISC"
}


Is this OK? (yes)
```

初始化的 package.json 文件内容如下。

```
{
  "name": "npmtest",
  "version": "1.0.0",
  "main": "index.js",
  "scripts": {
    "test": "echo \"Error: no test specified\" && exit 1",
    "start": "node main.js"
  },
  "keywords": [],
  "author": "",
  "license": "ISC",
  "description": ""
}
```

其中，每个字段的含义如下。

- "name"：当前项目的名称。
- "version"：当前项目的版本号。
- "description"：项目的描述。
- "main"：项目的启动文件，默认名称为 index.js，可自行修改。
- "scripts"：一个 JSON 对象，可以在其中自定义 npm 命令。
- "keywords"：项目关键字。
- "author"：项目作者。
- "license"：项目遵循的协议。

2.1.2 第三方模块

除了上面介绍的字段外，还有两个字段 dependencies 和 devDependencies，这两个字段用于描述项目中使用到的第三方模块，在运行 npm install 命令的时候才会自动创建。

2.2 使用 npm install

要使用 npmjs.org 上大量的第三方模块，需要使用 npm install 命令，这里只介绍最常用的格式。

```
// 安装模块，默认最新版本
npm install [<@scope>/]<name>

// 通过指定 tag 来安装模块
npm install [<@scope>/]<name>@<tag>

// 通过指定版本号来安装模块，如果版本号不存在会失败
npm install [<@scope>/]<name>@<version>
```

```
// 通过指定版本号的范围来安装模块
npm install [<@scope>/]<name>@<version range>
```

下面是实际的使用例子。

```
// 安装 angular-cli ，默认最新版本
npm install @angular/cli

// 安装 express 的 4.17.1 版本(4.17.1 是版本号的同时也是 tag)
npm installl express@4.17.1

// 安装指定版本范围内的 koa，默认取上限
npm install koa@">=2.6.0 <2.8.1"
```

如果一个模块会被很多项目引用，或者一些模块本身提供了命令行工具，如 angular-cli 或者 pm2，那么把这些模块安装在全局环境下是更好的选择。要以全局模式安装，只需要在运行 npm install 命令时加上-g 参数即可，这样就可以在命令行中引用该模块。

```
// 全局模式安装 gulp 模块
$ npm install -g gulp

// 安装成功后便可以在控制台中使用 gulp 命令
$  gulp -v
CLI version: 2.2.0
Local version: 4.0.2
```

使用 install 命令而不带任何参数的情况下会把安装的模块名称和版本号写入 package.json 的 dependencies 字段中。使用全局模式安装的模块信息不会出现在 package.json 中。如果在运行 npm install 的时候不指定版本号，那么就会默认下载最新的版本。

```
"dependencies": {
    "@angular/cli": "^8.3.5",
    "express": "^4.17.1",
    "koa": "^2.8.0"
}
```

Node 使用语义化的符号来表示模块的版本，表 2-1 列出了 npm 的版本号匹配规则。

表 2-1　version 字段匹配规则

格式	含义
version	完全匹配
>version	大于这个版本
>=version	大于或等于这个版本
～version	最接近这个版本
^version	与当前版本兼容
1.2.x	1.2.x 的版本，x 代表任意数字
* 或者 ""	任何版本，默认最新版本
version1 - version2	版本在 version1 和 version2 之间（包括 version1 和 version2）

有些在开发阶段用到的第三方模块在生产环境并不需要，如测试脚手架、代码分析库等。为了区分，package.json 将第三方模块分成 dependencies 和 devDependencies。

在运行 npm install 的时候增加--save-dev 参数，就会把对应的模块信息写入 devDependencies 字段中。同时，当代码库上传到生产环境后，运行 npm install --production，该命令会忽略 devDependencies

中的依赖，只安装 dependencies 字段下定义的模块。

```
// 将 gulp 作为 devDependency 安装
npm install gulp --save-dev
```

下面是一个完整的 package.json 文件示例。

```
{
  "name": "etest",
  "version": "1.0.0",
  "description": "",
  "main": "server.js",
  "directories": {
    "lib": "lib"
  },
  "dependencies": {
    "angular": "^1.7.9",
    "express": "^4.17.1"
  },
  "devDependencies": {
    "jasmine": "^3.5.0",
    "gulp": "^4.0.2"
  },
  "scripts": {
    "test": "echo \"Error: no test specified\" && exit 1",
    "start": "node server.js"
  },
  "keywords": [],
  "author": "",
  "license": "ISC"
}
```

2.3 node_modules

运行 npm install 命令，npm 会根据 package.json 中描述的依赖项安装对应的模块，并在当前的文件夹下生成 node_modules 文件夹，以非全局模式安装的所有第三方模块都会被放置在该文件夹中。

使用全局模式安装的模块位于 Node 预先定义的系统目录中，可以使用 npm 提供的命令查看。

```
// 查看全局模块的安装位置
$ npm config get prefix
C:\Users\likaiboy\AppData\Roaming\npm
```

当在 Node 代码文件中使用 require 方法来引入第三方模块的时候，Node 会在 node_modules 文件夹中查找对应的模块，每个模块也都有自己的 package.json 描述文件，Node 会加载其 main 字段定义的主文件。

如果一名初次接触 Node 的开发者第一次打开 node_modules 文件夹，一定会震惊于里面的文件夹数量，而起源可能仅是执行了一个简单的 npm install 操作，如图 2-2 所示。

npm install 命令会根据 dependencies 和 devDependencies 中的定义去安装对应的模块，而这些模块往往也依赖于别的模块，这样就形成了依赖的树形结构。npm 会统计所有的依赖项，然后把它们统一放在 node_modules 目录下，这也是该目录下会有这么多陌生文件夹的原因。

为了避免每次都从远方仓库下载模块，npm 会在安装模块的时候在本地缓存一份，这样下次下载的时候就可以直接从本地安装，如图 2-3 所示。

```
// 查看 npm 缓存目录
npm config get cache

// Linux/Mac OS 输出
/Users/likai/.npm

// Windows 输出
C:\Users\likaiboy\AppData\Roaming\npm-cache
```

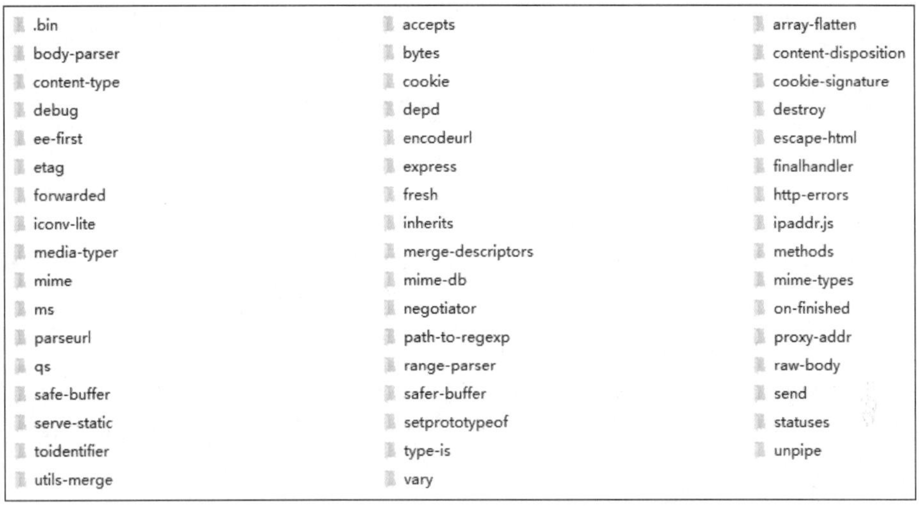

图 2-2　执行 npm install express 一共安装了 50 个模块

图 2-3　Mac OS 下的 npm cache 目录

大量的 npm 缓存会占用很大的系统空间，如果读者经常运行 npm install 操作，那么缓存文件夹可能会有几个 GB 的体积。可以运行 npm cache clean －force 命令清空所有的缓存。

2.4　控制模块版本

package.json 虽然描述了项目依赖的第三方模块，但在版本控制上做的并不完善。package.json 提供的模糊版本号匹配规则无法保证多次运行 npm install 命令后安装的模块是相同的。

以 express 为例，即使在 package.json 中明确地将版本号固定在 4.17.1，但这样仅能固定 express 本身的版本，无法控制 express 自身依赖项的版本。这意味着多次执行 npm install express@4.17.1 可能会安装不同版本的子模块。

2.4.1 子模块的版本

下面列出了 express 项目的 package.json 文件中 dependencies 字段内容。

```
// express 的依赖项及版本号
"dependencies": {
    "accepts": "~1.3.7",
    "array-flatten": "1.1.1",
    "body-parser": "1.19.0",
    "content-disposition": "0.5.3",
    "content-type": "~1.0.4",
    "cookie": "0.4.0",
    "cookie-signature": "1.0.6",
    "debug": "2.6.9",
    "depd": "~1.1.2",
    "encodeurl": "~1.0.2",
    "escape-html": "~1.0.3",
    "etag": "~1.8.1",
    "finalhandler": "~1.1.2",
    "fresh": "0.5.2",
    "merge-descriptors": "1.0.1",
    "methods": "~1.1.2",
    "on-finished": "~2.3.0",
    "parseurl": "~1.3.3",
    "path-to-regexp": "0.1.7",
    "proxy-addr": "~2.0.5",
    "qs": "6.7.0",
    "range-parser": "~1.2.1",
    "safe-buffer": "5.1.2",
    "send": "0.17.1",
    "serve-static": "1.14.1",
    "setprototypeof": "1.1.1",
    "statuses": "~1.5.0",
    "type-is": "~1.6.18",
    "utils-merge": "1.0.1",
    "vary": "~1.1.2"
}
```

在实际开发中，因为文件体积和数量，开发者通常不会往代码仓库中提交 node_modules 文件夹，而是将 package.json 文件提交，然后在部署过程中运行 npm install 命令。这就可能导致生产环境安装了和开发环境不同的依赖，从而给生产环境的代码运行带来不确定性。

读者可能会产生疑问，既然不能指定具体版本号会有这种缺点，那么为什么不干脆把 dependencies 的所有字段全都写成具体版本号？更进一步，npm 为什么要提供不明确指定版本号的规则？

答案是不指明具体的版本号可以让开发者享受到更新后（通常是一些 bug 修复）的特性。以 express 的依赖项 accepts 为例，假设该模块的 1.3.7 版本在使用过程中发现了一个严重的 bug，那么模块拥有者在修复 bug 之后，就会将所有包含该 bug 的版本删除并提供一个新的版本，例如 1.3.10。如果在 package.json 中没有使用～而是明确指定版本号，就会导致构建失败。

2.4.2 package-lock.json

为了避免安装过程的不确定性，npm5.0.0（2017 年 5 月发布，对应的 Node 版本是 v8.0）及之后的版本增加了 package-lock.json 特性，该文件描述了 package.json 中的所有模块及它们的子模块的详细版本信息。

还是以 express 为例，如果用户安装了最新版本的 Node，那么在运行 npm install 命令时，除了将 express 的版本信息写入 package.json 的 dependencies 字段中以外，还会把 express 自身的依赖模块信息写入 package-lock.json 中。该文件的内容是自动生成的，开发者不需要手动修改里面的内容。

以下是安装 express 过程中生成的 package-lock.json 文件的部分内容。

```
    {
      "name": "npmtest",
      "version": "1.0.0",
      "lockfileVersion": 1,
      "requires": true,
      "dependencies": {
        "accepts": {
          "version": "1.3.7",
          "resolved":"https://registry.npm.taobao.org/accepts/download/
accepts-1.3.7.tgz",
          "integrity": "sha1-UxvHJlF6OytB+FACHGzBXqq1B80=",
          "requires": {
            "mime-types": "~2.1.24",
            "negotiator": "0.6.2"
          }
        // other lines...
      },
```

dependencies 属性包括了 node_module 文件夹下的所有模块，并包含了具体的版本号和下载地址等信息。例如，accepts 是 experss 直接依赖的模块，它同时依赖于 mime-types 和 negotiator 两个模块，npm 在安装模块时就会向下查找对应的模块信息。

```
    "mime-types": {
          "version": "2.1.24",
          "resolved":"https://registry.npm.taobao.org/mime-types/download/
mime-types-2.1.24.tgz",
          "integrity": "sha1-tvjQs+lR77d97eyhlM/20W9nb4E=",
          "requires": {
            "mime-db": "1.40.0"
          }
        },
    "negotiator": {
          "version": "0.6.2",
          "resolved":"https://registry.npm.taobao.org/negotiator/download/
negotiator-0.6.2.tgz",
          "integrity": "sha1-/qz3zPUlp3rpY0Q2pkiD/+yjRvs="
      },
```

mime-types 和 negotiator 两个模块也标注了具体的版本号，其中 mime-types 还依赖 mime-db，那么就继续向下查找对应的版本号即可。通过递归的过程，所有依赖项的版本号都被确定下来。

在实际的开发过程中，将 package-lock.json 和 package.json 一起提交到代码库中，那么下次在运行 npm install 命令时，就会根据 package-lock.json 中的信息安装对应版本的模块。

2.5　使用 npm 构建项目

npm 除了管理第三方模块外，还是一个任务管理器。开发者可以在 pacakge.json 的 script 字段中自定义命令，然后使用 npm run 命令来运行。

```
// 假设项目主文件是main.js，而它接受很多参数
$ node main.js 1 2 3 4 ...
```

每次在控制台输入完整的命令很不方便，此时可以把命令放在 script 字段中。

```
// package.json
script:{
    "start": " node main.js 1 2 3 4 ..."
}

// 运行
$ npm start
// 或者
$ npm run start
```

使用 npm run 命令可以运行定义在 scripts 字段中的命令，其中 npm test、npm start、npm restart，以及 npm stop 是对应 npm run xxx 的简写。

script 字段中还可以定义任何可以在控制台中使用的命令。例如，定义一个用于清除当前文件夹下.log 文件的 clean 命令。

```
script:{
    "clean": "rm -rf *.log"
}

// 运行
$ npm run clean
```

使用 npm 命令构建的另外一个好处就是，不需要全局安装某个模块，假设在 package.json 文件中有如下配置。

```
"scripts": {
    "start": "ng serve",
    "test": "jasmine",
}
```

从图 2-2 中可以看出，node_modules 文件夹下除了安装的第三方模块外，还有一个.bin 文件夹，该文件夹用于存放第三方模块提供的命令行工具，如图 2-4 所示。一些第三方模块（如 gulp、jasmine、angular-cli 模块）会附带一些可执行文件，如 gulp.cmd、jasmine.cmd、ng.cmd 等。

名称	修改日期	类型	大小
jasmine	2020/3/4 21:35	文件	1 KB
jasmine.cmd	2020/3/4 21:35	Windows 命令脚本	1 KB
jasmine.ps1	2020/3/4 21:35	Windows Power...	1 KB

图 2-4　安装 jasmine 模块后.bin 目录的内容

当在控制台中运行 npm start 或者 npm test 的时候，npm 会首先从 node_modules 中的.bin 目录里寻找对应的可执行文件。如果没有找到，再去系统的环境变量中查找。

这样带来的好处有两点。第一点是避免了 Node 项目依赖全局的某些模块，确保只依靠 package.json 中描述的依赖就可以运行一个 Node 项目。第二点就是避免有些全局模块和 node_modules 中模块的版本不兼容。一个典型的例子就是 angular-cli 模块，ng serve 命令用于运行一个 Angular 项目，但由于 Angular 火箭一样的版本升级速度，经常出现全局环境中的 angular-cli 工具和 package.json 中的 angular 模块版本不兼容的情况。

笔者有段实际的经历，曾经有位出名的 Angular 社区讲师来到公司里进行 Angular 培训，接到通知的笔者以及同事们早早地准备好了开发环境（全局环境下最新的 angular–cli），然后那位讲师提

供了 GitHub 上的示例代码。

获得示例代码后，笔者在命令行中运行 npm install，安装完成后再运行 ng serve，无一例外地编译失败。经过检查后发现示例代码中的 angular 模块版本比较低，而高版本的 angular-cli 不兼容低版本的 angular 模块。这时只要在 package.json 中配置 npm start 命令，就可以避免这个问题。

2.6　关于版本升级

npm 采用语义化的版本号来描述依赖项的版本，其目的是让开发者尽可能地使用版本较新的模块，因为新版本往往会包含 bug 修复或者性能优化等。

然而实际的开发工作往往是：第一次安装好依赖之后就不再管它，此后的很长一段时间都使用第一次下载下来的版本。即使后来团队里一直有新人加入，还是一直沿用两三年前的一套模块。后续的项目开发除非明确发现了依赖模块中的 bug，否则开发者一般不会有计划地升级依赖版本，就像很多用户关闭了 Windows 自动更新一样。

这听起来很正常，既然现有的依赖都能正常工作，为什么要花时间去升级它呢？但日积月累，版本之间的差异可能会给后续升级造成麻烦。

还是以一段实际经历为例，当笔者参加某个 Web 项目的开发时，计算机上已经安装了最新的 Node 环境（当时是 Node v7.5）。将项目下载到本地，安装完成后运行 npm start 时，出现了类似下面的错误。

```
eventEmitter.emit("begin")
            ^

TypeError: Cannot read property 'emit' of undefined
```

项目组里的其他同事没有出现这个问题，经过排查，原因是 node_modules 中的一个模块 socket.io（一个著名的 WebSocket 模块）中有如下的代码。

```
var eventEmitter = process.eventEmitter;
```

Node 在 6.x 及之前的版本可以使用 process.eventEmitter 来访问 Events 模块，但这种写法已经在 7.0 及之后的版本废弃，而项目中使用的 socket.io 模块版本过低，使用的还是旧的写法，因此在运行时出现了错误。而其他同事计算机上的 Node 版本还停留在 6.X，所以没有出现这个问题。

首先想到的解决方案自然是升级 socket.io 的版本，但它并不直接被项目代码依赖，而是作为 karma（一个测试脚手架）的依赖项存在的。因此就变成了需要升级 karma，但 karma 的版本又跟很多其他的模块绑定在一起，甚至还要升级 webpack 的配置文件，最终笔者暂时放弃了升级，改成手动修改源代码。

```
// 将第三方模块中所有的
var eventEmitter = process.eventEmitter;
// 替换成
var eventEmitter = require("event")
```

小　结

本章主要介绍 npm 的原理及使用，npm 是 Node 项目构建和运行的基础，熟悉掌握 npm 命令以及使用方法有助于快速构建项目。

package.json 描述了整个 Node 项目的结构与依赖，在实际使用中应该对每个字段的含义了解清楚。

思考与问题

- 试着了解和比较 Java、Python、C#等编程语言管理第三方模块的策略，以及相比 Node 有何优劣。
- 除了本章介绍的属性之外，package.json 还有一些其他的属性，阅读 npm 的在线文档，了解所有属性的含义。
- cnpm 是阿里巴巴公司出品的用来替代 npm 的工具，安装并运行它，并在这个过程中熟悉 npm 的配置。

第 3 章 JavaScript 核心

本章可以看作是一个基础章节，主要介绍 JavaScript 中的一些基础概念和编程技巧。因为 Node 可以看作是对 JavaScript 的扩展，所以本章介绍的概念无论是在浏览器 JavaScript 还是 Node 中都是通用的。本章内容包括基本类型、数据结构、变量与作用域、函数与函数式编程、类和对象 5 个部分。

如果读者之前没有接触过 JavaScript，那么快速浏览本章后，应该可以使用 JavaScript 编写一些简单的程序。如果读者之前已经有了 JavaScript 经验，那么可以跳过本章大部分内容，将重点放在函数部分尤其是高阶函数一节。

本章的介绍仅限于简单的概念，但已经可以涵盖绝大多数平时使用的场景。如果读者需要更加详细的解释或者需要了解某个 API 的具体用法，建议阅读《JavaScript 权威指南》一书或者 W3Schools 的在线文档。

本章中出现的代码，除非特别标注，都可以保存为单独的*.js 文件，使用 Node 运行；也可以通过<script>标签引入在浏览器中运行。

ECMAScript（以下简称 ES）是 JavaScript 的语言标准，它是一份标注了 JavaScript 所有特性的文档。表 3-1 列出了 ECMAScript 的版本及发布时间。

表 3-1　ECMAScript 各版本的发布时间

版本号	发表日期
1	1997 年 6 月
2	1998 年 6 月
3	1999 年 12 月
4	放弃
5	2009 年 12 月
5.1	2011 年 6 月
6	2015 年 6 月
7	2016 年 6 月
8	2017 年 6 月
9	2018 年 6 月
10	2019 年 6 月

ES6 于 2015 年发布，也被称为 ES2015，它是 JavaScript 标准做出重大更新的一个版本，引入了箭头函数、Promise、class 等大量新特性。此后每年 ES 都会发布一个新版本，称为 ES201x，但相比 ES6 的更新来说幅度比较小，本书将 ES6 及之后的版本的 ES 统称为 ES6。

很多书把 ES6 作为独立的一章来介绍，但距离该版本的发布已经过去了五年，无论是主流浏览器（Chrome、Fircfox、Edge）还是 Node 都实现了对 ES6 绝大部分特性的支持，因此在介绍 JavaScript 特性时也已经没必要将 ES5 和 ES6 割裂开来。

3.1 基本类型

JavaScript 定义了以下 7 种原始类型及对象类型"object"，可以使用 typeof 关键字来判断一个变量的类型。

- Boolean
- Null
- Undefined
- Number
- BigInt
- String
- Symbol

```
$ node
> typeof 1
'number'
> typeof "1"
'string'
> typeof true
'boolean'
> typeof 1n
'bigint'
> typeof undefined
'undefined'
```

原始类型的值都是不可变的，这种不可变指的是无法对原始类型的值本身进行修改。如果把基本类型的值赋给变量则可以自由修改，此时修改的是变量的值而非基本类型值本身。

```
3 = 1
// 输出
Thrown:
3 = 1
^
SyntaxError: Invalid left-hand side in assignment

> var num = 3;
> num = 2; // 正确
```

3.1.1 布尔值

Boolean（布尔）类型只包含两个值，分别是 true 和 false。布尔值通常用在控制结构中，如 if 的条件跳转。当 if 条件中的表达式不是一个布尔类型的值时，JavaScript 会产生一个隐式的类型转换，本书后面的内容还会做相关介绍。

```
if(true){
}
// 通常不会写出上面形式的代码，而往往是下面的形式
var a = xxxx;
if(a){
}
```

```
// if 中的隐式转换
if(1)    // 等价于 if(true)
if('1')  // 等价于 if(true)
if(0)    // 等价于 if(false)
if('0')  // 等价于 if(false)
if('')   // 等价于 if(false)
```

3.1.2　数字

JavaScript 不区分整数和浮点数，所有的数字都统一使用 64 位浮点数表示，这意味着 JavaScript 的两个整数相除不会像 C 语言那样只返回整数部分。

```
> 3/2
// 输出
// 1.5
```

1. 特殊值

JavaScript 预定义了一些特殊值，如表 3-2 所示。

表 3-2　JavaScript 中的预定义数字

预定义变量	含义
Infinity / -Infinity	理论上的最大/最小值
Number.MAX_VALUE	1.797 693 134 862 315 7e+308
Number.MIN_VALUE	5e−324
Number.MAX_SAFE_INTEGER	9 007 199 254 740 991，即 $2^{53}-1$
Number.MIN_SAFE_INTEGER	−9 007 199 254 740 991，即 $-2^{53}+1$

MAX_SAFE_INTEGER 是 JavaScript 能够安全表示的最大整数，超过这个数字之后无法保证准确。

```
var a = Number.MAX_SAFE_INTEGER+1
a==a+1 // true
```

2. 声明 BigInt

BigInt 的特点是不受数字大小的限制，可以通过在整数后面加“n”或者使用 BigInt()构造函数来声明一个 BigInt 类型的变量，BigInt 在使用时不能和 Number 类型混用。

```
a = 10n; // 声明一个 BigInt
a = BigInt(10); // 声明一个 BigInt
a+10 // TypeError: Cannot mix BigInt and other types, use explicit conversions
```

3.1.3　字符串

JavaScript 中的字符串是一种类数组结构，可以使用下标“[]”来读取指定位置的字符，但无法使用下标对字符串进行修改，因为基本类型的值是不可改变的。

```
var str = "hello";
// str 的值不会改变，但也不会有错误信息
str[0] = "w";

// 在严格模式下运行上面的代码
"use strict"
str[0] = "w";
// TypeError: Cannot assign to read only property '0' of string 'hello'
```

1. 声明字符串

使用引号来声明一个字符串，JavaScript 中一共有 3 种引号可以使用，分别是单引号、双引号及

反引号。

```
// 以下三者等价
'string text'
"string text"
`string text`
```

通常认为单引号和双引号等价，当仅用来声明一个简单字符串的时候，这 3 种引号的使用没有任何区别。引号内部再出现相同符号的时候需要转义，否则解释器将因不能正确区分字符串的起始结束范围而导致错误。

```
"he said "yes"" ; // 错误，内部的双引号需要转义
'he said "yes"' ; // 正确
"he said 'yes'"; // 正确
"he said \"yes\""; // 正确
'he said \'yes\' and cried'; // 正确
```

2. 字符串方法

String 类的 prototype 定义了许多字符串操作的方法，如表 3-3 所示。因为 String 作为原始类型不可变的特性，凡是会返回字符串的方法都会返回一个全新的字符串。

表 3-3　定义在 String.prototype 上的部分常用方法

方法（均省略 String.prototype）	返回	含义
charAt()	String	返回在指定位置的字符
charCodeAt()	String	返回在指定位置的字符的 Unicode 编码
concat()	String	连接字符串
fromCharCode()	String	从字符编码创建一个字符串
indexOf()/lastIndexOf()	Number	从前向后/从后向前搜索字符串并返回第一次出现的位置
match()	Array	找到一个或多个正则表达式的匹配
replace()	String	替换与正则表达式匹配的子串
search()	Number	检索与正则表达式相匹配的值
slice()	String	提取字符串的片断并返回
split()	Array	把字符串分割为字符串数组
startsWith()	Bool	判断字符串是否以指定字符串开头
substr()	String	从起始索引号提取字符串中指定数目的字符
substring()	String	提取字符串中两个指定的索引号之间的字符
toLowerCase()/toUpperCase()	String	把字符串转换为小/大写
toString()	String	返回字符串
trim()	String	去除字符串两端的空格
valueOf()	String	返回某个字符串对象的原始值

表 3-3 并没有涵盖所有的字符串方法，有些方法已经不鼓励使用，如 String.prototype.substr()，该方法可以被 String.prototype.substring()代替。还有一些属于少用的国际化相关的方法，例如 String.prototype.toLocaleLowerCase()，也没有包含在表格内。

3. 字符串和数组互相转换

有些情况下，在处理字符串时将其转换成数组会带来便利。String.prototype.split()和 Array.

prototype.join()可以实现字符串和数组之间的相互转换。

```
"abc".split("");
// 返回
// ["a","b","c"]

["a","b","c"].join("");
// 返回
// "abc"
```

4. 多行字符串

多行字符串通常有两种需求情景，一种是在代码编辑器中，有些时候一个字符串的长度可能会超过编辑器窗口的宽度导致不易查看（如在 JavaScript 代码中经常需要处理 HTML 字符串），需要将其拆成多行显示；另一种是真实的业务需要将一个字符串变成多行的形式。

对于第一种，直接使用加号或者连接符号即可将一行字符串拆分成多行显示。第二种则可以使用反引号，也就是模板字符串来解决。

```
// 下面两种方式只是看起来像是多行字符串
// 但 JavaScript 在处理时仍然认为这是一个单行字符串
var str1 = "I am "+
"dangerous";

var str2 = "I am \
dangerous";

console.log(str1); // I am dangerous
console.log(str2); // I am dangerous
```

5. 模板字符串

使用反引号声明的字符串称为模板字符串，这是一个来自于 ES6 的特性。模板字符串可以直接写成多行的形式，JavaScript 在处理时也会当作多行字符串来处理。

```
var string =
`I
am
dangerous `;

console.log(string);
// 输出
// I
// am
// dangerous
```

模板字符串还支持在内部使用表达式，可以自动解析位于${}中的表达式并对其求值后输出到原有位置，比使用加号的字符串拼接和占位符更加直观。

```
var hostname = "localhost";
var port = 8080;

// 以下三个打印语句是等价的
console.log(`Server running at http://${hostname}:${port}/`);
console.log("Server running at http://%s:%f/",hostname,port);
console.log("Server running at http://"+hostname+":"+port+"/");
// 输出
// Server running at http://localhost:8080
```

3.1.4 正则表达式

正则表达式是一门特殊的编程语言，有自己的语法规范，很多编程语言都内置了正则表达式引擎。

1. JavaScript 中的正则方法

JavaScript 提供了 6 个（严格来说是 7 个）有关正则表达式的方法，如表 3-4 所示。

表 3-4 正则表达式相关的方法

方法	含义
RegExp.prototype.exec()	返回一个包含匹配结果的数组（未匹配到则返回 null）
RegExp.prototype.test()	测试是否匹配，返回 true 或 false
String.prototype.match()	返回一个包含匹配结果的数组，在未匹配到时会返回 null
String.prototype.matchAll()	查找所有匹配，它返回一个迭代器（iterator）
String.prototype.search()	测试是否匹配的 String 方法，成功时返回匹配到的位置索引，失败时返回-1
String.prototype.replace()	替换掉匹配到的子字符串，返回替换后的字符串
String.prototype.split()	用指定的字符将字符串分割成数组

2. 正则表达式对象

可以通过直接声明或者构造函数来创建一个正则表达式对象。

```
// regex1 是一个正则表达式对象
// 不要把它当作字符串
var regex1 = /abc/;

// 使用构造函数
var regex2 = new RegExp("abc");
var regex3 = new RegExp(/abc/);
```

使用构造函数和使用两个 “/” 声明的正则表达式对象之间在功能上没有区别，但在执行上有差异。直接赋值的正则表达式会在脚本加载后编译，而使用构造函数的正则表达式则是在执行时被编译。正则表达式中的标志位如表 3-5 所示。

表 3-5 正则表达式中的标志位

标志位	含义
g	全局搜索
i	不区分大小写搜索
m	多行搜索
s	允许 . 匹配换行符
u	使用 unicode 码的模式进行匹配
y	执行“黏性”搜索，匹配从目标字符串的当前位置开始，可以使用 y 标志

3. 匹配模式介绍

正则表达式中的匹配模式如表 3-6 所示。

表 3-6 正则表达式中的匹配模式

匹配模式	含义
.	匹配任意单个字符
*	匹配前面的字符 0 次或者任意多次
+	匹配 1 次或者任意多次

续表

匹配模式	含义
?	匹配 0 次或者 1 次，但跟在量词（+*）后面则是变为非贪婪模式
{n}	匹配前面的字符 n 次
\	转义字符
^	单个的^用于匹配输入的开始
$	匹配输入的结束
[abc]	匹配 a 或 b 或 c
[a-z]	范围匹配，匹配所有的小写字母
[^a-z]	用在字符集开头的^表示反向匹配，匹配所有小写字母以外的字符

4. 简单的正则表达式引擎

为了理解正则表达式是如何工作的，这里介绍一个简单的正则匹配方法，其主要功能是支持.和*的匹配。这其实是一个经典的 Leetcode 问题（No.10），可以借助递归的思路解决，如表 3-7 所示。

表 3-7　正则表达式匹配示例

表达式	源字符串	是否匹配
a*	aa	true
.*	ab	true
c*a*b*	aab	true
aa	a	false
mis*is*p*	mississippi	false

```
// 实现正则匹配规则
String.prototype.isEmpty=function(){
    return this.length === 0;
}
function isMatch(text,pattern){
    if(pattern.isEmpty()) return text.isEmpty();
    // 判断第一个字符是否相同
   function first_match(){
      return (!text.isEmpty() &&
      (pattern.charAt(0) == text.charAt(0) || pattern.charAt(0) == '.'));
   }

   if(pattern.length >=2 && pattern[1] == '*'){
        return (isMatch(text, pattern.substr(2)) ||
        (first_match() && isMatch(text.substr(1), pattern)));
   }else{
       return first_match() && isMatch(text.substr(1),pattern.substr(1))
   }
}
```

3.1.5　比较相等

JavaScript 中可以使用==和===两种运算来判断两个变量是否相等，二者的区别在于==在比较的过程中如果两边的类型不同，会发生隐式的类型转换。

```
// 在使用 == 时会发生隐式类型转换
3 == "3"  // true
```

```
1 == true // true

// === 不会发生类型转换
3 === "3"  // false
1 === true // false
```

除非特意去记忆并且经常温习，大多数人并不能准确地记住所有可能发生的隐式转换。例如，下面的问题经常在面试中出现，它们的结果都是 true。

```
0 == ''
0 == '0'
'' == '0'
false == 'false'
false == '0'
false == undefined
false == null
null == undefined
'\t\r\n' == 0
```

几乎所有 JavaScript 相关编程书籍都不推荐使用==，尽管隐式类型转换有时会带来一些便利，但这些便利通常微不足道并且往往可以被一两行代码代替。

3.2 数据结构

3.2.1 数组

数组也可以看作是特殊的 key-value 结构，键名为元素的下标，键值为对应下标的值。表 3-8 列出了定义在 JavaScript 中与 Array 上相关的方法。

表 3-8 定义在 Array 原型上的方法以及静态方法

方法	含义
Array.from()	创建数组
Array.isArray()	判断是否为数组
Array.of()	用给定元素创建数组
Array.prototype.concat()	连接两个数组，返回新数组
Array.prototype.copyWithin()	用数组的一部分元素覆盖内部另一部分元素
Array.prototype.entries()	返回一个包含 key-value 的遍历器
Array.prototype.every()	判断是否所有元素符合过滤条件
Array.prototype.fill()	用给定值来填充数组
Array.prototype.filter()	用给定条件过滤
Array.prototype.find()	用给定条件查找，返回第一个匹配的元素的值
Array.prototype.findIndex()	用给定条件查找，返回第一个匹配的元素的位置
Array.prototype.flat()	将嵌套的数组降维
Array.prototype.flatMap()	相当于对 Map 返回的数组做 flat
Array.prototype.forEach()	数组遍历器
Array.prototype.includes()	判断是否包含某个元素
Array.prototype.indexOf()	元素在数组中第一次出现的位置
Array.prototype.join()	用给定的字符串来连接数组的每一个元素，返回新的字符串

续表

方法	含义
Array.prototype.keys()	返回包含数组键值的 iterator
Array.prototype.lastIndexOf()	元素在数组中最后一次出现的位置
Array.prototype.map()	数组遍历器
Array.prototype.pop()	弹出最后一个元素，返回元素的值
Array.prototype.push()	从末尾压入新的元素
Array.prototype.reduce()	对数组进行 reduce 操作
Array.prototype.reduceRight()	对数组进行 reduce 操作，从右往左
Array.prototype.reverse()	反转数组
Array.prototype.shift()	弹出第一个元素，返回元素的值
Array.prototype.slice()	对数组进行切片
Array.prototype.some()	判断数组中是否有元素符合给定条件
Array.prototype.sort()	对数组进行排序，默认字母序
Array.prototype.splice()	对数组进行切片
Array.prototype.toLocaleString()	将数组中的日期对象转换成当地时间
Array.prototype.toString()	将数组转换成字符串
Array.prototype.unshift()	从数组前端压入新元素
Array.prototype.values()	返回包含数组值的 iterator

和 Java 等强类型语言不同，JavaScript 的数组元素可以是任何类型，包括不同的基本类型和对象。

```
var arr = [1, 'a',[1,2,3]];

var arr2 = [true,{name:'Lear'}]
```

1. spread 运算符

spread 运算符是 ES6 提出的新运算符，形式为 3 个点(...)。spread 运算符后面需要跟一个类数组对象，如字符串、Set 或者 Map 对象等，表示将其元素展开。

```
$ node
// spread 运算符不能单独出现
> ..."Lear"  // Uncaught SyntaxError: Unexpected string

> [..."Lear"] // ["L", "e", "a", "r"]

// 合并数组，在 ES5 中通常调用 concat 方法来实现
// 使用 spread 运算符可以方便地合并数组
> var arr = [1,2,3];
> var arr2 = [4,5];
> console.log([...arr,...arr2]);// [ 1, 2, 3, 4, 5 ]

// 将多个参数传入函数，见上面的例子
> console.log(...[1,2,3]) // 相当于 console.log(1,2,3)
```

spread 运算符也可以用在函数调用中，例如，希望用数组的元素作为参数来调用某个函数，这时 spread 运算符就会很有用。

```
// Math.max 方法不接受数组参数
// 可以通过 spread 运算符将数组展开
var arr = [9,4,6,8,7,2];
```

```
Math.max(...arr);
```

还有一种情况是高阶函数。假设希望用函数 a 接收到的参数来调用函数 b，在没有 spread 运算符之前，需要手动操作 arguments 对象。

```
function compose(fn){
    return function(){
        var args = Array.prototype.slice.call(arguments,0);
        fn.apply(this,args);
    }
}
// 使用扩展运算符后，就可以很简单地处理不确定长度的参数
function compose(fn){
    return function(...args){
        fn(...args);
    }
}
```

2. 多维数组

二维数组是最常见的多维数组，JavaScript 不支持使用[][]语法直接声明二维数组，但可以使用数组的数组来模拟。

```
var arr = new Array(10);   // 表格有 10 行
for(var i = 0;i < arr.length; i++){
    arr[i] = new Array(10);    // 每行有 10 列
}

// 使用 spread 运算符可以更方便地声明二维数组
[...Array(10)].map(()=>{return Array(10).fill(0) })
```

3. 排序

对数组进行排序可以使用 Array.prototype.sort 方法，该方法默认按照字符序来排序。

```
 [-1,-2,2,1,0].sort();
// 输出
// [-1,-2,0,1,2]
```

要想实现按照数字从小到大的的排序，需要给 sort 方法传入一个比较函数作为参数。比较方法接受两个参数并返回一个布尔值。本书 3.4 节中会详细介绍 sort 方法背后的原理。

```
function comparable(a,b){
    // 也可以写成 return a-b，该返回值会被用在 if 结构中
    return a>b;
}
[-1,-2,2,1,0].sort(comparable)
// 输出
// [-2,-1,0,1,2]
```

4. 数组的复制

JavaScript 的数组始终是按照引用传递的，即复制只会复制数组的引用。

```
var a = [1,2,3]
var b = a;
a.push(4);
console.log(b);

// b 的值随 a 的值变化
[1,2,3,4]
```

当 a 的值改变时，b 的值也随之变化，这是因为使用“=”将一个对象赋值给另一个变量时，JavaScript 只复制了对象的引用，俗称浅拷贝。

如何能够将数组的值赋给一个新的数组，同时原数组的改变又不会影响新数组的值呢？这是一

个克隆对象的问题，要分情况进行讨论。

（1）一维数组的复制

使用 Array.prototype.slice 方法，该方法会在原数组的基础上生成一个新的数组。

```
var a = [1,2,3];
var b = a.slice(0);
a.push(4);
console.log(b);
// 输出
[1,2,3]
```

使用 Object.assign 方法也可以实现同样的效果，该方法用于将所有可枚举属性的值从一个或多个源对象复制到目标对象，并返回目标对象。

```
var a = [1,2,3];
var b = [];
Object.assign(b,a);
a.push(4);
console.log(b);
// 输出
[1,2,3]

// Object.assign 方法不仅仅局限于数组，对所有对象都适用
const target = { a: 1, b: 2 };
const source = { b: 3, c: 4 };
Object.assign(target, source);

console.log(target);
// 输出
{ a: 1, b: 3, c: 4 }
```

（2）多维数组的复制

上面提到的 Array.prototype.slice 方法和 Object.assign 方法实现的深拷贝都只能用于一维数组，当数组元素本身是引用值的时候就会失效，如二维数组。

```
var a = [[1],[2],[3]];
b = a.slice(0);
a[0].push(4);
console.log(b);
// b 的值随 a 的值变化
[[1,4],[2],[3]]
```

要实现二维数组的深拷贝，比较直观的思路是使用循环逐个复制。

```
let newArr=[];
for(let i=0;i<arr.length;i++){
    let [...arr1]=arr[i];
    newArr.push(arr1);
}
```

（3）使用序列化方法复制对象

面对多维数组和嵌套复杂的对象，最可靠的方式是使用序列化然后反序列化来实现深拷贝。

```
var a = [[1],[2],[3]];
b = JSON.parse(JSON.stringify(a));
a[0].push(4);
console.log(b);// [ [ 1 ], [ 2 ], [ 3 ] ]
```

Node 原生的 v8 模块提供了 v8.serialize 方法/v8.deserialize 方法用于序列化和反序列化，相较于 JSON.parse 方法/JSON.stringify 方法更加通用。

```
var v8 = require('v8');
```

```
var a = [[1],[2],[3]];
b = v8.deserialize(v8.serialize(a));

a[0].push(4);
console.log(b);
// b 的值不会随 a 变化
[ [ 1 ], [ 2 ], [ 3 ] ]
```

5. 判断数组相等

JavaScript 没有现成的方法来比较两个数组乃至两个对象相等，需要开发者自己动手实现。对于数组来说，最常见的思路就是先排序，然后进行逐个元素的比较。

```
// 无法使用==或者===来判断两个对象是否相等
[1,2,3] == [1,2,3] // false
[1,2,3] === [1,2,3] // false
[] == [] // false
```

有一些第三方库，如 underscore.js 提供了比较两个对象是否相等的函数，这里不再详细介绍。很多情况下比较数组相等的方法和具体的数组内容有关。如果能事先确定数组的结构和元素类型，就能据此写出特定的比较方法。

3.2.2 TypedArray

JavaScript 直接操作二进制数据的情景比较少，但随着 Web 承担的任务越来越多，一些典型的流式应用，如网页视频播放器，就不可避免地要同二进制数据打交道。

在 JavaScript 功能孱弱的时代，网站想要播放视频大多需要使用 Flash，Web 开发者还要额外学习 ActionScript（Flash 的控制语言），就是因为 ActionScript 弥补了很多 JavaScript 二进制操作的短板。

ES6 中增加了 TypedArray 类型，从名称可以看出它是一种类数组类型，用于表示二进制数据。需要注意的是，TypedArray 不是一个类名，它仅代表一个类型集合的总称。

```
new TypedArray();
// Uncaught ReferenceError: TypedArray is not defined
```

TypedArray 可以是以下类型。

- Int8Array。
- Uint8Array。
- Uint8ClampedArray。
- Int16Array。
- Uint16Array。
- Int32Array。
- Uint32Array。
- Float32Array。
- Float64Array。
- BigInt64Array。
- BigUint64Array。

上述类型中的数字表示了 TypedArray 中每个元素的所占的比特位数，如 Int8Array，每个元素占 8 个 bit，即一个字节。

```
var arr = new Int8Array(2);
console.log(typeof arr);
console.log(arr.length);
// 输出
```

```
Int8Array [ 0, 0 ]
2
```

很多编程语言都提供了原始的 bitarray，即每个元素在内存中只占一个 bit。JavaScript 没有提供这样的数据结构，在使用 bitmap 算法时会受到限制，这一点在第 4 章还会提到。

Node 使用 Buffer 作为 I/O 数据的默认格式，在 TypedArray 出现之前，Buffer 底层借助于 V8 API 实现，有些类似于第 4 章将要介绍的 C++ addon。在 TypedArray 类型出现之后，Node 就把底层的实现换成了 TypedArray。

```
// 创建一个 buffer 对象，大小为 1024Byte，即 1KB
var buffer = Buffer.alloc(1024);

var fs = require("fs");
fs.readFile(__filename,(err,data)=>{
    // data 为 Buffer 类型数据
    console.log(data);
    // 可以调用 tostring 方法将 Buffer 类型转换成字符串
    console.log(data.toString())
});
// 输出
<Buffer 76 61 72 20 66 73 20 3d 20 72 65 71 75 69 72 65 28 22 66 73 22 29 3b 0d 0a 0d 
0a 66 73 2e 72 65 61 64 46 69 6c 65 28 5f 5f 66 69 6c 65 6e 61 6d 65 2c ... 75 more bytes>

fs.readFile(__filename,(err,data)=>{
    console.log(data.toString())
})
```

3.2.3　栈

栈是一种典型的 FILO（先进后出）的数据结构，在程序设计中的应用非常广泛，可以用数组来模拟简单的栈结构。

```
var MinStack = function(maxSize) {
    this.maxSize = maxSize;
    this.stack = [];
};

MinStack.prototype.push = function(x) {
   if( this.stack.length> this.maxSize ){ return; }
   this.stack.push(x);
};

MinStack.prototype.pop = function() {
   return this.stack.pop();
};

MinStack.prototype.top = function() {
   return this.stack[this.stack.length - 1];
};

MinStack.prototype.getSize = function() {
   return this.stack.length;
};
```

3.2.4　链表

链表是一种非连续的存储结构，它在内部依靠指针来指向下一个节点。JavaScript 没有显式的指针功能，但可以使用对象属性的方式来模拟。

```
// 声明一个链表的节点
// 在 function 前使用 new 来创建对象
// 也可以使用 ES6 中的 class 特性来定义链表节点

function linkNode(element) {
    this.element = element; // 当前节点的元素
    this.next = null; // 下一个节点链接
}
```

下面的代码展示了如何从一个输入的数组创建链表。

```
function generate(arr){
     var root = new linkNode(arr[0]);
     var head = root;
     for(var i=1;i<arr.length;i++){
          root.next = new linkNode(arr[i]);
          root= root.next;
     }
     return head;
}
// 调用
generate([1,2,3,4,5]);

// generate 方法实现的链表实际上是一个嵌套的对象，但这并不妨碍它拥有链表的性质
// 返回
{
     "data": 1,
     "next" :{
         "data":2,
         "next":{
             "data":3,
             "next":{
                 // ...
             }
         }
     }
}
```

3.2.5 二叉树

和链表相同，JavaScript 可以使用函数来表示一个二叉树节点。

```
// 声明一个二叉树节点
// 包括值和左右子树

function TreeNode(val){
     this.val = val;
     this.left = this.right = null;
}
```

下面的代码从一个数组生成一棵二叉树。

```
// 数组的长度必须等于对应完全二叉树的元素数量
// 如果二叉树中某个叶子结点为空，在数组中要使用 null 表示，而不能直接略过
function generateBST(arr){
     function gene(node, index){
          var left = 2*index+1;
          var right = 2*index+2;
          if(left<=arr.length && arr[left] != null){
                node.left = new TreeNode(arr[left]);
                gene(node.left,left)
```

```
        }
        if(right<=arr.length && arr[right] != null){
            node.right = new TreeNode(arr[right]);
            gene(node.right,right);
        }
    }
    var root = new TreeNode(arr[0]);
    gene(root,0)

    return root;
};

// 和链表一样，JavaScript 实现的二叉树实际也是一个 JSON 对象
{
    "val":1,
    "left":{
        "val":2,
        "left":{
            "val":4,
            // ...
        },
        "right":{
            // ...
        }
    },
    "right":{
        "val":3,
        "left":{
            // ...
        },
        "right":{
            // ...
        }
    }
}
```

3.2.6　Set

Set 是一种类数组结构，可以存放各种类型的值，它的特点在于数据成员不会重复。一个 Set 对象中不会存在两个相同的数据，Set 类的属性方法如表 3-9 所示。

表 3-9　Set 相关操作

成员	作用	返回值
new Set([arr])	新建一个 Set 对象，可以将一个数组作为参数传入	Set 对象
Set.prototype.size()	获取 Set 对象大小	数字
Set.prototype.add(value)	向 Set 对象中增加值	Set 对象
Set.prototype.has(value)	Set 对象是否存在某个值	布尔值
Set.prototype.delete(value)	删除某个值	布尔值
Set.prototype.clear()	清空 Set 对象	undefined

Set 对象虽然不能加入同样的成员，但可以加入内容相同的对象，因为即使内容相同，两个对象的引用也是不相同的。

```
// 向 Set 对象中加入两个空数组
```

```
var s = new Set();
s.add([]);
s.add([]);
// Set(2) {Array(0), Array(0)}

// 可以加入两个内容相同的对象
var obj = {a:1};
var obj2={a:1}
s.add(obj);
s.add(obj2); // s.size = 2

// 不能将一个对象的引用加入到 Set 对象中两次
var obj = {a:1};
s.add(obj);
s.add(obj); // s.size = 1
```

3.2.7 Map

Map 是一种 key–value 的映射结构，ES6 之前的 JavaScript 没有专门的字典类型，在用到类似字典的场景时通常使用 JSON 对象来模拟。JSON 对象的缺点是，其键值看似支持多种数据类型，但在内部使用的都是字符串。

```
var obj={};

// obj 内部会将键值 1 转换成"1"
obj[1]= 1;

console.log(obj["1"]);
// 输出
1

obj["1"]= 2;
console.log(obj[1]);
// 输出
2
```

在遇到非字符串值时，会在内部调用 toString 方法将其转换成字符串，但在键值不是基本类型时会遇到不便。

```
var obj = {};
var key = {name:"Lear"};
obj[key] = 10;
console.log(obj);
// 输出
{[object Object]: 10}
```

相比 JSON 对象，Map 对象的键值支持各种类型。

```
var m = new Map();
m.set(1,1);
m.get(1);
// 输出
1
m.get("1");
// 输出
undefined

var obj = {a:1};
map.set(obj,2)
map.get(obj)
```

```
// 输出
// 2
```

表 3-10 列出了 Map 对象的基本操作以及使用 JSON 对象的模拟操作。

表 3-10　Map 相关操作

方法/属性	作用	对应的 JSON 操作
Map.prototype.size()	获取 Map 大小	Object.keys(target).length
Map.prototype.get(key)	获取某个 key 对应的值	target[key]
Map.prototype.set(key,value)	设置某个 key 对应的值	target[key] = value
Map.prototype.has(key)	是否存在某个键值	target[key] != undefined
Map.prototype.delete(key)	删除某个键值对	delete target[key]

3.3　变量与作用域

JavaScript 的变量类型是松散的，可以将任意值赋给一个变量而不需要声明它的类型，也可以用不同类型的值来覆盖同一个变量。如果声明一个变量而不初始化，则默认值为 undefined。

```
var a ; // 初始值为 undefined
a = 10;
// 变量没有类型约束
a = 'name';
```

3.3.1　声明变量

JavaScript 支持用 var、let 和 const 关键字来声明变量。

1. const

const 用于声明一个不可改变的变量。

```
const a = 10;
a = 20;
TypeError: Assignment to constant variable

// const 的不可变仅存在于普通变量中，无法使用 const 将一个对象设置为不可变
const b = {name:"lear"}
b.name = "Tony"
// 没有错误

// 对于数组
const a = [1,2,3];
a[0] = 4;
// 没有错误
```

const 的表现和很多语言相同，如 C++中的 const。使用 const 声明数组/对象，仅将其首地址设置成 const，因此无法阻止数组/对象内部的数据变化。如果读者想将一个对象设置成不可变的，可以考虑使用 Object.freeze 方法。

```
var obj= {name:"Lear"};
Object.freeze(obj);
obj.name="Lily"; // 没有错误

console.log(obj);
// 输出
```

```
// {name:"Lear"}

// 上面的代码在严格模式下会出现错误
TypeError: Cannot assign to read only property 'name' of object '#<Object>'
```

此外，和数组与对象的拷贝类似，Object.freeze 方法实现的冻结也是一种“浅冻结”，当一个对象内部属性也是对象的话，该函数就无能为力了。

```
var obj= {
    name:"Lear",
    info:{
        age:10,
        sex:"male"
    }
};
Object.freeze(obj);
obj.info.age=15;

console.log(obj);
// 输出
// { name: 'Lear', info: { age: 15, sex: 'male' } }
```

2. var

使用 var 可以声明一个普通变量，这里的“普通”是相对于 const 的不可改变而言的，使用 var 声明的变量可以自由修改。由于 JavaScript 是弱类型语言，因此可以将任意值赋给变量而不需要声明类型，JavaScript 解释器会在运行时自动判断变量的类型。

```
// 声明一个变量
var name = "lear"

// 修改变量的值
name = "lily"

// 赋给变量不同类型的值
name = [1,2,3]
```

此外，越来越多的语言都开始支持这种不显式声明变量类型，即在编译或者运行时交给编译器、解释器决定的声明方式。

```
// Java 10引入了var关键字
BufferedReader reader =
     new BufferedReader(new InputStreamReader(connection.getInputStream()));

// 使用var关键字后可以将代码改写成如下形式
var reader =
     new BufferedReader(new InputStreamReader(connection.getInputStream()));
```

Java 在编译源代码时会自动将 reader 的类型推断为 BufferedReader，但这种特性仅局限于局部变量，并且必须在声明变量的同时对其赋值。下面的代码在 Java 中会抛出错误。

```
var name;
// 必须写成 var name = "Lear";
name ="Lear"; // Error
```

C#从 3.0 版本（2007 年）就开始支持 var 关键字，使用方式上和 Java 没有太大区别。

3.3.2 变量提升

变量提升指的是解释器会将变量的定义提升到代码文件的开头部分的一种行为。

在变量的声明语句前访问它的值，在 JavaScript 中并不会抛出错误，原因是 JavaScript 解释器会将变量的定义移动至当前作用域的顶端。

```
console.log(b);
var b=2;
// 输出
undefined

// 和下面的代码等价

var b;
console.log(b);
b=2;

// 下面的代码不会发生变量提升
// 没有使用 var 关键字定义变量
console.log(b);
b=3;

// 输出
ReferenceError: b is not defined
```

开发者在工作中几乎不会利用变量提升这个特性去实现某些功能，而且处理不当还会造成 bug。

```
// 下面代码打印的结果是什么

function process(arr){
    function mul10(val){
        i = 10;
        return val*10;
    }
    for(var i =0 ; i<arr.length ; i++){
        arr[i] = mul10(arr[i]);
    }
    return arr;
}
console.log(process([1,2,3,4]));
// 期望输出
[10,20,30,40]
// 实际输出
// [10,2,3,4]
```

上面代码的本意是将传入数组的每一个元素乘以 10，但由于变量提升，for 循环中的 var i = 0 被提升到了作用域的顶端，然后在 mul10 方法中被设置成 10，导致循环只执行了一次就结束了。因此，最佳做法是应该尽可能地使用 let 来代替 var。

1. let

let 关键字同样可以声明一个变量，在使用上和 var 关键字的主要区别在于 let 关键字不会表现出变量提升的特性。

```
// 使用 let 声明一个变量
let name = "lear"

// 修改变量的值
let = "lily"

// 赋给变量不同类型的值
name = [1,2,3]

// let 不会表现出变量提升
console.log(b);
let b=2;
```

```
// 输出
ReferenceError: Cannot access 'b' before initialization
```

虽然 let 关键字在代码中不会表现出变量提升的性质，但使用 let 定义的变量同样会被解释器提升到代码文件开头位置，只是从开头到变量真正声明的这段区间被称为临时死区。在临时死区调用变量会抛出错误，看起来就像没有发生变量提升。

2. 函数提升

和变量提升类似，函数提升指的是编译过程中将函数声明移动到当前作用域最顶层的行为。

```
add(1,2);
// 返回 3
function add(x,y){
    return x+y;
}

// 提升仅限于函数声明，函数表达式遵循的是变量提升的规则
add(1,2);
var add = function(x,y){
    return x+y;
}

// 输出
Uncaught TypeError: add is not a function
```

关于 JavaScript 为什么会有变量提升这种规则，语言创造者 Brendan Eich 曾经在社交媒体上给出过解释。

> "an abstraction leak form first js vm compiler indexes vars to stacks slots , bind name to slots on entry."
>
> ——由于早期的 JavaScript 解释器在设计上的问题，在绑定变量的时候只能从作用域的起始部分进行，因此将所有的变量提升至文件开头部分。

3.3.3 作用域

JavaScript 有以下 3 种作用域。

- 块级作用域。
- 函数作用域。
- 全局作用域。

而 Node 由于模块系统的原因，还表现出以文件为单位的模块作用域，本质上仍然是函数作用域的一种。

JavaScript 变量的作用域会随着关键字的不同而改变。例如，let 关键字可以提供严格的块级作用域而 var 不会。

```
function test(){
    let a = 0;
    if(a==0){
        // b 的作用域仅限于 if 内部
        let b = 5;
    }
    console.log(b);
}
test();
// 输出
```

```
Uncaught ReferenceError: b is not defined
```

在很多其他语言中，if 内部声明的变量无法被外部访问，对于类似上面的代码，开发者不得不把 b 的声明放到 if 的外部，而 JavaScript 只需要将关键字 let 改成 var 即可。附录 C 中有一个更加详细的例子。

3.3.4　this

要弄清楚 JavaScript 中的 this 具体指向哪个对象，只要记住一句话即可：**函数中的 this 指向该函数的拥有者**。下面以一个脚本文件为例观察各个作用域中的 this 指向。

```
// 根据运行时的不同，指向的对象有所区别

// 浏览器环境指向 window 对象
console.log(this === window); // true

// Node 脚本中指向 module.exports
console.log(this === module.exports); // true

// Node REPL 环境中指向 global
console.log(this === global); // true

function test(){
      // 在 Node 环境中指向 global 对象，在浏览器环境中指向 window 对象，下同
      console.log(this === global); // true

      return ()=>{
           // 箭头函数的 this 和外层保持一致
           console.log(this===global); // true
      }
}

var person= {
     name:"lear",
     talk:function(){
           // 指向函数拥有者
           console.log(this.name); // lear
     }
}
```

3.4　函数

JavaScript 函数的声明方式兼具命令式和函数式的风格。

- function a(){} //直接声明一个函数
- var a = function (){} //将函数赋给一个变量，使它可以被引用以及作为参数传递到其他函数 //中，这是函数式编程风格的体现

3.4.1　箭头函数

从 ES6 开始，可以使用箭头的形式来声明一个函数，这样可以简化函数，尤其是匿名函数的声明。

```
var log = (data)=>{
      console.log(data)
```

```
}

// 和下面的声明方式等价
var log = function(data){
     console.log(data);
}

// 箭头函数也可以用在匿名函数中
[1,2,3].map((item)=>console.log(item));
setTimeout(()=>{console.log("1s passed")},1000)
```

箭头函数的一个特征是没有独立的 this 和作用域，普通函数中 this 指向函数的调用者，还可以使用 call 或者 apply 方法改变 this 指向。而箭头函数的 this，永远指向函数定义处父级上下文的 this，而不是由调用者决定。

```
// 下面将 person.talk 改写成箭头函数
var person= {
    name:"lear",
    talk: ()=>{
          // 此处的 this 指向代码文件的顶层，即 module.exports
          console.log(this.name);
    }
}
// 运行 person.talk()
// 输出
undefined
```

3.4.2 覆盖原生函数

JavaScript 中可以自由地重写原生函数，假设开发者想让 console.log 函数在打印字符串的时候带上一个时间戳，就可以考虑重写 console.log 函数。

首先需要把返回时间戳的函数准备好。

```
function getDate(){
    var date = new Date();
    var hour = date.getHours();
    var minute = date.getMinutes();
    var second = date.getSeconds();
    var ms = date.getMilliseconds();

    return `${hour}:${minute}:${second}:${ms} `;
}
```

接下来是改写 console.log 方法。

```
// 下面的写法是错误的
// 在 console.log()的定义内部再次调用 console.log()，会导致无穷的递归直到栈溢出
console.log = function(...args){
   return console.log(getDate(),...args);
}

// 比较合适的做法是声明一个匿名函数，再把原生的 console.log 作为参数传入
console.log = (function(fn){
   return function(...args){
        return fn(getDate(),...args);
   }
})(console.log);

// 测试用例
```

```
console.log("with timestamp");
// 输出
// 20:26:6:983 with timestamp
```

覆盖原生函数的例子还有很多，例如，有人想在一段 JavaScript 的抽奖代码里作弊，就可以考虑重写 Math.random 函数，增加特定“随机数”出现的频率以增加中奖的概率。

3.4.3 闭包

尽管闭包（closure）这种特性在 JavaScript 中的应用非常广泛，但如果读者没有事先了解过，通常猜不出“闭包”这个词语具体代表了什么。

用一句话概括闭包的特性就是：**函数可以访问它定义时所在作用域内的变量**。这样说有点拗口，下面实际写一段代码来验证一下。

```
var a = 3;

function add(x){
    return x+a;
}

add(5);
// 返回
8
```

如果只看 add 函数，它没有在内部定义 a，也没有传入这样的一个参数，但是可以在内部访问到 a 的值，即使在其他代码文件中调用 add 函数，也同样可以获取到 a 的值。

```
// add.js
var a = 3;

function add(x){
    return x+a;
}
module.exports = add;

// 即使在其他文件中使用 add 函数也可以访问 a 的值
// test.js
var add =require();
add(5);
// 返回
8
```

闭包的特性和面向对象编程中的对象有些类似，当一个对象被创建出来后，无论它在哪个地方被引用，都可以通过对象访问到类内部属性的值。下面是一个更复杂的例子。

```
var obj ={}
var arr = [
     {name:"Lear"},
     {name:"Lily"}
];

for(var i = 0;i<arr.length;i++){
     var item = arr[i]; ❶
     obj[item.name] = function(){
          console.log(item.name);
     }
}

obj["Lear"]();
```

```
obj["Lily"]();

// 输出
Lily
Lily
```

上面的代码试图通过一个循环来给一个对象增加属性方法，但实际运行就会发现，两次调用打印出的值都是“Lily”。这既是一个变量提升的问题，也是一个闭包的问题。

在代码标记❶处，由于变量提升，item 的定义被提到了作用域最顶层，每次循环都只是在修改同一个变量的值。当循环结束以及最终函数被调用的时候，item.name 的值就是“Lily”。要修复这个问题有以下两种做法。

（1）将关键字 var 改成 let，这种做法最简单。

（2）如果是 ES6 规范出现以前无法使用 let，可以通过增加闭包的方式来解决。

```
var obj ={}
var arr = [
     {name:"Lear"},
     {name:"Lily"}
];

for(var i = 0;i<arr.length;i++){
     var item = arr[i];
    obj[item.name] = log(item.name);
}

function log(name){
    return ()=>{
        console.log(name);
    }
}

obj["Lear"](); // Lear
obj["Lily"](); // Lily
```

3.4.4 函数式编程

到目前为止，本章内容按部就班地介绍了变量、作用域、对象、函数和数据结构。从功能上看，大多数编程语言都是图灵完备的，能用一种语言实现的代码也能用另一种语言实现。但编程语言有自己的设计哲学，面对同样的任务，不同的语言可能有自己的思维方式。

C 语言是一种面向过程的语言，与之相对的 C++、Java、C#则是面向对象的语言。面向对象的编程语言将所有的抽象实体都看作是对象，所有的操作都在类和对象中完成。

除了面向对象之外，还有即将介绍的函数式编程思想。面向对象的核心是类与对象，函数式编程的核心则是一个个的函数，并通过它们的组合来实现功能。而 JavaScript 很可能是开发者接触到的第一门具有函数式编程特性的语言。

1. 全排列

下面用一个小例子来说明函数式编程是如何改变代码的编写及人的思维方式的。相信读者还记得中学学过的排列组合，全排列的定义如下。

> 从 n 个不同元素中任取 m（$m\leqslant n$）个元素，按照一定的顺序排列起来，叫作从 n 个不同元素中取出 m 个元素的一个排列。当 $m=n$ 时所有的排列情况叫全排列。n 个数的全排列组合数目 $n!$，如[1,2,3]的全排列有 6 种，即[1,2,3]、[1,3,2]、[2,1,3]、[2,3,1]、[3,1,2]、[3,2,1]。

下面用代码来输出一个数组的全排列，使用的算法为回溯法，该算法的核心逻辑是在循环中调用递归。

```
function swap(nums,i,j){
    var tmp = nums[i];
    nums[i] = nums[j];
    nums[j] = tmp;
}

var perm = function(nums){
    var result = [];
    var perm = function(nums,start) {
        if(start == nums.length){
            // 复制一个数组，避免弱引用
             result.push(JSON.parse(JSON.stringify(nums)));
        }
        for(var i = start;i < nums.length;i++){
            swap(nums,start,i);
            perm(nums,start+1);
            swap(nums,start,i);
        }
    };
    perm(nums,0);
    return result;
}
```

上面的代码使用了元素的互换来实现全排列，它的算法大致如图 3-1 所示。

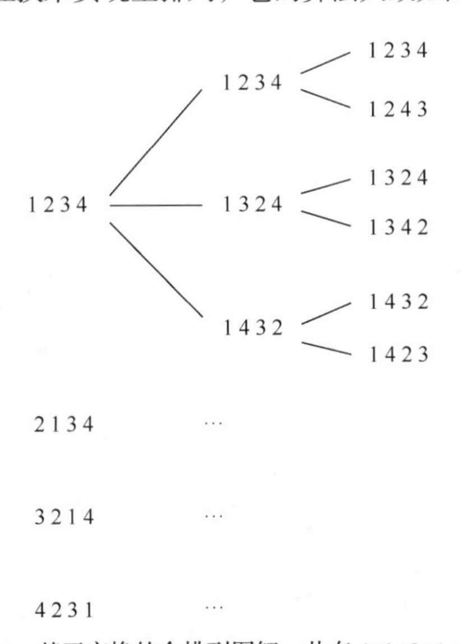

图 3-1　基于交换的全排列图解，共有 4×3×2×1=24 种

读者可能注意到了有些排列出现了不止一次，如 1234，第一次出现表示 1、2、3、4 四个数依次与 1 互换位置；第二次出现是 2、3、4 依次与 2 互换位置；第三次出现是 3、4 依次与 3 互换位置；最后一次互换没有画出来，是 4 和 4 互换位置。这种自己和自己互换位置的操作可以在代码中增加逻辑，可利用修改循环起始条件来完成。

基于元素交换的算法能很好地解决全排列的问题，但它有些过于偏向实现细节了，下面来看看函数式的做法。

Haskell 是一门纯函数式编程语言，对于函数式编程语言来说，只需要告诉它要完成什么任务，而不需要关心具体的实现逻辑，下面是一段使用 Haskell 代码实现的全排列。

```
// 使用 Haskell 实现的全排列
// -- 是 Haskell 代码的注释
perm :: Eq a => [a] -> [[a]]  -- 声明一个函数，接收一个数组，返回一个数组的数组
perm [] = [[]]  -- 界定递归的终点
-- q:qs 表示将数组分成两部分，q 为数组的第一个元素，qs 为数组剩下的部分
-- q<- list 表示 q 会取 list 中的每一个值，然后对 qs 剩下的部分进行递归调用
perm list = [q:qs | q <- list, qs<- perm $ remove q list]
          where remove num list = [ q | q <-list , q /= num]
```

只需要四行就可以完成一个全排列算法，它的核心思路是把全排列看作是往格子里填数字。当往里面填了一个数字之后，问题的规模就缩小成了 n-1 个数字和 n-1 个格子，直到问题规模缩减到设置的退出条件，如图 3-2 所示。

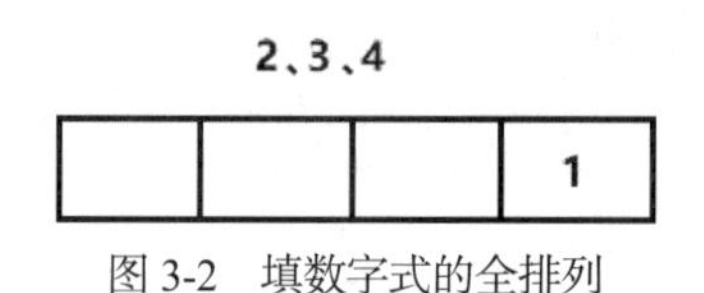

图 3-2　填数字式的全排列

remove 函数起到了从一个列表中移除一个数字的作用。当然 JavaScript 也可以写出同样的代码，这里留作一个思考题。

2. 高阶函数

面向对象编程曾经出现过一个里程碑，那就是 Spring 框架的出现。Spring 框架对于 Java 的持续流行功不可没，其最出名的有两个特性（其实是一个），即依赖注入（Dependency Injection，DI）和控制反转（Inversion of Control，IoC）。Spring 提供了一个容器，由容器来管理依赖并注入使用依赖的对象中。

打个比方，学生想吃某个菜品，不需要自己购买原料并做饭，而是直接去食堂点菜即可。食堂控制了学生的饮食（IoC），并将所需要的菜品交付给对应的学生（DI）。而在函数式编程中，与这两个概念对应的就是高阶函数。

高阶函数是指这样一个函数，它或者接受一个函数作为参数，或者返回一个函数。

```
// 接受一个函数作为参数
// 通过传入不同的参数，可以控制 log 方法往不同的存储介质中输出日志
function log(data,callback){
    callabck(data)
}

// 返回一个函数
function makeFunc() {
    var name = "Mozilla";
    function displayName() {
        alert(name);
    }
    return displayName; ❶
}
makeFunc()();
```

请注意标记❶处的代码，如果将其改成 return displayName()，运行代码就会出错，因为此时 makeFunc 方法返回的是 displayName 函数的返回结果（undefined），而不是这个函数自身。

（1）高阶函数与回调函数

在 JavaScript/Node 中应用非常广泛的回调函数就是高阶函数的一种。在调用函数时传入一个函数作为参数并在内部执行这个函数，这个参数函数就称为回调函数。

```
// 定时器接受一个函数作为参数，该参数会在设定时间后执行
setTimeout(()=>{
    console.log("1s passed");
},1000)
```

下面是一个稍微复杂一点的回调函数例子。

```
function a(handle){
    function resolve(data){
        console.log(data);
    }
    handle(resolve);
}

a(function(callback){
    var data = 123;
    callback(data);
});
```

函数 a 的回调函数 handle 会在 a 的内部被调用，handle 的参数是另一个定义在 a 内部的函数。现在还看不出这段代码到底有什么实际上的用途，但请先理解其中的调用关系，因为这是本书后续章节中 Promise 实现的基础。

（2）修饰现有函数

高阶函数还可以用来修饰现有的函数。假设有一个方法，每次调用都要使用 try/catch 捕获错误，这样会增加很多无用的代码，可以使用高阶函数来封装它。

```
try{
    func();
}catch(e){

}
// 将 func 函数使用高阶函数封装
functio convert(fn){
    return function(...args){
        try{
            fn(...args);
        }catch(e){
        }
    };
}

var funcPlus = convert(func);
funcPlus();
```

3. 链式调用

链式调用，或者称为方法链，指的是在一条语句内连续调用多个方法的写法。相对于嵌套的函数调用，链式调用更加适合人的思维，并便于阅读。

实现链式调用的关键是每次调用返回的是可操作对象，例如，字符串方法通常返回修改后的字符串。

```
"name".split("").reserve().join("")
```

下面再来看一个 Java 链式调用的例子，后面还会提到 JavaScript 中链式调用的例子，和下面的代码很相似。

```
public class Person {

    private String name;
    private int age;
```

```
    // 关键在于每次调用都返回 this
    public Person setAge(int age) {
        this.age = age;
        return this;
    }

    public Person setName(String name) {
        this.name = name;
        return this;
    }

    public void print(){
        System.out.println("I am "+this.name+ ", "+this.age+" years old.");
    }

    public static void main(String[] args) {
        new Person().setName("Lear").setAge(10).print();
    }
}
```

4. 实现 sort 方法

很多编程语言都支持 sort 方法，该方法通常是一个高阶函数。

```
var arr = [1,4,2,3];
// sort 方法接受一个函数作为参数，来决定是升序排列还是降序排列
arr.sort(function(a,b){return a-b};);
```

sort 方法的实现分为两部分，一部分是内部的排序算法，通常为快速排序，这里选择了最简单的冒泡排序；另一部分则是外部传入的决定排序顺序的函数，该函数用于两个数比较并返回一个布尔值。

```
function swap(arr,a,b){
    var temp = arr[a];
    arr[a] = arr[b];
    arr[b] = temp;
}
// 内部的冒泡排序算法，按照递增排序
function innerSort(arr){
    var length = arr.length;
    for(var i = 0;i<length;i++){
        for(var j =i+1;j<length;j++){
            if(arr[i]>arr[j]){      ❶
                swap(arr,i,j)
            }
        }
    }
    return arr;
}
```

所有的排序算法在其内部都有一个对两个数字比较的动作（即标记❶处的代码），sort 方法传入的函数就起到了这个作用，下面将 innerSort 方法改写一下。

```
function comparable(a,b){
    return a-b;
}

function mSort(arr ,comparable){
    var length = arr.length;
    for(var i = 0;i<length;i++){
```

```
        for(var j =i+1;j<length;j++){
            if(comparable(arr[i],arr[j])>0){
                swap(arr,i,j)
            }
        }
    }
    return arr;
}

// 使用
mSort([,4,2,1,3,5], comparable);
// 返回
[1,2,3,4,5]
```

3.5　对象

Object 是 JavaScript 数据类型的一种，除了基本类型之外，在代码中出现的变量都是对象。

```
typeof [] == 'object' // true

var func = ()=>{};

typeof func // "function"
func instanceof Object // true
```

3.5.1　创建对象

JSON 对象是 JavaScript 中最常见的对象，其格式为大括号包裹的 key-value 组合。JavaScript 也可以使用对象直接量来声明一个对象，与 JSON 对象的区别在于对象直接量的属性没有双引号。

```
// 声明一个 JSON 对象
var obj = {
    "name" : "Lear",
    "age" : 10
}

// 对象直接量
var obj = {
    name : "Lear",
    age : 10
}
```

1. 关于原型

每个 JavaScript 基本类型变量或对象都有一个原型对象（prototype）。当试图访问一个对象的属性时，JavaScript 不仅会在该对象上搜寻，还会搜寻该对象的原型，以及原型的原型，依次层层向上搜索，直到找到匹配的属性或到达原型链的末尾。

在 ES6 之前，JavaScript 有一个非标准的但在浏览器中实现的属性__proto__，该属性用于指向当前类型或者对象的原型。

```
[].__proto__ == Array.prototype // true

"".__proto__ == String.prototype // true
```

从 ES6 开始，可以通过 Object.getPrototypeOf()和 Object.setPrototypeOf()来访问和设置对象的原型。

不要把原型（prototype）对象的概念和 prototype 属性相混淆。每个对象都有自己的原型，这并不表示每个对象都有自己的 prototype 属性。此外，也不要混淆从 prototype 继承属性和面向对象设计中的“类的继承”这两个概念（尽管 JavaScript 通常使用 prototype 来模拟类继承）。本节使用的继承，如果没有特别指明指的均是前者。

```
function f() {
    this.a = 1;
    this.b = 2;
}

let o = new f();

// 在 f 函数的原型上定义属性
f.prototype.b = 3;
f.prototype.c = 4;

// 在原型上定义方法
f.prototype.print = function(){
    console.log(this.a, this.b, this.c);
}
console.log(o);
console.log(o.__proto__)
o.print();

// 输出
f { a: 1, b: 2 }
f { b: 3, c: 4, print: [Function] }
1 2 4
```

2. 使用 new 操作符

JavaScript 中并没有像 C++或者 Java 中定义在类内部的构造函数，当对一个函数使用 new 操作符的时候，该函数就会变成或者可以被称为一个构造函数。

```
function Person() {
  this.name  = "";
  this.age = 0;
}

Person.prototype.setName = function(name){
    this.name=name;
}

// Person()是一个构造函数
var person = new Person();

person.setName("Lear");
```

3. 使用 Object.create()

Object.create 函数用于创建对象，新对象的原型就是调用时的第一个参数。该方法的好处在于不需要构造函数，常常被用于在 JavaScript 中模拟类继承。

```
var Person = {
    name: "",
    setName: function (name) {
        this.name = name;
    }
};
```

```
var student = Object.create(Person);
student.setName("lear");
```

4. Object 的其他类方法

表 3-11 列出了 Object 类上的一些静态方法，更加详细的解释以及使用实例请参考 MDN（MDN Web Docs，MDN 网络文档）的官方文档。

表 3-11　Object 类的静态方法

方法	含义
Object.assign()	将一个对象的属性赋给另外一个对象
Object.create()	以一个现有对象为原型创建新对象
Object.defineProperties()	批量设置属性
Object.defineProperty()	设置属性
Object.entries()	以[key, value]形式返回遍历器
Object.freeze()	冻结对象属性
Object.fromEntries()	从[key, value]列表创建对象
Object.getOwnPropertyDescriptor()	获取属性描述符
Object.getOwnPropertyDescriptors()	获取属性描述符列表
Object.getOwnPropertyNames()	返回对象的所有属性（不包含 Symbol 属性）
Object.getOwnPropertySymbols()	获取 Symbol 属性
Object.getPrototypeOf()	获取对象原型
Object.is()	判断两个值是否相同
Object.isExtensible()	判断一个对象是否可以被扩展
Object.isFrozen()	判断对象是否被冻结
Object.isSealed()	判断对象是否被封存
Object.keys()	返回包含对象键值的遍历器对象
Object.preventExtensions()	将对象设置成不可扩展，即无法添加新属性
Object.prototype.hasOwnProperty()	判断对象是否有某个属性
Object.prototype.isPrototypeOf()	判断一个对象是否是另一个对象的原型
Object.prototype.propertyIsEnumerable()	判断一个对象的属性是否可以被 for/in 枚举
Object.prototype.toLocaleString()	将对象转换成本地格式的字符串
Object.prototype.toString()	将对象转换成字符串
Object.prototype.valueOf()	返回对象的原始值
Object.seal()	封存对象，不可以增加或者删除属性，但可以修改
Object.setPrototypeOf()	设置对象原型
Object.values()	返回包含属性值的遍历器对象

3.5.2　Symbol 属性

ES6 标准中增加了 Symbol 类型，主要用途是作为对象的属性。前面内容在介绍 Map 的时候提到过，普通对象的属性都是字符串，这表示可能会遇到属性名冲突，使用 Symbol 可以避免这一问题。

```
var obj= {
    name:"lear",
    age:10
};

var sym = Symbol("sex");
obj[sym] = "male";
```

虽然看起来很像是一个构造函数，但 Symbol 是一种基本类型而不是一个类，因此不能使用 new 操作符来创建对象。每个 Symbol 都是独一无二的，尽管它们的内容可能一样，但使用==或者===比较的结果都是 false。

访问 Symbol 属性对应的键值，只能通过方括号来进行，使用点号（.）会产生隐式的 toString 操作，并不是对应的 Symbol 属性。

```
console.log(obj[sym]); // male
console.log(obj.sym); // undefined
```

Symbol 属性不能被常见的对象遍历方法获取，使用 toString 方法也不会打印出 Symbol 属性的值。想要获得一个对象上定义的 Symbol 属性，可以使用 Object.getOwnPropertySymbols 方法。

```
console.log(Object.getOwnPropertySymbols(obj))
// 返回
[ Symbol(sex) ]

Object.getOwnPropertySymbols(Array.prototype)
// 返回
[Symbol(Symbol.iterator), Symbol(Symbol.unscopables)]

Object.getOwnPropertySymbols(String.prototype)
// 返回
[Symbol(Symbol.iterator)]
```

3.5.3 对象遍历器

本小节的主题是如何遍历一个对象，这里的对象是广义的，既包含了普通对象，也包含了 Array、Map、Set 等一切可以被遍历的数据结构。

1. 可遍历对象

JavaScript 中有很多对象可以被循环遍历，在 ES6 中，这些对象统一实现了 Symbol.iterator 接口，该接口是一个定义在原型上的 Symbol 属性，其对应的值通常为一个函数。

```
// 以下代码的返回值均为"function"

typeof [].__proto__[Symbol.iterator]

typeof "".__proto__[Symbol.iterator]

var map = new Map();
typeof map.__proto__[Symbol.iterator]

var set = new Set();
typeof set.__proto__[Symbol.iterator]
```

下面列出了常用的用于遍历对象的方法。

- for/while

- forEach/map
- Object.keys()
- Object.values()
- Object.getOwnPropertyNames()
- Reflect.ownKeys()
- for/in 和 for/of

2. forEach 和 map

这两个方法都定义在 Array.prototype 上，如果仅是用来遍历数组，这两个方法的使用没有区别。forEach 方法的定义如下。

```
Array.prototype.forEach(function(item,index,arr){

});
```

- item 表示当前的值。
- index 是当前的索引。
- arr 是当前正在访问的数组。
- 返回值无。

map 方法的调用格式和 forEach 相同，区别在于 map 方法会返回一个数组，数组的每个元素都是作为参数调用回调函数后返回的结果，而 forEach 方法没有返回值。

```
var result = [ 'a', 'b', 'c' ].map(function(item){
    return item+=item;
});
console.log(result)
// 结果
// [ 'aa', 'bb', 'cc' ]
```

3. Object 对象的遍历方法

Object 对象上定义了 3 个用来遍历属性或者对应值的方法，调用它们均会返回一个数组。

```
var arr= ['a','b','c']
Object.keys(arr);
// 返回键值
// [ '0', '1', '2' ]

Object.values(arr);
// 返回键值对应的数据
// [ 'a', 'b', 'c' ]

Object.getOwnPropertyNames(arr);
// 返回所有的属性，数组的键值和 length 都被认为是属性
// [ '0', '1', '2', 'length' ]

// 以上 3 个方法也可以用来访问对象
var obj= {
    name:"lear",
    age:10
};
Object.keys(obj); // [ 'name', 'age' ]
Object.values(obj); // [ 'lear', 10 ]
Object.getOwnPropertyNames(obj); // [ 'name', 'age' ]
```

4. for/in 和 for/of

for/in 方法会返回遍历对象的键值，可以用于数组和普通对象的键值遍历，但不包括 Symbol 属性。for/of 则会返回键值对应的值，但只能用在实现了 Symbol.iterator 接口的对象上。

```
var arr = [0,1,2];
for(var item in arr){
    console.log(item);
} // 0 1 2

for(var item of arr){
    console.log(item);
} // a b c
```

再用这两种方式来遍历前面的 obj 对象。

```
for(var item in obj){
    console.log(item);
}
// 输出
name
age

for(var item of arr){
    console.log(item);
}

// TypeError: obj is not iterable
```

在使用 for/of 遍历普通对象的时候出现了错误，因为 obj 对象没有定义 Symbol.iterator 属性。

5. 自定义 iterator 接口

可以通过给普通对象加上自定义 System.iterator 属性的方式使 obj 对象可以被 for/of 遍历。

```
var obj = {
    0: 'a',
    1: 'b',
    2: 'c',
    length: 3,
    [Symbol.iterator]: Array.prototype[Symbol.iterator]
};
for (let item of obj) {
    console.log(item); // 'a', 'b', 'c'
}
```

在 obj 对象上应用的是 Array.prototype 上的 Symbol.iterator 方法，该方法会依照下标来访问当前属性，因此键名必须是从 0 开始的连续数字，并且需要设置 length 属性。

```
// 类数组对象上实现的 iterator 类似于下面的实现
// 内部需要定义 next 方法，for/of 在每次遍历的时候会调用该方法返回下一个元素
 [Symbol.iterator]:function(){
      let index = 0;
      var next = ()=>{
          if(index<this.length){
               return {
                   value :this[index++],
                   done:false
               }
          }else{
               return {
                   value:undefined,
                   done:true
               }
          }
      }
      return {next:next};
}
```

3.6　类与继承

JavaScript 没有明确的关于类的定义，这是因为在设计之初 JavaScript 只用来承担一些简单的事件处理任务。后来随着前端技术的发展，JavaScript 也被期望完成更多的任务，如面向对象编程。相比于 Java 中的“经典类”实现，JavaScript 使用原型的方式来定义一个类。

3.6.1　定义一个类

在 ES5 中，JavaScript 通过函数来模拟一个类，并且通过在原型对象上增加方法来实现类方法。

```
// 为了方便实现链式调用，在原型方法中增加了 return this
function Person(name,age) {
    this.name  = name;
    this.age = age;
}

Person.prototype.setName = function(name){
    this.name=name;
    return this;
}
Person.prototype.setAge = function(age){
    this.age=age;
    return this;
}
Person.prototype.print = function(){
   console.log(this.name + ' ' + this.age)
}

// 使用 Person 创建一个对象
var person = new Person();
person.setName("Lear").setAge(10).print();
```

ES6 引入了一些新的关键字用来实现 class 语法，包括 class、constructor、static、extends 和 super。从语法上看它类似于 Java 中的类，但本质上仍然是基于原型实现的。下面用 class 语法来改写 Person 类。

```
class Person {
     constructor(name,age) {
         this.name = name;
         this.age = age;
     }
     setName(name){
         this.name = name;
         return this;
     }
     setAge(age){
         this.age = age;
     }
     print(){
         console.log(this.name + ' ' + this.age);
     }
}

// 使用 Person 创建一个对象
```

```
var person = new Person();
person.setName("Lear").setAge(10).print();
```

上面的例子中，还有一些经典类的特性没有涉及，如静态方法和私有属性。

静态方法使用 static 关键字来声明，静态方法不会被实例化，只能直接通过类名来调用。例如，与数学计算相关的 Math 类，其属性和方法都是静态的。下面给 Person 方法增加一个名为 intro 的静态方法。

```
static intro(){
     console.log("Person is the base class");
}

// 该方法只能通过 Person 类直接调用
var person = new Person();
person.intro();
// 输出
TypeError: person.intro is not a function

Person.intro();
// 输出
Person is the base class
```

目前的 ES 标准还不支持私有属性，但在 ECMAScript 未来的版本计划中，可以在属性前增加一个#符号来实现私有属性。这里不再详细介绍。

3.6.2 继承

由于所有的对象都会从 prototype 上继承属性，因此 prototype 通常被用来模拟类继承。在 ES6 之前，JavaScript 中存在好几种不同的继承方式，这是由类定义本身的不明确导致的。

1. 基于 prototype 的类继承

```
function Student(name,age,num){
    Person.call(this,name,age);// 使用父类的构造函数
    this.num = num;
}
// 继承父类的成员
Student.prototype = new Person();

// 重写父类的方法
Student.prototype.print = function(){
    console.log(this.name + ' ' + this.age + ' ' +this.num)
}
```

2. 使用 util.inherit()

util.inherit 方法是 Node 提供的专门用于继承的方法，在 Node 内部也广泛地用在各种模块之间的继承上。下面的代码中新建了一个 Player 类，并且继承了原生 events 模块，这样就获得了事件处理能力。

```
const util = require('util');
const EventEmitter = require('events');

function Player() {
  EventEmitter.call(this);
}

util.inherits(Player, EventEmitter);

Player.prototype.play= function(data) {
```

```
  this.emit('play', data);
};
Player.prototype.pause= function() {
  this.emit('pause');
};
```

3. ES6 中的类继承

ES6 中的 extend、super 等关键字提供了类继承的功能。

```
class Student extends Person{
    constructor(name,age,num){
        // super()用于调用父类的构造函数
        super(name,age);
        this.num = num;
    }
    // 重写父类方法
    print(){
        console.log(this.name + ' ' + this.age + ' ' +this.num);
    }
}
```

3.7 实战：编写字节码执行器

Java 的执行基于字节码，在编译过程中，首先调用 javac 命令将 Java 源文件编译成 class 文件，然后用 Java 命令执行 class 文件，class 文件的内容是可以被 JVM 解析的字节码。

假设定义名为 Lear 的语言并提供了编译器前端实现（将源代码翻译成自定义字节码），剩下的部分就是为对应的字节码来编写对应的执行器。

实现这样的一个执行器不算很难，但在一些细节方面很有挑战性，如函数内的局部变量及实现递归等，因此很适合拿来当一个入门的例子。

3.7.1 指令集

假设 Lear 语言已经定义了如表 3-12 所示的指令集，借鉴了开源书籍 《自己动手写编译器》中 tinyc 的定义。为了节约篇幅，此处假设生成的字节码没有语法错误，因此没有定义错误处理的指令，也可以省去一些错误处理的代码。

表 3-12 自定义的字节码指令集

指令	含义
int <variable>	声明一个 int 变量
push <variable>	将声明的变量压入栈顶
push_num <integer>	将一个数字压入栈顶
push_str <string>	将一个字符串压入栈顶
FUNC <function name>	声明方法体的开头
arg <a,b…>	方法参数，使用“,”隔开
jmp <label>	无条件跳转至 label 处
jz	仅当栈顶值为 0 或者 false 时跳转
ENDFUNC	方法结束标志，无实际意义
call <function name>	调用方法

续表

指令	含义
ret	函数返回
print <value>	打印一个值
add/mul/sub/div/cmpeq/…	二元操作符，弹出栈顶的两个操作数并计算，并将结果入栈
pop <variable>	弹出栈顶值并将其赋给变量
_<string>	定义一个跳转的 label，如_begin

1. 栈操作

很多编程语言的执行都基于栈，如熟悉的栈溢出（stackoverflow）就是一个发生在执行栈内的错误。同理，本节编写的执行器也会在内部维护一个栈（execStack）。push 和 pop 操作符会对操作数和变量进行入栈和出栈操作。

```
// b-a 对应的指令
// 首先将 a，b 的值入栈
// sub 操作符将栈顶的两个操作数弹出
// 然后计算 b-a，注意不是 a-b，规定栈顶为第一个操作数
// 将结果重新入栈
// 这三条指令的格式可以扩展至所有的二元表达式，如加减乘除；比较大小等

push a
push b
sub
```

2. 声明变量

变量定义时常常带有赋值操作，如 int a = 3。如果在后续的代码中用到变量 a，那么就需要在 pop 操作的时候将 a 存入变量表中。

```
int a =3

// 对应的指令为
push_num 3
pop a
```

3. 函数声明与调用

函数声明的指令格式如下。

```
// 函数声明
FUNC @fib
    arg n
    // 其他指令
ENDFUNC
```

下面的操作码定义了一个简单的函数调用，当执行器遇到一个 call 操作符时，会将栈顶元素根据参数的数目出栈，并作为函数的参数进行调用。

```
// hello(a,b) 的字节码表示
push b
push a
call hello
```

4. 标记与跳转

程序中会经常遇到跳转的控制结构，如 if/else 与 while 等。下画线开头的字符串表示一个可被跳转的标记，jz 指令判断当前栈顶的元素，如果是 false，那么就会跳转至指定的标记处。

```
if(n==0){
    return 0;
```

```
}

// if 控制结构可以用下面的操作码表示
// 虽然代码里没有使用 else，但在字节码中仍然需要体现
_beginIf_1
    push n
    push_num 0
    cmple
jz_elseIf_1
    push_num 0
    ret
jmp _endIf_1
_elseIf_1
_endIf_1
```

5. return 与 print

return 与 print 两个操作符都是对栈顶的数进行操作。

```
// 下面的指令表示返回一个数
// 首先将数字入栈
// ret 指令将栈顶的数字弹出
push_num 0
ret

// 打印一个变量
// 首先将变量入栈
// print 指令将栈顶变量弹出
push a
print
```

6. 完整的字节码

以斐波那契函数为例，假设有如下的 Lear 语言代码。

```
int fib(int n){
     if(n==0){
          return 0;
     }
     if(n==1){
          return 1;
     }
     return fib(n-1) + fib(n-2);
}

print fib(10);
```

上面代码经过编译（忽略编译过程）生成了如下的字节码。字节码和源代码在顺序上是对应的，如果遇到不理解的地方可以参考前面的指令定义。

```
// 函数声明
FUNC @fib
   arg n
 // 开始第一个 if
_beginIf_1
    push n
    push_num 0
    cmple
jz _elseIf_1
    push_num 0
    ret
jmp _endIf_1
```

```
    _elseIf_1
    _endIf_1
    // 第一个 if 结束
    // 开始第二个 if
    _beginIf_2
        push n
        push_num 1
        cmpeq
    jz _elseIf_2
        push_num 1
        ret
    jmp _endIf_2
    _elseIf_2
    _endIf_2
    // 第二个 if 结束

        push n
        push_num 1
        sub
        call fib
        push n
        push_num 2
        sub
        call fib
        add
        ret
    ENDFUNC

    // 调用函数
        push_num 10
        call fib
        print
```

3.7.2 编写执行器

了解了指令结构之后，现在可以准备动手编写执行器了，但在动手之前，首先要弄清楚一个执行器需要哪些数据结构。

- 执行栈/execStack：用于求值和执行语句。
- 变量/求值表/resultTable：存储所有的变量类型和值。
- 函数表/funcTable：存储函数的名称，起始位置和参数列表。
- 跳转表/jmpTable：存储跳转标签的名称和位置。

1. 指令数组

首先将整个 asm 文件读进内存，并且将所有的字节码指令按行分割成数组 asmArr。

```
// 区分操作系统换行符
if(require('os').type() == 'Windows_NT'){
      var lineBreaker = "\r\n"
}else{
      var lineBreaker = "\n"
}

var asmArr = fs.readFileSync("output.asm").split(lineBreaker);
```

处理指令的基本方式是将每条指令分割成操作码和操作数，然后使用 switch/case 结构进行对应的处理。

```
function split(str){
    // ...
    var index = str.indexOf(' ');
    // 将单条指令分割
    if(index != -1){
        var operator = str.substring(0,index);
        var remain = str.substring(index+1)
        return [operator, remain];
    }
    return [str];
}

// 执行器的核心方法
function executeAsm(asmArr,execStack,resultObj,begin,end){
     for(var i=begin;i < end;i++){
          var item = asmArr[i];
          var tmp = split(item);
          switch(tmp[0]){
               case "push":
               case "push_num" :
               case "push_str" :
               case "int":
               case "pop":
               case "add":
               case "mul":
               case "sub":
               case "div":
               case "print":
               case "call":
               case "ret":
               case "FUNC":
               // ...
          }
     }
}
```

2. 处理二元表达式

二元表达式的处理非常简单，只需要将栈顶的两个元素出栈并进行相应操作即可，以减法为例。

```
// Lear 语言定义数组的第一个元素作为栈顶，因此要使用 shift/unshift 方法
// ...
case "sub":
     var v1 = asmArr.shift();
     var v2 = asmArr.shift();
     execStack.unshift(v2-v1);
     break;
// ...
```

3. 处理跳转

Lear 语言使用标签（label）用来标记跳转的位置，为了实现跳转必须要实现知道每个 label 在数组中的位置。因此，需要预先遍历整个数组，将所有的标签存储在 jmpTable 中。

```
asmArr.map((item)=>{
   if(item[0] == '_'){
        jmpTable[item] = i;
   }
});
```

4. 处理函数定义

函数定义的处理类似跳转标签，预先遍历整个数组，将对应的信息存在 funcTable 中。函数定义的处理如下所示，主要目的是将函数名和参数数组，以及函数的起始位置加入到全局函数表。

```
// 函数定义的处理，需要获得函数名和参数数组，以及函数定义在整个指令集中的起始位置
case "FUNC":
     // 获取函数名
     var funcName = tmp[1].substring(1);
     // 获取参数数组
     var args = split(asmArr[i+1])[1].split(",");
     var obj = {
          begin:i+2, // 跳过 FUNC and args
          args:args
     }
     while(asmArr[i] !== "ENDFUNC"){
          i++;
     }
     obj.end = i;
     funcTable[funcName]=obj;
     break;
```

5. 处理函数调用

```
// fib(10)对应的指令
push_num 10
call fib
```

函数调用通过 call 指令来完成，处理函数有两个关键点。

- 处理参数。
- 处理函数作用域。

处理参数比较简单。首先到函数表中查询对应的参数列表，然后根据列表的长度，逐次将 execStack 内的元素出栈并赋值。

函数作用域的实现比较复杂，直观的思路是当函数执行时，开辟一个新的执行栈和变量表，这样就和全局的执行栈和变量表互不干扰。此外，函数内部也可以有各种操作，如二元表达式和运算等，因此使用递归实现。

```
case "call":
     // 从函数表中获取信息
     var funcName = tmp[1];
     var funcObj = funcTable[funcName];

     if(!funcObj){
           console.log("function undefined!");
           process.exit();
     }
     var args = funcObj.args;

     // 局部的执行栈和变量表
     var localResultObj = {};
     var localStack = [];

     // 处理参数，并且将传入的参数加入变量表中
     for(var j=args.length-1 ;j>=0;j--){
          var arg = args[j];
          var argValue = execStack.shift();
          var type = typeof argValue;
          localResultObj[arg] = {value:argValue,type:type};
```

```
        }

        // 使用递归方法来执行函数，由于 asmArr 是全局数组，因此还要传入函数的起始位置
        var result = executeAsm(asmArr,localStack,localResultObj,funcObj.begin,
funcObj.end);
        // 将函数的返回值入栈
        execStack.unshift(result);

        break;
```

完整的代码篇幅过长，这里不再列出，读者可以参考附带的源码。

小　　结

本章回顾了 JavaScript 作为语言的核心概念，请读者确保已经熟练掌握了这些特性，尤其是函数以及高阶函数的部分，这是下面章节的基础。

本章并没有对常用 API 的使用做详细介绍，如果读者想要进一步了解，请参考 MDN 的在线文档。

思考与问题

- 把 3.4.3 小节中 Haskell 代码转换成 JavaScript 代码。
- 使用 JavaScript 实现一棵二叉搜索树。
- 自己设计新的指令，如定义数组，并完善 3.6 节中的操作码模拟器。
- 用数组模拟实现队列。
- 3.2.5 小节中使用数组来模拟二叉树的输入，其中空节点要用 null 表示而不能跳过，探索不同的存储方式以节约存储空间。

第 4 章 编写结构化程序

在介绍过 JavaScript 的基本语法和数据结构之后，终于可以进入 Node 的世界了，在开始之前，首先思考一个问题，JavaScript 缺少了什么？

JavaScript 作为一门编程语言的要素，包括基本类型和变量、函数和对象等，都和其他编程语言无异。JavaScript 的最大缺陷在于它是专门为了在浏览器中运行而设计的，在设计之初没有考虑到和 I/O 设备交互的情形。例如，本地文件的读写和 HTTP 请求，读者可能会举出 FileReader 和 XMLHttpRequest 对象来反驳，但它们不是 JavaScript 语言标准的一部分。

为了让 JavaScript 能够直接在本地机器上运行并利用所有资源，Node 对 JavaScript 做了大量扩展，包括模块系统、文件系统、流处理，以及多进程支持等，这些也是本章的主要内容。但本章不会涉及网络编程的部分（该部分会在第 6 章介绍），而且比起第 3 章，本章的例子会更加贴近实际应用。

Node 中的模块及 API 根据其稳定性，可以分为 3 类。

- Stability 0，不鼓励使用（Deprecated），该模块或者 API 可能会在将来的版本中被移除。
- Stability 1，实验性质（Experimental），该模块或者 API 的表现或者使用可能会在未来的版本中发生变化，不推荐在生产环境中使用。
- Stability 2，稳定（Stable），不会轻易变化的模块和 API。

Node 原生模块如表 4-1 所示。

表 4-1　Node 原生模块及引用方式一览

模块名	使用方式	稳定性	作用
Assertion Testing	require	Stable	断言测试
Async Hooks	require	Experimental	提供追踪回调函数功能的模块
Buffer	require	Stable	封装 Buferr 结构
C++ Addons	require	Stable	用 C++ 编写 Node 插件的模块
C/C++ Addons with N-API	require	Stable	对 C++ addon API 的进一步封装
Child Processes	require	Stable	提供多进程模型
Cluster	require	Stable	封装集群功能
Console	require/直接使用	Stable	控制台对象
Crypto	require	Stable	用于加密解密的模块
Debugger	命令行	Stable	用于调试 Node 程序
DNS	require	Stable	处理 DNS 的模块
Domain	require	Deprecated	错误处理模块，已被废弃

续表

模块名	使用方式	稳定性	作用
ECMAScript Modules	命令行	Experimental	提供 ES6 模块功能
Errors	直接使用	无	定义错误对象和错误代码
Events	require	Stable	提供事件处理功能的模块
File System	require	Stable	封装文件系统 API
Globals	直接使用	Stable	全局对象
HTTP	require	Stable	处理 HTTP 相关的模块
HTTP/2	require	Stable	处理 HTTP/2 相关的模块
HTTPS	require	Stable	处理 HTTPS 相关的模块
Inspector	命令行	Experimental	和 v8 调试器交互的模块
Modules	直接使用	Stable	提供模块化支持
Net	require	Stable	提供 TCP 和 IPC 相关支持
OS	require	Stable	封装底层操作系统相关信息的模块
Path	require	Stable	负责处理文件系统路径
Performance Hooks	require	Experimental	统计程序运行性能的模块
Policies	命令行	Experimental	为运行 Node 代码引入安全检查
Process	直接使用	无	Node 进程的抽象
Punycode	require	Deprecated	punycode 相关编码转码操作
Query Strings	require	Stable	解析和格式化 URL
Readline	require	Stable	提供从可读流中每次读入一行的功能
REPL	require	Stable	提供 REPL 相关功能
Report	命令行	Experimental	提供将性能诊断信息写入文件中的方法
Stream	require	Stable	流式处理模块
String Decoder	require	Stable	提供从 Buffer 类型解码的功能
Timers	直接使用	Stable	定时器相关 API
TLS/SSL	require	Stable	提供 TLS 加密解密功能的模块
Trace Events	require	Experimental	将 v8、Node 核心、用户代码的执行追溯信息统一显示
TTY	require	Stable	和虚拟控制台（TTY）交互的模块
UDP/Datagram	require	Stable	处理 UDP 相关的模块
URL	require	Stable	处理 URL 相关的模块
Utilities	require	Stable	一些工具类和方法
V8	require	无	提供和 v8 交互的 API
VM	require	Stable	使用 v8 虚拟机的上下文运行代码
Worker Threads	require	Stable	封装 Worker 线程的模块
Zlib	require	Stable	处理压缩解压相关的模块

在介绍模块的过程中，由于涉及很多实际的例子，首先来介绍有关性能测定的问题。同一种功能的实现往往会有不同的解决方案，如果知道哪个操作更有效率，则有助于写出更加高效的代码。

衡量性能的重要做法就是测量操作耗费的时间，Node 中有好几个用来获取时间戳及计算时间差的方法，如表 4-2 所示。

表 4-2　Node 用于计时的方法

方法	类型	含义
new Date().getTime()	JavaScript 原生	1970 年 1 月 1 日到目前经过的毫秒数
+new Date	JavaScript 原生	1970 年 1 月 1 日到目前经过的毫秒数
Date.now()	JavaScript 原生	1970 年 1 月 1 日到目前经过的毫秒数
process.hrTime()	Node 扩展	取两次调用的时间差
process.upTime()	Node 扩展	进程启动到调用为止的时间
console.time()/console.timeEnd()	JavaScript 原生	取两次调用的时间差

（1）new Date().getTime()/Date.now()/+new Date

new Date().getTime()/Date.now()/+new Date 3 个方法返回的都是自 1970 年 1 月 1 日 00:00:00 到当前时间的毫秒数。它们属于 JavaScript 标准的一部分，在浏览器和 Node 中通用。

```
$node
> new Date().getTime()
1583029881137
> Date.now()
1583029887264
> +new Date
1583029893992
```

（2）console.time() / console.timeEnd()

console.time() / console.timeEnd()两个方法需要搭配使用。time 方法可以使用一个参数作为标记，并且使用同样的参数调用 timeEnd 方法就可以打印出两者的时间差。

```
console.time("label");
console.timeEnd("label");// label: 1442.621ms
```

（3）process.uptime()/process.hrtime()

process.uptime()/process.hrtime()两个方法是 Node 提供的扩展方法，由于 process 对象在 Node 中属于全局对象，因此无须引入便可使用。

```
// process.uptime()会返回当前 Node 进程启动到现在经过的时间，单位为秒
process.uptime();// 4.763690267
```

process.hrtime 方法比较特殊，它不以过去某个特定的时间作为锚点，而是随机选择一个时间。这就代表了只调用一次的情况下其返回值没有意义，唯一有意义的是两次调用 hrtime 之间的时间差，可以认为该方法就是为了测量时间差而生的。

```
// 无参数调用 process.hrtime()返回一个数组，数组的值没有特殊含义
// 数组的第一个元素的单位为秒，第二个元素的单位为纳秒，
process.hrtime();// [ 83406, 452066899 ]

// hrtime()在接收一个 time 数组作为参数时，会返回两次调用的差值
var time = process.hrtime();
var diff = process.hrtime(time);

console.log(diff)
// 输出两次调用的时间差
[ 0, 9680399 ]
```

后面的章节中会比较频繁地使用 hrtime 方法测试及比较一些代码的性能。互联网上有一些过时的文章中提到 process.hrtime()操作本身耗时严重，不适合放到循环内部执行。这个问题已经在 Node 5.4.0 中得到修复，读者可以在该版本 change log 中找到对应的描述。笔者自己也创建了各种计时方法的 benchmark（见附录源代码），运行结果如表 4-3 所示。

表 4-3　不同计时方法在不同平台下的耗时对比（ms/10^8 次）

方法	Windows	Mac OS
new Date().getTime()	1300	1393
+new Date	1828	2165
Date.now()	683	638
process.hrTime()	525	897
process.upTime()	909	1318
console.time()	10 340	14 240

下面以一段简单代码为例来展示 Node 基本模块的使用。

代码 4-1　合并 CSS

```
const fs = require("fs");
const path = require("path");
function merge2dist(sourceDir){
    // 获取目录下的文件列表
    var sourceArr = fs.readdirSync(sourceDir);
    sourceArr.forEach(function(item){
        var filePath =  path.resolve(sourceDir, item);
        var stat = fs.statSync(filePath);
        // 找到后缀为 css 的文件
        if(stat.isFile() && item.split(".").pop() === "css" ){
            fs.appendFileSync("./dist.css",fs.readFileSync(filePath));
        }
    });
}
```

代码 4-1 的主要作用是将一个目录下的 css 文件合并到 dist 文件中，这是 Web 开发的常见需求。代码中用到了 3 个模块，下面列出并解释了它们的作用。

- Module 用于加载其他模块。
- File System 用于操作文件系统的模块。
- Path 用来处理文件路径等问题的模块。

4.1　module

本书上述代码都基于单个文件，下面来介绍一下多文件，即模块化的内容。通常认为一个模块是一个可被重用的代码文件，一个模块里面可能包含一个类、一个方法，甚至只有一个变量。

在 Node 刚出现时（2009 年，ES5 也只是刚刚发布），JavaScript 还没有统一的模块规范。Node 使用的规范为 CommonJS，它将代码文件看作一个一个的模块，模块内部定义的对象都是私有的，对外不可见，但可以通过 module.exports 将内部对象暴露给外部引用。同样地，模块也可以使用 require 函数来引用其他模块导出的对象。

在 Node 源码文件 lib/internal/bootstrap_node.js 中有如下代码。

```
// script 参数，即开发者编写的源代码文件
```

```
NativeModule.wrap = function(script) {
    return NativeModule.wrapper[0] + script + NativeModule.wrapper[1];
};

NativeModule.wrapper = [
    '(function (exports, require, module, __filename, __dirname) { ',
    '\n});'
];
```

开发者编写的代码文件最后都会被包裹在一个匿名方法中，这就是第 3 章提到的 Node 中，模块作用域本质上是函数作用域的原因。

该匿名方法的 5 个参数，在 Node 脚本文件中可以看作是全局变量，但在 REPL（交互式编程环境）环境中，它们没有被定义。

- __dirname：当前代码文件的绝对路径。
- __filename：当前文件所处文件夹的绝对路径。
- exports：全局的 exports 对象。
- module：全局的 module 对象，其中 module.exports 用于导出对象。
- require：用于引入模块。

此外，ES6 也提出了新的模块化规范，但还未能获得浏览器的全面兼容，在实践中通常需要配合 webpack 和 babel 等工具使用，不是本节重点介绍的内容。

4.1.1 哪些模块需要引入

凡是属于 JavaScript 标准，包括基本类型和一些对象，如 Date、Math、Promise 等，或者属于全局对象，如定时器 API、process 对象等都可以在 Node 代码中直接使用而不需引入。此处的“全局对象”，泛指所有可以在代码中任意位置访问的对象，不是指具体的 global 对象。

其余的模块，包括原生的 HTTP、Events 等，还有数量庞大的第三方模块，都需要使用 require 方法显式引入才能使用。

4.1.2 require()及其运行机制

require 方法可以用于加载以下 3 种模块。

（1）Node 原生模块，如 File System、Events、OS 等。

（2）开发者自定义的 Node 模块，后缀为.js，以及 JSON 文件。

（3）开发者编写的 C++插件，后缀为.node。

```
// student.js
// 定义一个简单的模块
var student = {
    talk:function(){
        console.log("I am talking...");
    },
    listen:function(){
        console.log("I am listening...");
    }
    // 更多方法
}
module.exports = student;
```

上面的模块定义了一个 student 对象，然后使用 module.exports 将该对象暴露给外部使用。外部的代码想要使用 student 对象中的方法，需要使用 require 方法引入该对象。

require 方法并不依赖于 module.exports，加载一个没有暴露任何对象的模块也没有问题，这相当于直接执行一个模块内部的代码。

```
// 在引入自定义模块时省略相对路径“./”会导致错误
// 但可以省略末尾的.js 后缀
var student = require("./student.js");
student.talk();
```

如果一个模块包含许多方法而开发者只用到其中的一小部分，可以只导入模块的一部分属性。

```
// 如果只需要引入 talk 方法，那么代码可以写成下面的形式
var talk = require("./student").talk;
talk();
```

1. 解构赋值

解构赋值是从对象中提取某些值并可以对变量进行统一赋值的语法。如果只想引入模块的一部分属性，也可以写成解构赋值的形式。

```
// 使用解构赋值引入模块的一部分方法
var {readFile,writeFile} = require("fs");

// 或者
var { talk } = require("./student.js");
talk();

// 数组的解构赋值
let a = 1;
let b = 2;
let c = 3;
// 或者
let [a, b, c] = [1, 2, 3];

// 对象的解构赋值可以写成下面的形式
var { name } = {name:"lear",age:10};

// 解构赋值还可以和扩展运算符一起使用，下面的代码会复制一个一维数组
var arr = [1,2,3]
let [...arr1] = arr;
```

2. module.exports

module.exports 属性用于导出一个方法或者对象，除了 module.exports 之外，全局范围内还有一个 exports 属性，该属性可以认为是 module.exports 的“快捷方式”。

```
console.log(exports === module.exports);// true
// 下面两种导出方式是等价的
exports.f = f
module.exports.f = f
```

在实际编写代码中推荐采用标准做法，使用 module.exports 即可。为了详细比较这两者之间的区别，可参考下面的代码。

```
var a = {};
a.b = {}
var c = a.b;
```

module.exports 和 exports 的关系类似于 a.b 和 c 的关系，在模块初始化时它们指向同一个空对象。虽然它们在初始化时等价，但随着在代码中赋值，它们的值可能会脱钩，而 require 方法最终引入的是定义在 module.exports 上的对象。

```
// c 和 a.b 指向同一块内存，如果仅修改属性，两个对象会保持同步
c.f = {name:"lear"}
// a.b 的值也会同步修改
a.b.f
```

```
// {name:"lear"}

// 如果直接修改 exports 或者 module.exports 的值，那么它们就不会再保持同步
// 直接修改 exports 的值
exports = {name:"lear"}
// module.exports 不会改变
module.exports
// {}
```

在开发过程中也可以始终保持这两者的同步，如在一些第三方模块中可能会看到下面的代码，但通常没有什么特别的用处。

```
exports = module.exports = XX
```

3. 重复引入

在 C/C++中，通常使用#IFNDEF 等关键字来避免头文件的重复引入。在 Node 中无须关心这个问题，因为 Node 默认先从缓存中加载模块，一个模块被第一次加载后，就会在缓存中维持一个副本。如果遇到加载过的模块会直接提取缓存中的副本，也就是说在任何情况下每个模块都只在缓存中有一个实例。

这种缓存策略基于文件路径定位，这表示即使有两个完全相同的文件，如果它们位于不同的路径下，也会在缓存中保持两份。require 方法加载模块的查找策略如下所示。

（1）如果是原生模块，直接引入。

（2）如果是基于相对路径的用户模块，那么就从路径中根据文件名查找，这也是为什么在加载自定义模块时不可以省略相对路径的原因。

（3）第三方模块从当前目录下 node_modules 中查找，如果当前目录下没有 node_modules 文件夹，或者 node_modules 中不存在目标模块就会继续向父目录中查找，直到抵达系统根目录为止。

```
// 假设代码文件路径为
// C:\\Users\\likaiboy\\OneDrive\\文档\\Node.js 指南书\\example\\c4\\require.js
// 下面列出 Node 第三方模块的查找路径

paths: [
 'C:\\Users\\likaiboy\\OneDrive\\文档\\Node.js 指南书\\example\\c4\\node_modules',
 'C:\\Users\\likaiboy\\OneDrive\\文档\\Node.js 指南书\\example\\node_modules',
 'C:\\Users\\likaiboy\\OneDrive\\文档\\Node.js 指南书\\node_modules',
 'C:\\Users\\likaiboy\\OneDrive\\文档\\node_modules',
 'C:\\Users\\likaiboy\\OneDrive\\node_modules',
 'C:\\Users\\likaiboy\\node_modules',
 'C:\\Users\\node_modules',
 'C:\\node_modules'
]
```

4. require 的隐患

调用 require 方法加载一个模块，相当于执行该模块中的代码，这有时候可能会带来隐藏的 bug。

```
// module.js
function test(){
   setInterval(function(){
       console.log("keep logging");
   },1000);
}
test();
module.exports = test;
```

```
// require.js
var test = require("./module.js");

// 运行
$ node require.js
// 每隔一秒输出
Keep logging
Keep logging
…
```

上面的代码中，由于 module.js 中设置了一个不间断的定时器，导致 require.js 也会一直运行下去。在实际的例子中可能是一个隐蔽的循环或者数据库连接，需要特别注意。

4.1.3　ES6 module

ES6 也提出了一套模块化标准，虽然 Node 基于 CommonJS 的模块化机制已经很成熟，没有改动的必要。但为了实现对标准的兼容，Node 也开始支持 ES6 module。但这种支持是有限的，并且需要在运行时加上特定的参数才能使用。

1. 导入与导出

ES6 模块标准使用 import 关键字来导入模块。

```
// 从 fs 模块导入 readFile
import {readFile} from 'fs';

// 如果想默认导入所有属性，那么使用如下形式
import * as fs from "fs"
```

使用 ES6 模块标准的代码文件后缀名为.mjs，在同一个文件中不能同时使用 import 和 require，也无法在.mjs 文件中使用__filename 和__dirname 两个属性。

使用 export 关键字可以将对象导出，在导出对象时要使用大括号将目标对象包裹起来。

```
var name = "lear";
var age = 10;
export {name,age};

var hello = ()=>{
    console.log('Hello world');
}
export {hello};
```

2. 运行

在 Node 中想要运行使用 ES6 module 的源文件，需要在运行时加上--experimental-modules 参数。

```
$ node --experimental-modules .\ES6module.mjs
```

4.2　process

每个 Node 进程都有一个独立的 process 对象，它是当前 Node 进程在代码中的抽象，储存了进程运行时的一些信息。

4.2.1　属性和方法

process 对象上的属性和方法如表 4-4 所示。

表 4-4　process 对象上定义的属性与方法

属性和方法	含义
process.argv	进程运行参数数组
process.env	当前的系统环境变量
process.pid	进程 id
process.platform	当前操作系统信息
process.ppid	父进程的 id
process.stderr	标准错误输出流
process.stdin	标准输入流
process.stdout	标准输出流
process.version	Node 版本号
process.versions	Node 所有相关依赖的版本号
process.exit([code])	退出当前进程
process.hrtime([time])	返回一个时间戳
process.kill(pid[, signal])	向指定进程发送 signal
process.memoryUsage()	返回内存使用情况
process.nextTick(callback[, ...args])	将一个操作放在事件循环当前阶段结束后运行
process.send(message[, sendHandle[, options]][, callback])	用于父子进程间通信
process.uptime()	返回进程启动到目前的时间

下面列出部分属性在笔者计算机上的结果。

```
$ node
> process.args
[ 'C:\\Program Files\\nodejs\\node.exe' ]
> process.env
{
  ALLUSERSPROFILE: 'C:\\ProgramData',
  APPDATA: 'C:\\Users\\likaiboy\\AppData\\Roaming',
  ...
}
> process.pid
8856
> process.platform
'win32'
>process.ppid
17444
> process.version
'v12.12.0'
> process.versions
{
  node: '12.12.0',
  v8: '7.7.299.13-node.12',
  uv: '1.32.0',
  zlib: '1.2.11',
  brotli: '1.0.7',
  ares: '1.15.0',
  modules: '72',
  nghttp2: '1.39.2',
```

```
  napi: '5',
  llhttp: '1.1.4',
  http_parser: '2.8.0',
  openssl: '1.1.1d',
  cldr: '35.1',
  icu: '64.2',
  tz: '2019a',
  unicode: '12.1'
}
```

4.2.2　预定义事件

表 4-4 只列出了 process 对象上的一些属性和方法，下面要介绍的是该对象上定义的事件。

1. beforeExit

beforeExit 事件可以看做进程退出的预备动作，该事件会在 exit 事件触发之前，事件循环队列清空之后触发。如果代码中手动调用了 process.exit 或者是触发了 uncaughtException 时，该事件不会被触发。但如果在该事件的回调函数中又定义了新的任务，如读取一个文件，那么 Node 进程会重新开始事件循环。在这种情况下，Node 进程可能永远不会退出。

```
process.on('beforeExit', (code) => {
    setTimeout(()=>{
        console.log("time out");
    },3000)
});
```

上面的代码会一直运行下去，除非在 setTimeout 中手动调用 process.exit()，进程才能顺利退出。

2. exit

进程退出时触发的事件（当 uncaughtException 事件被触发时除外），开发者可以在 exit 事件的回调函数中定义一些收尾工作。与 beforeExit 事件不同，当 exit 事件被触发后进程一定会退出，因此，在回调中只能定义同步任务，异步任务会被忽略。

```
// 下面代码中的定时器将不会被触发
process.on('exit', (code) => {
    setTimeout(()=>{
        console.log("time out");
    },3000)
});
```

3. uncaughtException

当代码运行出错，而又没有相对应的错误处理逻辑时，uncaughtException 事件就会被触发。由于 Node 运行在单进程和单线程环境下，运行时错误会使进程退出。但如果读者在代码中监听 uncaughtException 事件并在回调函数中增加逻辑，则可以维持进程继续运行。

```
process.on('uncaughtException',( err, origin)=>{
    console.log(` Catched ${err} from ${origin}`);
    console.log("Just keep the process running ...");
    // 更多的代码……
});
// a, b 均未定义
// 该错误会被捕获
a/b;

// 输出
Catched ReferenceError: a is not defined from uncaughtException
Just keep the process running ...
```

很多情况下，当代码中出现一个未定义错误时，它可能已经陷入了严重错误而变得不能正常工作，如数据库连接异常或者调用了某个不存在的方法。即使开发者在 uncaughtException 事件的回调函数中继续让进程运行，很可能也得不到正确的结果。因此，uncaughtException 事件合理的利用方式是在回调函数中做一些错误处理的记录工作，然后让进程退出。

4.3 Events

在编写代码的过程中，一些对象状态的改变，有时需要通知另外一些对象并采取动作。一种简单的做法就是传递对象的引用，当对象 A 的状态改变时，手动调用对象 B 的方法即可。

还有一种方式就是使用事件/消息机制，由对象 A 发送消息，对象 B 注册一个消息侦听方法，当收到消息时再执行对应的操作。从这个角度看，事件机制的目的是将对象之间的通信解耦。

Node 原生的 Events 模块提供了事件监听和触发机制，Node 中的很多原生模块都继承了该模块，从而获得处理事件的能力。

4.3.1 使用

Events 模块的使用分为如下两步。

（1）使用 on 方法注册一个事件和对应的回调函数。

（2）使用 emit 方法触发事件。

```
// 下面的代码引入了 Events 模块之后，注册了一个 begin 事件
// 并且随后使用 emit 方法来触发这个事件
var eventEmitter = require("events");
var myEmitter = new eventEmitter();
myEmitter.on("begin",function(){
   console.log("begin");
})
myEmitter.emit("begin");

// emit 方法除了事件名之外，也可以传递额外的参数
// 传递的参数可以在 on 方法的回调中获取
myEmitter.on("topic",function(log){
   console.log(log); // I am log
})
myEmitter.emit("topic","I am log");
```

4.3.2 事件监听的实现原理

Events 模块背后的原理很简单，Node 会在内存中维护一个类似字典的结构。当代码中使用 on 方法监听一个事件时，就把对应的事件名和回调方法加入字典。当程序调用 emit 方法时，就取出对应的回调方法调用，这个过程是完全同步的。

```
// 模拟实现的 Events 函数

function Events(){
    this.eventList = [];
    this.emit = (channel,...args)=>{
          // 当调用 emit 方法时，到内部的 eventList 中查找对应事件并调用
         for(var item of this.eventList){
             if(item.channel == channel){
                   item.callback(...args);
             }
         }
```

```
    }
    // on 方法仅将事件名和回调函数加入内部数组
    this.on = (channel,callback)=>{
        var obj = {'channel':channel,'callback':callback}
        this.eventList.push(obj);
    }
}

// 使用
var event = new Events();
// 注册事件
event.on('login',(data)=>{
    console.log(data);
});

event.emit('login','Lear');
```

4.3.3　继承 Events 模块

Node 中凡是提供事件处理功能的原生模块或者对象，都是通过继承 Events 模块实现的。如果想给自定义的对象增加事件处理能力，也可以通过同样的方式来实现。

```
// player.js
// 自定义一个 player 类，用来模拟视频播放
var util = require("util");
var event = require("events");

// Node 中标准的继承方式
function Player(){
    event.call(this);
}
util.inherits(Player,event);

var player = new Player();

// 监听 pause 和 play 两个事件
player.on('pause',function(){
    console.log("paused");
})

player.on('play',function(){
    console.log("playing");
});

player.emit("play");
```

4.4　文件系统

本节和 4.5 节的主要内容为 Node 在 I/O 方面对 JavaScript 的扩展，即两个原生模块——File System 和 Stream 上，本节主要介绍 File System 模块。

4.4.1　源码实现

Node 文件系统 API 的实现，本质上是对操作系统底层调用的封装。以 Node 0.1.14 为例，该版

本中文件系统 API 源码是一个巨大的 switch/case 结构。

```
// deps/libeio/eio.c
// 使用深色标注的方法是对应的 Linux 系统调用
static void eio_execute (etp_worker *self, eio_req *req)
{
        // 省略前面的部分代码
        // 通过 switch/case 来调用对应的系统 API
        switch (req->type)
        {
          case EIO_READ:
                  ALLOC (req->size);
                  req->result = req->offs >= 0
                              ?pread(req->int1, req->ptr2, req->size, req->offs)
                              : read(req->int1, req->ptr2, req->size);
                  break;

          case EIO_WRITE:
                  req->result = req->offs >= 0
                                ?pwrite(req->int1, req->ptr2, req->size, req->offs)
                                : write(req->int1, req->ptr2, req->size);
                  break;

              // 更多代码……
        }
}
```

Node 从 0.5.0 版本之后便引入了 libuv，针对不同平台封装了文件系统 API，其源代码位于/deps/uv/src/Unix/fs.c 和/deps/uv/src/win/fs.c 中，读者可以自行参考。

4.4.2 文件系统 API

在 File System 模块中，大部分 API 都有 3 个版本，它们的功能是相同的。

- 基于回调函数的异步 API，如 fs.readFile(path [,options],callback)。
- 函数名以 Sync 结尾的同步 API，如 fs.readFileSync(path[,options])。
- Promise 版本的 API，如 fsPromises.readFile(path[,options])。

API 的名称也基本上和对应的 Linux 系统调用相同，表 4-5 列出了文件系统 API 及对应的 Linux 系统调用，出于篇幅考虑本书只包含了异步版本。

表 4-5　文件系统 API——仅包含回调函数版本

File system API	对应的 Linux API	功能
fs.access(path[,mode],callback)	无	判断是否对文件拥有某些权限
fs.appendFile(path,data[,options],callback)	无	向文件追加内容
fs.chmod(path,mode,callback)	chmod	改变文件的权限
fs.fchmod(fd,mode,callback)	fchmod	改变文件的权限
fs.lchmod(path,mode,callback)	lchmod	改变文件的权限，仅在 Mac OS 中可用
fs.chown(path,uid,gid,callback)	chown	改变文件拥有者
fs.fchown(fd,uid,gid,callback)	fchown	改变文件拥有者
fs.lchown(path,uid,gid,callback)	lchown	改变文件拥有者
fs.close(fd,callback)	close	关闭一个文件描述符

续表

File system API	对应的 Linux API	功能
fs.copyFile(src,dest[,flags],callback)	无	复制文件
fs.exists(path,callback)	无	判断文件是否存在，不鼓励使用
fs.fdatasync(fd,callback)	fdatasync	将文件同步到磁盘
fs.fsync(fd,callback)	fsync	将文件同步到磁盘
fs.ftruncate(fd[,len],callback)	ftruncate	将文件修改为指定大小
fs.truncate(path[,len],callback)	truncate	将文件修改为指定大小
fs.futimes(fd,atime,mtime,callback)	无	修改文件的时间戳
fs.utimes(path,atime,mtime,callback)	无	修改文件的时间戳
fs.link(existingPath,newPath,callback)	link	创建链接
fs.fstat(fd[,options],callback)	fstat	获取文件描述符信息
fs.stat(path[,options],callback)	stat	获取文件信息
fs.lstat(path[,options],callback)	lstat	获取文件信息
fs.mkdir(path[,options],callback)	mkdir	创建新文件夹
fs.mkdtemp(prefix[,options],callback)	无	生成一个名称随机的临时文件夹
fs.open(path[,flags[,mode]],callback)	open	打开文件描述符
fs.read(fd,buffer,offset,length,position, callback)	read	读取文件描述符
fs.readdir(path[,options],callback)	readdir	读取文件夹
fs.readFile(path[,options],callback)	无	读取文件
fs.readlink(path[,options],callback)	无	读取文件链接
fs.realpath(path[,options],callback)	无	返回文件的绝对路径
fs.realpath.native(path[,options],callback)	realpath	返回文件的绝对路径
fs.rename(oldPath,newPath,callback)	rename	重命名文件
fs.rmdir(path,callback)	rmdir	删除文件夹
fs.symlink(target,path[,type],callback)	symlink	创建软链接
fs.unlink(path,callback)	unlink	删除文件
fs.unwatchFile(filename[,listener])	无	停止监听文件
fs.watch(filename[,options][,listener])	inotify	监听文件或者文件夹的改动
fs.watchFile(filename[,options],listener)	无	监听文件改动
fs.write(fd,buffer[,offset[,length[,position]]],callback)	write	通过文件描述符写文件
fs.write(fd,string[,position[,encoding]],callback)	write	通过文件描述符写文件
fs.writeFile(file,data[,options],callback)	无	写文件

表 4-5 中有一些相似的 API，例如获取文件信息的方法，就有 fstat()、lstat()及 stat()3 个函数，它们分别对应于 Linux 下的基本 API，其中，f 代表 fd（文件描述符），l 代表 link（Linux 中的链接），

当然最常用的还是不带任何前缀的 stat 方法。

4.4.3 同步和异步

现在再来看代码 4-1，其中调用的 API，包括 readdirSync()、appenFileSync()、readFileSync()和 statSync()4 个方法并没有包含在表 4-5 中。事实上表 4-5 中的每个方法（使用回调函数的异步版本），都有另外一个同步版本的方法与其对应。

```
// 文件内容在回调函数中获取
fs.readFile(__filename,(err,data)=>{
        // err 表示读取文件过程中出现的错误，如果读取成功则为 undefined
        // data 即文件内容
});

// 同步版本的方法即在异步版本的方法名后面加上"Sync"
// 文件内容直接作为返回值获取
try{
    var data = fs.readFileSync(__filename);
}catch(err){
}
```

上述两种方法功能上是相同的，区别主要有以下几点。

（1）返回值获取的方式，readFile 调用的结果（即文件内容）需要在回调函数中获取，而 readFileSync 调用可以直接通过返回值获取结果。

（2）错误处理，readFileSync 过程中发生的错误可以被 try/catch 捕获。如果同步版本的函数出现错误而没有被捕获，就会触发 uncaughtException 事件而使 Node 进程退出。而异步版本的 API 如果出现了错误，错误信息会包含在回调函数中，不会导致进程退出。

（3）readFileSync 会阻塞事件循环，而 readFile 不会。

其中，第 3 点需要额外的解释，当发起一个非阻塞的 I/O 调用时（表现在代码中即回调函数），Node 会继续向下执行代码，等到 I/O 就绪后才会调用对应的回调函数。

```
fs.readFile(__filename,(err,data)=>{
     console.log("read done");
});

console.log("continue");

// 输出
continue
read done
```

相反地，文件系统提供的同步 API 在 I/O 调用完成之前都不会继续向下执行。由于 I/O 操作耗时严重，因此会阻塞事件循环的运行。详细内容可参考附录 A。

```
var data = fs.readFileSync(__filename);
console.log(data);
console.log("continue");
// 输出
<Buffer 76 61 72 20...
continue
```

如果读者的代码中同时使用了同步和异步 API，那么需要特别注意执行顺序。

```
// 下面的代码本意是先读取 file.md 的内容，然后将其删除
// 但是 unlinkSync()很有可能会在 readFile 的回调函数执行前执行，即读取文件时该文件已经被删除

const fs = require('fs');
fs.readFile('file.md', (err, data) => {
```

```
    if (err) throw err;
    console.log(data);
  });
  fs.unlinkSync('file.md');

  // 更好的写法是完全使用回调函数
  const fs = require('fs');
  fs.readFile('file.md', (readFileErr, data) => {
    if (readFileErr) throw readFileErr;
    console.log(data);
    fs.unlink('file.md', (unlinkErr) => {
      if (unlinkErr) throw unlinkErr;
    });
  });

  // 或者全部使用同步 API
  const fs = require('fs');
  fs.readFileSync('file.md');
  fs.unlinkSync('file.md');
```

完全使用回调函数让嵌套的层数变多，给阅读代码带来了一些困难。同步版本的 API 虽然让代码变得简洁，但又会造成事件循环的阻塞。如果既不想让代码阻塞事件循环，又希望改善嵌套的回调函数，第 5 章将集中讨论这个问题。

4.4.4　关于文件路径

在代码中通常使用相对路径来访问其他文件。

```
// pathTest.js
// 访问当前目录下的 data.txt
fs.readFileSync("./data.txt")
```

从代码上看，pathTest.js 会读取和它位于同一目录下的 data.txt 文件，但事实上并非如此。当代码中使用相对路径时，“相对”的基点是 Node 被调用时的路径，而不是代码文件所在的路径。

假设代码文件的路径为～/src/test/pathTest.js，然后在命令行中运行代码。

```
$ cd ~/src/test
// 此时 node 读取的是 ~/src/test/data.txt
$ node pathTest.js

$ cd ~/src
// 此时 node 读取的是 ~/src/data.txt
$ node test/pathTest.js
```

当在不同的路径下执行代码文件时，使用相对路径定义的文件路径也会发生变化。要解决这个问题，可以使用全局变量__dirname，无论在任何路径下运行 Node 脚本，该变量都是代码文件所处目录的绝对路径，在上面的例子中即为～/src/test。

```
// 修改后的 pathTest.js
fs.readFileSync(__dirname + "/data.txt")
```

这样就保证了在任意路径下 Node 读取的都是～/src/test/data.txt。另外，有时相对路径可能会比较复杂，直接使用字符串拼接比较不方便，path 模块中的 resolve 方法可以解决这个问题。

```
// pathTest.js
// 在相对路径中使用“.”后，直接用字符串加法不能解析成正确路径
fs.readFileSync(__dirname + "./data.txt");

var path = require("path");
// path.resolve 方法可以解析相对路径并返回最终的绝对路径
```

```
fs.readFileSync(path.resolve(__dirname,"./data.txt"));
```

4.5 Stream

为了后续讲解方便，下面先使用文件系统 API 来创建 3 个不同大小的文件，分别是 1KB、20MB 和 1GB，如代码 4-2 所示。

代码 4-2　创建测试文件

```
// 使用Buffer.alloc()申请内存
// 再通过文件系统API将其写入文件
const fs = require('fs');
var kbData = Buffer.alloc(1024); // 1KB
var mbData = Buffer.alloc(20*1024*1024); // 20MB
var gbData = Buffer.alloc(1024*1024*1024);  // 1GB

fs.writeFileSync("kb.dat",kbData);
fs.writeFileSync("mb.dat",mbData);
fs.writeFileSync("gb.dat",gbData);
```

4.5.1　流式数据

Stream 的概念最早在 UNIX 中被引入，作为操作系统和 I/O 设备间通信的默认处理方式。几乎所有的操作系统都会默认提供 stdin、stdout 和 stderr 3 个对象。Node 中的 process 对象封装了标准流的实例，process.stdin、process.stdout 和 process.stderr 分别对应标准输入流、标准输出流、标准错误流。标准输入通常来自于键盘输入，而标准输出和标准错误目的地通常为显示器。

Stream 将一个完整的数据集合看作是某种顺序排列的数据流，同时依照这种顺序来处理数据流。这种思想的源头，本质上还是 I/O 设备与 CPU 之间的容量和速度差异。

站在代码的角度看，前面内容介绍的文件系统 API 的回调函数通常都是如下形式。

```
// 以readFile为例，data的值就是文件内容
(err,data) =>{}
```

在这种情况下，整个文件的内容都被一次性读入内存，这也表示对文件内容的操作要等到整个文件都被读取完毕才能开始。如果使用流，就可以每次先处理一部分的数据，直到所有的数据被处理完毕为止。

1．流操作

流和 I/O 是紧密相关的，一个流有如下基本操作。

- 打开。
- 关闭。
- 定向。

打开和关闭不多介绍，流的定向指的是数据被读到缓冲区后向特定的方向输出，如 Linux 下的 echo 命令，既可以选择直接输出到控制台，也可以使用重定向符输出到文件。

```
// 向控制台输出
echo"hello world"
// 向文本文件输出
echo"hello world"> data.txt
// 从一个文本文件输入，再输出至另一个文件
cat data.txt > new.txt
```

Node 中的 Stream 模块继承了 Event 模块，从而提供了事件处理的能力。如果用流音乐播放器

的例子来帮助理解流生命周期中的事件，那么无非是开始、结束、暂停、恢复、错误处理等，后续会详细介绍。

2. 缓冲区

以控制台命令为例，只有当输入回车的时候，控制台才会处理之前输入的命令，那么在按下回车之前控制台会怎样处理?

这些字符将会被存储在内存中的某个位置，称为缓冲区，暂存在缓冲区内的字符当遇到换行符时才会被送到内核执行。缓冲区一共有 3 种使用方式。

- 无缓冲（unbuffered）：没有缓冲的流，就是单纯的序列数据。
- 行缓冲（line buffered）：当遇到一个换行符时字符会以块的形式读写，如控制台命令。
- 满缓冲（fully buffered）：设置任意大小的内存作为缓冲区，当缓冲区满时才以块的形式输出，这是比较常见的缓冲方式。

使用缓冲会带来很多好处，例如，使用流写入文件时，可以先把文件写入缓冲区中，缓冲区满了之后再将缓冲区数据写入外部存储，而不是每读入一个字符就进行一次写入，这样避免了频繁的 I/O 操作。同时还保证了流式 I/O 操作的内存占用通常不会超过缓冲区的大小，这对于大批量数据处理非常有用。

4.5.2　Stream API

Node 对流的支持从 0.9.4 版本开始，一共提供了 4 种类型的流。

- Readable 可读流，可以从中读取数据。
- Writeable 可写流，可以向其中写入数据。
- Duplex 既可以从该流中读数据，又可以向其中写数据。
- Transform 既可以读，又可以写，但可以用于输入输出数据格式不一致的情况，如创建压缩文件。

Stream 作为一个通道，一端是位于内存中的程序，另一端通常是 I/O 设备，在创建 Stream 时需要指明流位于 I/O 一端的目的地。可读流和可写流，一端是内存，另一端是 I/O 设备。Transform 流两端都是 I/O 设备，需要通过内存进行中转。

以文件操作为例，从一个文件中创建一个可读流，程序就可以从磁盘中将文件内容读入内存，向一个文件输出可写流，程序就可以从内存向磁盘文件中写入内容。

4.5.3　可读流

创建一个可读流，表示程序可以从其中读取数据，一个可读流的事件和方法如表 4-6 所示。

表 4-6　可读流的事件

事件和方法	含义
Event: 'close'	关闭
Event: 'data'	数据就绪
Event: 'end'	读取结束
Event: 'error'	出现错误
Event: 'pause'	变为暂停状态
Event: 'readable'	变为可读状态
Event: 'resume'	从暂停状态恢复

4.4 节已经介绍了通过 File System 模块来读取文件的方法，下面看一个通过可读流来读取文件的例子。

代码 4-3　使用可读流读取文件

```
const fs = require("fs");
// highWaterMark 指定了缓冲区的大小，即每次读入 1MB
var readable = fs.createReadStream("./mb.dat",{highWaterMark:1024*1024});

// 即使删除标记❶处的代码也可以正常工作
readable.on('readable',function(){
    console.log("begin to read");
    // 调用 read 方法从流中读取数据，触发 data 事件          ❶
    readable.read();
});
readable.on('data',function(data){
   console.log("get data");  ❷
});
readable.on('end',function(data){
   console.log("end reading");
});
readable.on('error',function(err){
   console.log(err);
});
// 输出
// begin to read
// 打印 20 次 get data
// end reading
```

代码 4-3 一共监听了 readable、data、end、error 4 个事件。当一个可读流的数据就绪时，readable 事件被触发，代表可以从可读流中读取数据。

开发者可以选择显式监听 readable 事件并提供相应的处理函数，或者使用默认的处理函数（删除代码 4-3 标记❶处的代码），它们都需要调用 read 方法来获取数据。

调用 read 方法会触发 data 事件，一方面可以在 data 事件的回调函数中获取到通过可读流读入的数据；另一方面也可以直接通过 read 方法的返回值来获取流数据，下面的代码和代码 4-3 在功能上是等价的。

```
readable.on('readable',function(){
    console.log("begin to read");
    while (null !== (data = readable.read())) {
        console.log(data);
    }
});

// 不需要监听 data 事件
readable.on('error',function(err){
    console.log(err);
});
```

上面的这种代码写法和一些其他语言非常相似，如 C 语言的处理方式，至于在实践中具体采用哪种代码写法则由开发者决定。

此外，在代码 4-3 可读流的构造函数中使用了 highWaterMark 这一参数，该参数规定了每次读取的数据块的大小，代码 4-3 中它的值被设置为 1MB。因为目标文件 mb.dat 大小为 20MB，因此会在控制台中打印出 20 次“get data”。

虽然最终整个文件的内容都被读入了内存，但在一个时刻，内存中只会存在某一个数据块的内容，如果不对之前读入的数据块进行处理（标记❷处的代码没有对读取的数据做任何操作），那么在下一次读入数据时，原来的数据就会覆盖。

处理可读流的通常方式是在读入一块数据后，在下次数据读入之前对这块数据进行处理（在 data 事件的回调函数中处理），如将其写入一个可写流。

4.5.4　可写流

可以通过一个可写流将数据写入它的目的地（创建可写流时指定），如从内存写入数据到文件系统，从内存写入数据到远程客户端（通过 HTTP）等。

依旧以写文件为例，fs.createWriteStream 方法会创建并返回一个可写流对象，表示可以通过该对象将数据写入 path 对应的文件中。

```
var writeable = fs.createWriteStream(path)
```

一个可写流通常和一个可读流连接在一起，如操作系统不断地从键盘获取输入（使用可读流），然后将其输出到屏幕上（使用可写流）。虽然从直观上看好像是键盘直接把内容输出到屏幕上，事实上这个过程经过了两个流及内存的中转。

和可读流的 read 方法对应，可写流通过调用 write 方法向目标位置写入数据。开发者经常打交道的许多操作实际上是在操作可写流，如 console.log 方法。读者可能已经对它习以为常，认为它只是一个简单地向控制台打印字符串的函数，实际上它是向标准输出流（process.stdout）写数据。如果覆盖其写入数据的方法，就可以将流重定向到别的地方。

```
const fs = require('fs');

// process.stdout，即 Node 封装的操作系统标准输出流
process.stdout.write = function(data) {
    fs.writeFileSync(__dirname+'/mylog.txt', data);
};
// 下面的代码不会打印到控制台中，而是被写入当前目录下的 mylog.txt 中
console.log("Hello world");
```

1. 事件和方法

可写流上定义的主要方法和事件如表 4-7 所示。

表 4-7　可写流的预定义事件

可写流事件	含义
Event: 'close'	可写流关闭时触发
Event: 'drain'	缓冲区清空时触发
Event: 'error'	出现错误时触发
Event: 'finish'	写入完成后触发
Event: 'pipe'	使用 pipe 写入数据时触发
Event: 'unpipe'	使用 pipe 写入数据完成后触发
writable.write(chunk[,encoding][,callback])	写入数据，返回一个布尔值

2. writableHighWaterMark

和 readableHighWaterMark 相同，writableHighWaterMark 用于设置可写流缓冲区的大小。当调用 write 方法时，数据首先被写入内存中的缓冲区。write 方法本身会写入数据的大小做判断，当其大于设置的 writableHighWaterMark 时会返回 false。

writableHighWaterMark 默认大小为 16KB，也可以在创建可写流时指定它的大小（但在

fs.createWriteStream 方法的文档上并没有提到这一点）。

```
// 将 highWaterMark 设置为 1MB
var writeable = fs.createWriteStream("./write.dat",{highWaterMark:1024*1024});
console.log(writeable.writableHighWaterMark); // 1048576
```

即使 writableHighWaterMark 被设置为 1MB，开发者也可以在调用 write 方法时一次性地往缓冲区写入 1GB 的数据，write 方法依旧会将所有的数据写入目的地，但这样就失去了使用流的意义。

3. 文件复制

这里还是以文件操作为例，假设要用 Stream API 来实现一个文件拷贝的功能，那么编码的思路如下所示。

（1）使用可读流从源文件中读取数据（read 方法）。

（2）通过可写流将数据写入目标位置的文件（write 方法）。

通常来说，从磁盘上读取一个文件的速度要快于写入同样大小文件的速度。下面的代码用于计算读写相同体积大小文件分别耗费的时间，表 4-8 列出了笔者的计算机上读写同样大小文件耗时的对比。

```
const fs = require("fs");
function compare(size){
    var buffer = Buffer.alloc(size);
    // 计算写入时间
    var begin  = process.hrtime();
    fs.writeFileSync("./mb.dat",buffer);
    console.log(process.hrtime(begin))
    // 计算读取时间
    var begin2 = process.hrtime();
    fs.readFileSync("./mb.dat");
    console.log(process.hrtime(begin2));
}
```

表 4-8　文件系统 API 读写文件速度的比较　（单位：ns）

读写速度	50KB	1MB	20MB	100MB
read	304 499	659 700	10 039 700	46 855 600
write	726 900	1 139 300	64 874 301	393 310 701

假设现在通过一个可读流读取数据并向可写流写入数据，如果因为二者速度的差异造成了内存的积压（超过了缓冲区大小），表明超过了 write 方法的处理能力，此时再次调用 write 方法会返回 false。

因此，代码需要对 write 方法的返回值进行判断和处理，即当 write 方法返回 false 时，暂停可读流的读取。当可写流将缓冲区的数据处理完，就会触发 drain 事件，此时可读流就可以继续读取数据。

代码 4-4　使用 Stream API 实现的文件复制

```
const fs = require("fs");
// 准备复制一个体积为 1GB 的文件
var readable = fs.createReadStream("./gb.dat",{highWaterMark:1024*1024});
var writeable = fs.createWriteStream("./write.dat");
readable.on('data',function(data){
    console.log("get data");
    // 将读入的数据块写入可写流中，并判断返回值
    if(!writeable.write(data)){
           // 如果 write 方法返回 false，则暂停读入
          readable.pause();
    }
});
writeable.on('drain',function(){
     console.log("resume");
     // 可写流触发 drain 事件，恢复读取
```

```
    readable.resume();
});
readable.on('end',function(data){
    console.log("read end");
});

readable.on("error",function(err){
    console.log(err);
});
```

可读流的 highWaterMark 设置为 1MB，远远超过了可写流默认的 highWaterMark 的大小。因此，每次调用 write 方法都需要暂停可读流以避免造成数据积压，直到可写流将缓冲区内的数据消耗完毕，重新触发 drain 事件为止。

图 4-1 完整地描述了可读流和可写流在交互过程中的生命周期。

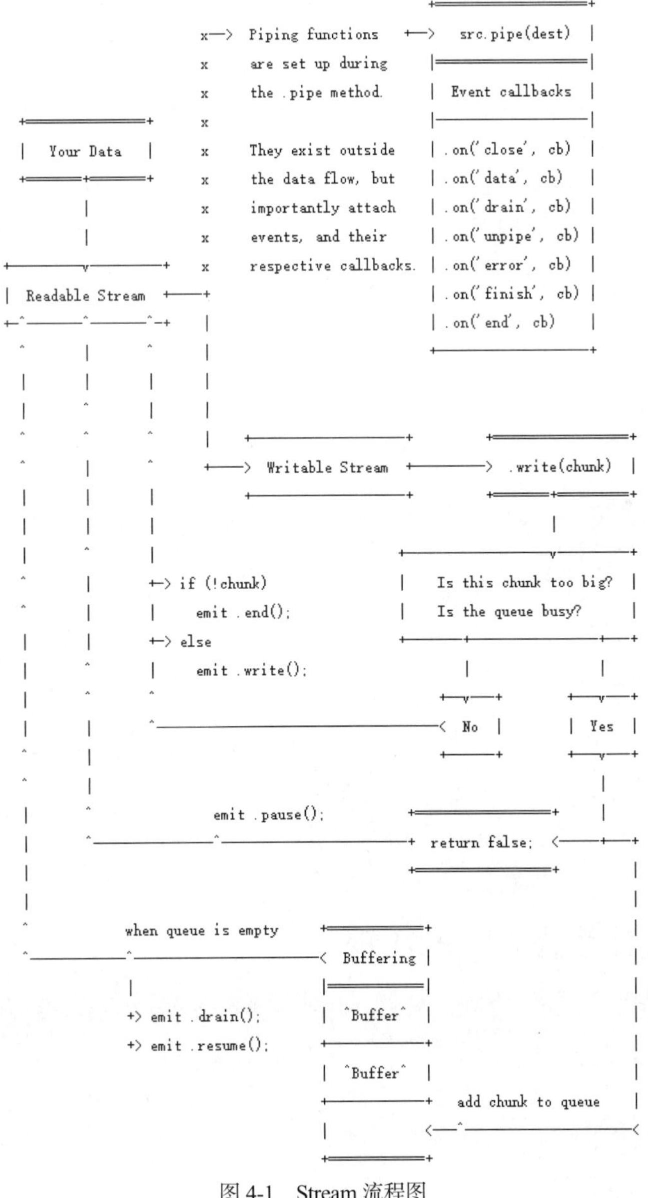

图 4-1　Stream 流程图

4. pipe 方法

在文件复制的例子中，代码 4-4 要同时监听两个流的状态。Stream 模块提供了 pipe 方法用来简化这一流程，该方法可以想象成将两个管道连接在一起，开发者不必关心管道中的数据如何流动。

```
// 使用pipe()实现的文件复制
const fs = require("fs");
var readable = fs.createReadStream("./gb.dat");
var writeable = fs.createWriteStream("./write.dat");
// 不需要监听事件和手动调用read()以及write()
readable.pipe(writeable);
```

pipe 方法做了如下两方面的简化。

（1）不需要手动调用 read 或者 write 方法。

（2）不需要关心可读流和可写流中间的状态变化。

5. pipeline

pipe 方法只能作用于两个流，当有多个流需要处理时，就需要一一连接。Node 在 10.0 版本中增加了 pipeline 方法，该方法可以连通多个流，并且提供了对应的回调函数和错误处理。

下面是一个文件压缩的例子，使用 pipe 方法实现的代码如下。

```
const fs = require('fs');
const zlib = require('zlib');

var r1 = fs.createReadStream("./data.dat");
// z1是一个transform类型的流
var z1 = zlib.createGzip();
var w1 = fs.createWriteStream("data.zip");

r1.pipe(z1);
z1.pipe(w1);

// callback的定义略去
r1.on('error',callback);
z1.on('error',callback);
w1.on('error',callback);
```

上面的代码声明了 3 个 Stream 对象，调用了两次 pipe 方法和 3 次错误处理函数，而 pipeline() 可以一次性地将多个流连接在一起。

```
// 使用pipeline衔接3个stream
pipeline(
  fs.createReadStream('data.dat'),
  zlib.createGzip(),
  fs.createWriteStream('data.zip'),
  (err) => {}
);
```

4.5.5 和文件系统 API 的比较

首先要比较的是内存占用，还是用文件复制操作为例，观察程序运行时的内存变化。这里选取了大小为 1GB 的 dat 文件，然后使用 readFileSync 和 writeFileSync 方法实现复制，如图 4-2 和图 4-3 所示。

```
const fs = require("fs");
var data = fs.readFileSync('gb.dat');
fs.writeFile('./des.dat', data, (err) => {
  if (err) throw err;
```

```
  console.log('The file has been saved!');
});
```

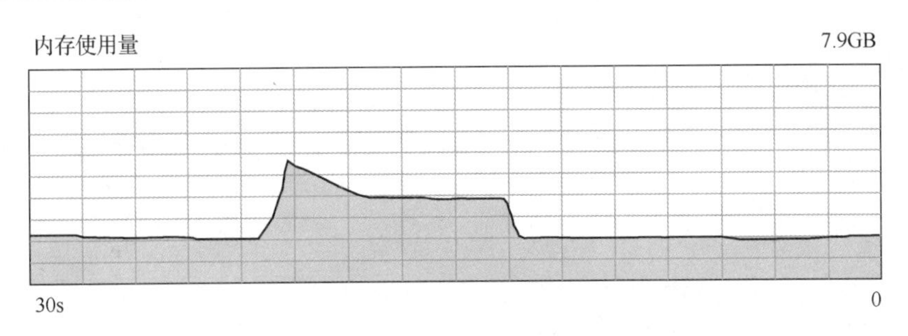

图 4-2　使用文件系统 API 时的内存曲线

```
// 使用 Stream 实现同样的功能
const fs = require("fs");
var readable = fs.createReadStream("./gb.dat");
var writable = fs.createWriteStream("./des.dat");
readable.pipe(writable);
```

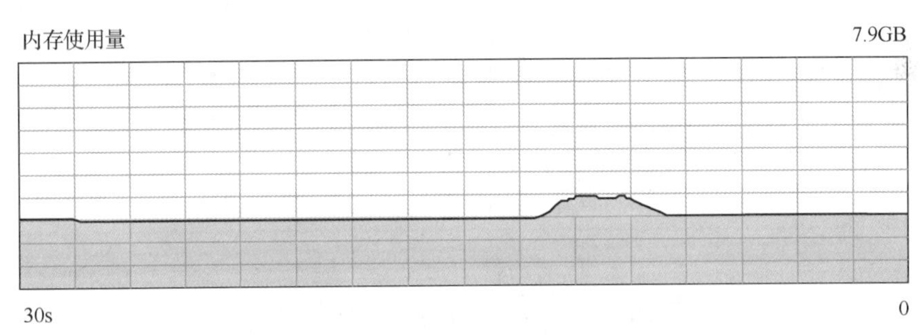

图 4-3　使用 Stream 时的内存曲线

由图 4-2 和图 4-3 可以直观地看到内存占用降低了许多。此外，在不使用 Stream 模块的情况下，File System 模块能处理的最大文件大小为 2GB，超过或者等于这个限制就会出错，而 Stream 在处理文件时基本不受体积大小的限制。

```
// 从错误信息里得出一些 readFile()执行过程中的调用信息
// 在读取文件时调用了 Buffer 模块的 allocUnsafe 方法来申请内存空间
// 该方法限制了可申请的最大的内存
$ node
> require("fs").readFileSync("3gb.dat") // 假设读取一个大小为 3GB 的文件
Thrown:
RangeError [ERR FS FILE TOO LARGE]: File size (3221225472) is greater than possible
Buffer: 2147483647 bytes
    at tryCreateBuffer (fs.js:328:13)
    at Object.readFileSync (fs.js:364:14)
    at repl:1:15
    at Script.runInThisContext (vm.js:126:20)
    at REPLServer.defaultEval (repl.js:384:29)
    at bound (domain.js:420:14)
    at REPLServer.runBound [as eval] (domain.js:433:12)
    at REPLServer.onLine (repl.js:700:10)
    at REPLServer.emit (events.js:214:15)
    at REPLServer.EventEmitter.emit (domain.js:476:20)
```

上面的代码已经可以得出结论，在内存占用上 Stream 优于文件系统 API。下面使用文件系统 API 和 Stream 对之前提到的 3 个文件分别进行复制，然后统计消耗的时间，速度比较如表 4-9 所示。

```
// 计算 File System 复制文件的耗时
function copyFile_fs(source,des){
    var begin = process.hrtime();
    fs.writeFileSync(des,fs.readFileSync(source));
    console.log(process.hrtime(begin));
}

// 计算 Stream API 复制文件的耗时
function copyFile_stream(source,des){
    var begin = process.hrtime();
    var readable = fs.createReadStream(source);
    var writeable = fs.createWriteStream(des);
    readable.pipe(writeable);

    writeable.on("finish",()=>{
        console.log(process.hrtime(begin));
    });
}
```

表 4-9　Stream 与文件系统 API 复制文件的速度比较

体积	使用 Stream	使用 File System
1KB	[0,4 059 999]	[0,957 800]
20MB	[0,6 356 000]	[0,1 373 800]
1GB	[1,246 361 199]	[4,709 077 299]

4.6　Child Process

现代计算机通常都拥有一个以上的核心，想要发挥多个核心的性能优势，开发者需要编写并行程序。并行程序设计有两种常见的模型，即多线程和多进程。

本节的内容是多进程模型，Node 在 V0.1.90 版本引入 child_process 模块，用来提供多进程并行的支持。该模块包括了很多创建子进程的方法，包括 fork()、spawn()、exec()、execFile()等。其中，最基础的方法是 spawn()，其他 3 个 API 都可以看作是某种特定场景下的 spawn()。本节介绍的重点除了 spawn()还有 fork()，该方法常用于创建集群。

4.6.1　spawn()

在很多情况下需要在代码中执行一些外部命令，如深度学习中经常使用 Python。假设现在有一个名为 mnist.py 的 Python 代码文件，并且可以通过 python3 mnist.py 命令调用。如果把这个功能复制到用 Node 实现的 Web 服务上，那么就需要使用 Node 代码来调用 Python 命令并获取 Python 代码的输出与返回结果，这时候就需要 spawn 方法出场了。

1. 使用 spawn 执行外部命令

```
// spawn 方法的声明格式
child_process.spawn(command[, args][, options])
```

- command：需要执行的外部命令。
- args：可选，表示外部命令运行的参数列表。
- options：可选，spawn 其他配置选项。

spawn()会使用指定命令来生成一个新进程，执行完对应的命令后该进程会自动退出。spawn 方法返回一个 child_process 对象，开发者可以通过监听对应的事件来获得命令执行的结果。

```
var spawn = require('child_process').spawn;

// 使用Node执行 python3 mnist.py命令
var command = spawn('python3',['mnist.py']);
// 获取python执行结果
command.stdout.on('data', function(data) {
  console.log("stdout:", data.toString());
});
// 获取执行过程中的错误信息
command.stderr.on('data', function(data) {
  console.log("stderr:", data.toString());
});

command.on('close', function(code) {
  console.log("child process exited with code",code);
});
```

2. spawn 原理

spawn 方法的原理是在系统环境变量的路径下查找对应的可执行文件，然后执行该可执行文件，相当于在控制台中输入命令。但由于操作系统的差异，在使用中可能会造成预期之外的结果。

以 dir 命令为例，在 Linux 环境下，该命令以文件形式存在于/bin 目录下，但 Windows 不同，尽管同样可以在 CMD 或者 PowerShell 中使用，但它并不是一个可执行文件，而是 cmd.exe 或者 powershell.exe 的参数，具体如下所示。

```
var child_process = require("child_process");
var ls = child_process.spawn("dir");
ls.stdout.on("data",function(data){
    console.log(data.toString());
})
// 在Windows环境中执行
// 出现错误
// Error: spawn dir ENOENT
```

在 Linux 环境下执行上述可执行文件未出现错误，但在 Windows 环境下运行就会出现错误。Windows 环境下正确的代码如下所示。

```
// 调用powershell来执行dir命令
var child_process = require("child_process");
var ls = child_process.spawn("powershell",["dir"]);
ls.stdout.on("data",function(data){
    console.log(data.toString());
})
```

4.6.2　fork()

在 Linux 环境下，使用 fork 方法创建一个新进程的本质是复制一个当前的进程。当用户调用 fork 方法后，操作系统会先为这个新进程分配空间，然后将父进程的数据复制一份过去，父进程和子进程只有少数值不同，如进程标识符（PID）。

1. Node 中的 fork()

和 spawn 方法可以执行任何命令不同，child_process.fork 方法仅限于创建一个 Node 进程，该方法的声明格式如下所示。

```
child_process.fork(modulePath[, args][, options])
```

modulePath 代表了一个 Node 脚本文件路径，调用 fork 会启动一个新的进程来运行这个脚本。如果读者想要以当前文件为源文件创建新进程（相当于复制自身，即传统 Linux 下的 fork 方法），只需要使用__filename 作为参数调用即可。

调用 fork 函数的进程为主进程，被 fork 函数创建的进程为子进程，当主进程退出的时候，子进程也会随之退出。

2. fork bomb

> fork 炸弹（fork bomb）在计算机领域中是一种利用系统调用 fork 方法（或其他等效的方式）进行的阻断服务攻击。
>
> 与病毒和蠕虫不同的是，fork 炸弹没有传染性，而且 fork 炸弹会使有进程/程序限制的系统无法开起新工作阶段，对于不限制进程数的系统则使之停止回应。——维基百科

在使用 child_process.fork()时，如果操作不当，很容易出现 fork 炸弹。

```
// bomb.js
const os = require('os');
const cp = require('child_process');
var port = process.argv[2] ? process.argv[2] : 8080;

console.log(`Worker ${process.pid+ ' '+port} started`);
for(var i = 0;i< os.cpus().length;i++){
   // fork 函数的第 2 个参数会作为命令行参数传入
   cp.fork(__filename,[port++]);
}
var server = http.createServer(function(req,res){
});
server.listen(8080);

// 调用
$ node fork.js
```

上面这段代码本来想使用 fork 方法启动多个 HTTP 服务器，但在 fork 方法中又再次调用了 fork 函数，导致系统不停地创建子进程。

为了避免这种情况的发生需要增加逻辑判断，只有最初启动的进程（主进程）需要 fork 子进程，而子进程只需要启动 HTTP 服务器即可。

```
// fork.js
var os = require('os');
var http = require('http');
var cp = require('child_process');
var port = process.argv[2] ? process.argv[2] : 8080;

if(!process.argv[2]){
     for(var i = 0;i< os.CPUs().length;i++){
         cp.fork(__filename,[port++]);
     }
}else{
     var server = http.createServer(function(req,res){
     });
     server.listen(port,()=>{
         console.log(`Process ${process.pid} listening on ${port}`);
     });
}
// 运行
```

```
$ node fork.js
// 输出
Process 18916 listening on 8080
Process 17076 listening on 8081
Process 20340 listening on 8082
Process 22948 listening on 8083
```

上面的代码已经有了 cluster 模块的雏形，在第 6 章会继续介绍 Cluster 模块。

3. 子进程的数量

对于计算任务，进程/线程的数量并不是越多越好，而是要根据硬件情况来决定。假设计算机只有一个核心，那么即使创建了多个进程或者线程，在一个时刻也只能有一个进程在运行，达不到并行的目的。以笔者的计算机为例，一共有 6 个核心和 12 个线程，那么理论上创建 12 个进程就可以达到充分利用多核的目的。

例如，服务器 CPU 通常不适合拿来运行大型桌面游戏，因为服务器 CPU 为了满足高并发，通常是多核低频，即核心数和线程数多，但主频低。再例如，服务器 CPU Intel Xeon E7-8890 CPU 一共有 24 个核心和 48 个线程，但主频只有 2.2GHz。与之相对地，桌面级 CPU Intel Core i9-9900K 只有 8 个核心和 16 个线程，但主频有 3.6GHz，后者更适合运行大型软件。

OS 模块中的 cpus 方法提供了获取当前系统 CPU 信息的功能，该方法返回一个包含每个核心详细信息的数组，代码只需要获取其 length 属性或者 CPU 核心的数量，然后根据这个数字来创建对应数量的子进程即可。

```
$ node
> require("os").cpus().length
// 输出
// 12
```

4.7　处理 CPU 密集型任务

长久以来，Node 被认为只适合处理 I/O 密集型的任务，而面对需要大量 CPU 时间的计算任务就会力不从心，这种看法的原因如下所示。

Node 事件循环始终运行在单线程环境，通常情况下它只适合做请求的转发，当面对计算量比较大的任务时，事件循环会被阻塞，后续的代码都不会执行。

```
// fib.js
var count = 0;
setInterval(()=>{
    console.log("1s passed");
    count++;
    // 3 秒后开始计算 fib(50)
    if(count == 3){
        fib(50);
    }
},1000)

// Fibonacci 函数定义
function fib(n){
    if(n <= 0 ) return 0;
    if(n== 2 | n == 1){
        return 1;
    }
    return fib(n-1)+fib(n-2);
```

```
}
// 输出:
// 1s passed
// 1s passed
// 1s passed
// 长时间没有输出，因为事件循环被 fib(50)阻塞
```

上面的代码首先定义了 setInterval 任务，在执行到第三次时，开始计算 fib(50)。该计算是一个需要大量 CPU 时间的任务，因此事件循环被阻塞，setInterval 在 fib 函数计算完成之前都不会继续执行。

事件循环的这种特性限制了 Node 的应用场景，因为很多时候大量的计算任务是无法避免的，最直观的例子就是一个网页计算器。

要解决这个问题，最直接的做法是创建一个子进程，并且把任务交给子进程来完成，但相对于创建进程和进程间切换的开销，使用线程更加轻量。

Node 在 10.5.0 版本中增加了 Worker Threads 模块，该模块允许开发者为计算任务创建新的 worker 线程来避免事件循环被阻塞，它类似于 HTML5 中的 Web worker，每个 worker 线程都有独立的事件循环。

代码 4-5　利用 fib 函数实现一个 worker 线程

```
// 解构赋值引入对象
const { Worker, isMainThread, parentPort, workerData } = require('worker_threads');

// 判断是不是主线程
if (isMainThread) {
      var count = 0;
      setInterval(()=>{
        count++;
        console.log(`${count}s passed`);
          if(count == 3){
                const worker = new Worker(__filename, {
                     workerData: 50
                });
                worker.on('message', (data)=>{
                    console.log(data);
                });
          }
      },1000)
} else {
       // worker 线程负责计算
       var data = fib(workerData);
       // 向主线程发送消息
       parentPort.postMessage(data);
}
// 输出
// 1s passed
// 2s passed
//  ...
// 151s passed
// 152s passed
// 12586269025
// 153s passed
//  ...
```

主线程在运行 setInterval 时创建了一个新的线程，子线程紧接着开始计算 fib(50)这一任务。然后主线程继续执行，即 setInterval 会保持运行，并且会在 fib 函数执行完毕后打印出结果。

代码 4-5 主要涉及了 3 个要点。

- 判断是否是主线程。
- 新建 worker 线程。
- 主线程与 worker 线程之间的通信。

代码 4-5 把子线程任务和主线程逻辑写到一起，而且还增加了额外的判断逻辑，在实践中可以把子线程任务写成一个新的文件，代码如下所示。

```
// main.js
const { Worker } = require('worker_threads');

var count = 0;
setInterval(()=>{
    count++;
    console.log(`${count}s passed`);
    if(count == 3){
        const worker = new Worker("./thread.js", {
            workerData: 50
        });
        worker.on('message', (data)=>{
           console.log(data);
        });
    }
},1000);

// thread.js
const { parentPort, workerData } = require('worker_threads');
var data = fib(workerData);
parentPort.postMessage(data);

function fib(n){
    if(n <= 0 ) return 0;
    if(n== 2 | n == 1){
        return 1;
    }
    return fib(n-1)+fib(n-2);
}
```

请注意 worker 线程只能用来处理 CPU 密集型的任务，不要试图把它用在 I/O 的处理上（虽然很多编程语言都用多线程来处理 I/O）。在 I/O 处理上，Node 本身的事件循环要比 worker 线程效率更高。

4.8　实战：控制 CPU 占用曲线

笔者曾经读过《编程之美》一书，它是一本算法问题集，其中的第一个问题，如何让 CPU 占用率曲线固定在 50%，让人印象深刻。

Windows 环境下，在任务管理器里可以查看当前的 CPU 的占用率，如图 4-4 所示。在 macOS 环境下，可以在活动监视器中查看 CPU 的使用情况，下面统一用任务管理器来称呼这个界面。

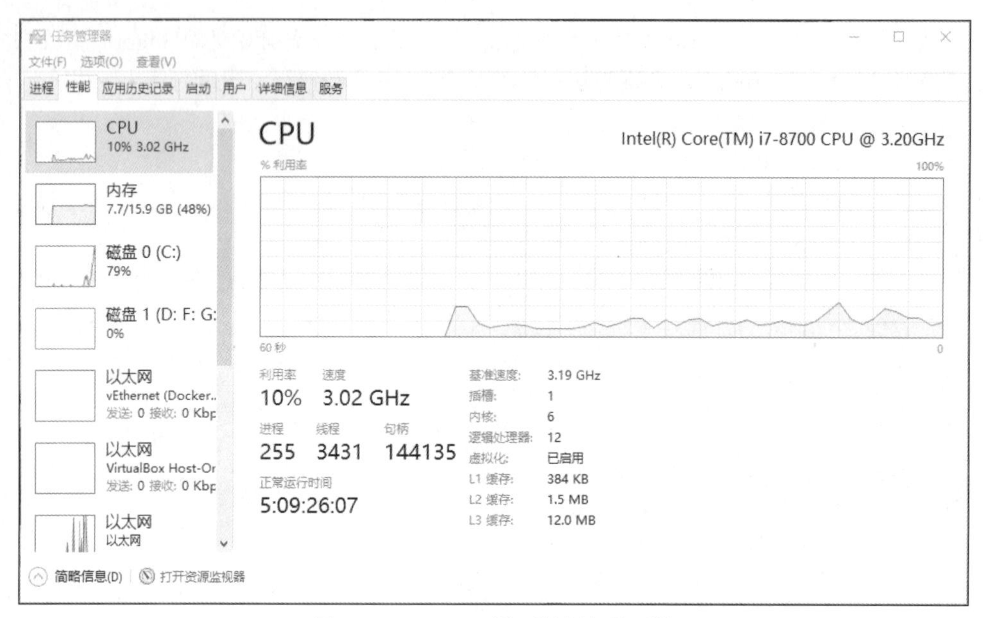

图 4-4 Windows 环境下的任务管理器

如果想让 CPU 的占用率达到 100%，理论上只需要一个死循环即可。

```
while(true){
}
```

4.8.1 单核环境

为了降低问题复杂度，首先考虑单核环境。如果对 CPU 状态进行粗略的划分，可以简单地分成工作和休眠两种状态。CPU 一旦开始执行指令，就是 100%占用，一旦进入休眠状态（没有指令需要执行），占用就是 0%。那么，怎样才能让 CPU 占用率保持在某个数值呢？

答案很简单，只要让 CPU 工作一会儿休息一会儿就可以解决这个问题，这样严格来说是在 100%和 0%之间切换，但任务管理器的采集并不是真正意义上的实时（因为采集的动作也消耗 CPU 时间），而是取一小段时间内的平均值。这一小段时间，在 Windows 环境下大约是 1s，在 macOS 环境下大约是 5s（默认值，用户可自行调节）。

也就是说如果能在这个间隔时间内，使 CPU 快速地在工作状态和休眠状态之间切换，并让这两个状态保持相等时间，就能实现目标。在《编程之美》一书中，最初解决方案大致如下（C 语言实现）。

```
int main(){
    while(true){
        for(int i= 0; i<9600000 ;i++){ }
        // Sleep 函数用于将进程挂起 10ms
        Sleep(10);
    }
    return 0;
}
```

首先使用了一个无限循环，在这个循环内部让 i++和 Sleep(10)的操作交替执行，在执行 for 循环时 CPU 的占用率为 100%，执行 Sleep(10)时 CPU 占用率为 0%。这样就实现了在两种状态下切换。

读者可能对 9 600 000 感到好奇，这是一个经过尝试的数字，事实上在不同硬件环境下这个数字变化很大，执行这个数量的 i++操作耗费的时间大约是 10ms（在最初写出这段代码的计算机上）。

有了这个思路之后，现在可以把这段代码复制到 Node 环境下了。但面临一个问题是，JavaScript 中没有类似 C 语言中的 Sleep()函数，首先要在 Node 中实现它。

由于 JavaScript 本身异步的特性，在 Promise 出现之前很难实现这个方法。在 Node 支持 ES6 之后，使用 Promise 实现的 Sleep 方法如代码 4-6 所示。

代码 4-6　run.js

```
function Sleep(time) {
    return new Promise((resolve, reject) => {
        setTimeout(() => {
            resolve();
        }, time);
    });
}
// 调用如下
(async ()=>{
    while (true){
        for(var i=0;i<9600000;i++){
        }
        await Sleep(10);
    }
})();
```

代码 4-6 定义了一个立即执行的匿名函数，读者可能会对 Promise 以及 async/await 关键字感到陌生，但这没关系，现在只要知道这样的调用可以实现 Sleep 函数的功能就可以了（在精度上有差异）。

4.8.2　适应多核

如果计算机只有一个单核 CPU，代码 4-6 基本可以满足需求。但现代计算机 CPU 通常都有更多的核心（笔者使用的 Intel Core i7 8700 为 6 个核心和 12 个线程，可以看作 12 个核心），即使将 for 循环设置成无限循环，CPU 的占用率依然维持在很低的水平，如图 4-5 所示。

```
// 在笔者的计算机上运行下面的代码
// CPU 占用曲线如图 4-5 所示
(async ()=>{
    while (true){
        for(;;){
        }
        await sleep(10);
    }
})();
```

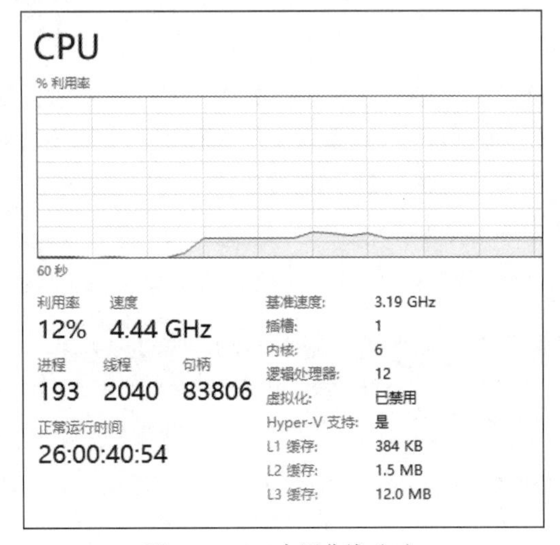

图 4-5　CPU 占用曲线（1）

代码 4-6 目前只能利用一个核心，而占用率统计会计算所有的核心。要充分利用多核需要使用 Child Process 模块。代码 4-7 新建了一个名为 master.js 的文件。

代码 4-7 master.js

```
const child_process = require("child_process");
const CPUNums = require("os").cpus().length;
for(let i= 0;i<CPUNums;i++){
    // 4.8.1 小节实现的代码保存在 run.js 内
    child_process.fork("run.js");
}
```

代码 4-7 可以利用多核，运行 master.js，实际的运行效果（此时 run.js 内部 for 循环的次数调整为 56 000 000）如图 4-6 所示。

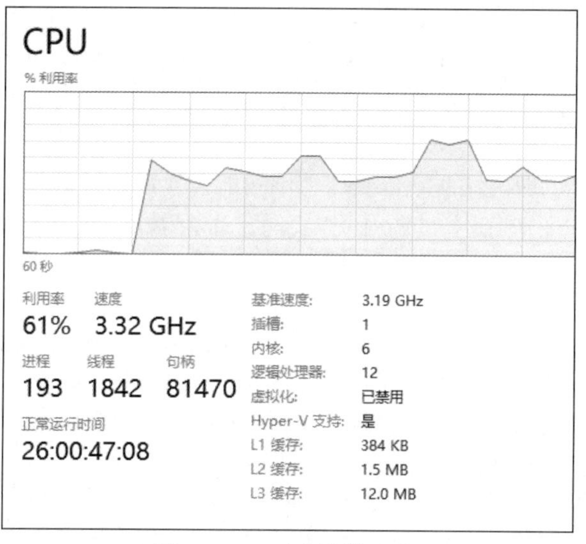

图 4-6 CPU 占用曲线（2）

由图 4-6 可得，代码 4-7 已经能够利用全部核心，但波动比较剧烈，而且 56 000 000 这个数字是经过尝试得到的，它取决于最初写出这段代码的那台计算机的硬件，换了计算机后这个数字也要跟着变化。这样的程序不具备可移植性，4.8.3 小节将在精度上做一些改进。

4.8.3 精准控制

怎样才能精准地平衡执行时间和休眠时间的比例呢？例如，调用了 Sleep(100)来让 CPU 暂停 100ms。怎样才能让 CPU 只工作 100ms 呢？其实，只要借助一个简单的循环即可。

```
const now = Date.now();
while (Date.now() - now < 100);
// 也可以使用 process.uptime()或者 process.hrtime()
const now = process.uptime()*1000;
while (process.uptime()*1000 - now < 100);
```

修改后的 run.js 的代码如代码 4-8 所示，此时运行 master.js，得到的 CPU 曲线如图 4-7 所示。

代码 4-8 run.js—v2

```
var os = require('os');

var num = process.argv[2];
var idleTime=10;

function Sleep(time)
```

```
{
    return new Promise((resolve, reject) => {
        setTimeout(() => { resolve(); }, time);
    });
}
(async()=>{
    while (true){
        var startTime = Date.now();
        while( Date.now()-startTime < idleTime){
        }

        await Sleep(idleTime);
    }
})();
```

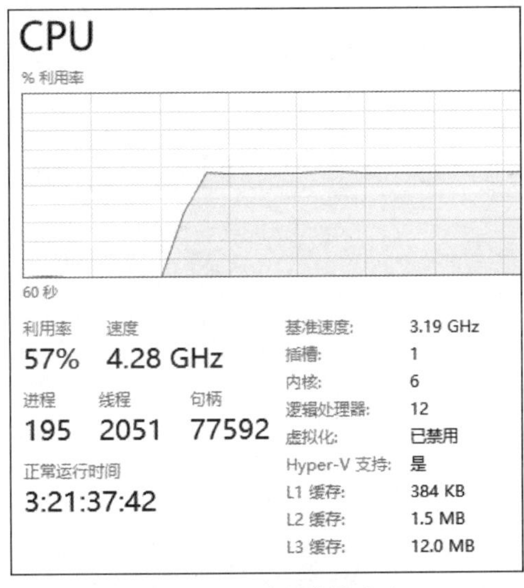

图 4-7　CPU 占用曲线（3）

由图 4-7 可得，占用率曲线已经变得比较平直，但占用率数字并不是 50%，图 4-8 为每个核心的 CPU 使用情况。

名称	状态	57% CPU	20% 内存
Windows PowerShell (14)		56.2%	153.7 MB
Node.js: Server-side JavaSc...		4.7%	10.1 MB
Node.js: Server-side JavaSc...		4.7%	10.0 MB
Node.js: Server-side JavaSc...		4.7%	10.0 MB
Node.js: Server-side JavaSc...		4.7%	10.1 MB
Node.js: Server-side JavaSc...		4.7%	10.0 MB
Node.js: Server-side JavaSc...		4.7%	10.1 MB
Node.js: Server-side JavaSc...		4.7%	10.1 MB
Node.js: Server-side JavaSc...		4.7%	10.0 MB
Node.js: Server-side JavaSc...		4.6%	10.0 MB
Node.js: Server-side JavaSc...		4.6%	10.0 MB
Node.js: Server-side JavaSc...		4.6%	10.0 MB
Node.js: Server-side JavaSc...		4.6%	10.1 MB
Windows PowerShell		0%	27.9 MB
Node.js: Server-side JavaSc...		0%	5.2 MB

图 4-8　单个进程的 CPU 占用率

50%的 CPU 时间平均分配到 12 个核心上，每个核心的占用率应该在 4.2%。事实上由于 Node 本身的特点，同样功能的代码要经过 libuv 和 V8 的调用，因此消耗的 CPU 时间要高于直接使用底层 API 的调用。

此外，图形中依然存在着细微的波动，这是由很多因素造成的，例如方法本身执行的时间，以及操作系统背后的调度等等。如果在 Node 程序运行的时候打开了其他应用程序，也会造成图形的波动。

4.8.4 获取 CPU 占用率

CPU 占用率对应的不是一个时间点的数值，而是某一个时间片内的平均值。OS 模块的 os.cpus 方法返回一个数组，目前为止的代码中只利用了该方法的 length 属性，下面代码将这个数组的内容打印出来。

```
$ node
> console.log(require('os').cpus());
// 输出
[
  {
   model: 'Intel(R) Core(TM) i7-8700 CPU @ 3.20GHz',
   speed: 3192,
   times: {
     user: 34584609,
     nice: 0,
     sys: 20467734,
     idle: 343330312,
     irq: 6225515
   }
  },
  {
   model: 'Intel(R) Core(TM) i7-8700 CPU @ 3.20GHz',
   speed: 3192,
   times: {
     user: 11528656,
     nice: 0,
     sys: 4344921,
     idle: 382508890,
     irq: 150515
   }
  },
  // 更多元素……

]
```

os.cpus 方法返回的是一个包含 CPU 各个核心信息的数组，其中每个核心都对应一个 times 对象。times 对象表示 CPU 从启动后在各种模式下的运行总时间（单位为 ms），其各项属性的含义如下所示。

- User：执行用户进程的时间。
- Nice：与操作系统的调度相关操作的时间。
- Idle：空闲时间。
- Irq：用于中断的时间。
- Sys：用于系统进程的时间。

将这几项属性的数值加起来就是 CPU 运行的总时间，只要过一段时间再次统计，根据差值计算即可得出 CPU 的占用率，计算公式为 1-idle/（user+idle+irq+nice+sys）。

```
var os = require('os');
function getCPUTime(){
    var cpus = os.cpus();
    var list = [];
    // 统计所有核心的使用情况
    for(var i=0;i< cpus.length;i++){
        var times = cpus[i].times;
        var idle = times.idle;
        var total = times.user + times.idle + times.nice + times.irq + times.sys;
        list.push({ 'idle':idle, 'total':total });
    }
    return list;
}

// time 参数表示统计的时间间隔
function getUsage(time, callback){
    var list = getCPUTime();

    setTimeout(function(){
        var list2 = getCPUTime();
        var usageList = [];
        for(var i=0;i<list.length;i++){
            var usage = 1 - (list2[i].idle -list[i].idle)/(list2[i].total-
list[i].total);
            usageList.push(usage);
        }
        callback(usageList);
    }, time);
}
// 使用
getUsage(200, function(data){ console.log(data); });
```

此外，在介绍 process 对象时提到了 process.cpuUsage 方法，该方法和 process.hrtime 方法类似，可以计算两次调用之间的 CPU 时间差值（单位为 μs）。

```
$ node
Welcome to Node.js v12.4.0.
Type ".help" for more information.
> process.cpuUsage()
{ user: 46000, system: 15000 }
```

经过两次调用可以计算出当前进程消耗的 CPU 时间。

```
const startUsage = process.cpuUsage();

// CPU 工作 500ms
const now = Date.now();
while (Date.now() - now < 500);

console.log(process.cpuUsage(startUsage));
// { user: 500000, system: 0 }
```

4.9　C++扩展

前面章节的关注点主要放在 Node 自身，本节讨论如何用 C++扩展 Node 的功能。本节和前面小节的主题关联度比较小，在实际项目中遇到的可能性也比较低，如果读者不感兴趣，也可以考虑跳过本节。

Node 可以加载使用 C++编写和编译的插件（后缀名为.node）。Node 在语法上已经可以实现所有通用编程语言的功能，并且也有很丰富的第三方库来扩展各种功能，为什么还需要编写 C++代码？

原因很简单，虽然两门语言在功能上等价，但擅长的领域往往不同。例如，Node 擅长处理 I/O 密集型任务，那么在处理大量计算问题的场景下性能弱于 C++。另外，C++提供了更加底层的 API，可以方便地实现很多 JavaScript 无法实现的数据结构。

第 3 章提到了 Buffer 结构，Buffer 处理二进制数据的最小单位仍然是字节 （int8ArrayBuffer），其数组中的每个元素最小为 8 位，这样的结构可以用来实现 bitmap 算法，但消耗的内存是正常算法的 8 倍。

> bitmap 算法是借助了比特位来存储数据特征的一种方法，该算法有着优秀的空间复杂度。例如，如果要对数组[9,3,6,7,10]进行排序，那么可以使用 10 个 bit 位，遍历数组的同时根据元素的值将对应的 bit 位设置为 1，那么第二次直接遍历 bit 数组，输出值为 1 的 bit 位下标即可实现对数组的排序。该算法的时间和空间复杂度都是 O(n)。
>
> 另外一个例子，给出 100 亿个 64 位 int 类型的整数（假设存放在文件系统或者数据库中，但不考虑使用 SQL 的情况）和一个新的整数，如何判断该整数是否在这 100 亿个整数中？
>
> 如果使用基于数组的查找，要把 100 亿个 64 位整数一次性读入内存，一共需要 800 亿字节，大约 74GB 的内存。如果使用 bitmap 算法，可以申请 100 亿个比特（大约 1.16GB），并将整数对应的 bit 位设置为 1，假设要查找的整数为 a，那么直接取 bitset[a]的值即可。

既然 Node 不提供类似 bitmap 这样的数据结构，自然而然地，我们希望借助 C++来实现这一功能，Node 提供了一整套的底层 API 来提供这样的功能。

编写 Node 的扩展程序需要使用 Node 提供的 API 和对应的编译工具，Node 提供了 node-gyp 这一工具来编译 C++代码。

```
// 安装
$ npm install -g node-gyp
// Windows 环境下安装
$ npm install -g windows-build-tools
```

要使用 node-gyp 还需要一些额外的运行环境，首先是 Python 2.x（不支持 Python 3）。此外，在 Windows 环境下需要安装 windows-build-tools。

在 macOS 环境下需要安装 Xcode，更详细的安装环境需求请参考相关文档，这里不再详细介绍。

总地来说，Node 提供了两套 API 来实现插件的编写，一套是直接和 V8 交互的 API（以下简称为 V8 API），另一套则是 Node 提供的对 V8 API 的封装，称之为 N-API。它们在功能上是等价的，接下来会分别对两者进行介绍，但重点侧重于 N-API，并会使用它来完成 bitset 的封装。

4.9.1 V8 API

这里使用 V8 API 来实现 hello world 函数，它的最终效果应该和下面的代码等价。

```
function greet(){
    return "hello world";
}
module.exports = greet;
```

下面就是使用 V8 API 编写的 hello world 函数的例子。

```
// hello.cc
#include <node.h>

using V8::FunctionCallbackInfo;
using V8::Isolate;
using V8::Local;
using V8::NewStringType;
using V8::Object;
using V8::String;
using V8::Value;

void Method(const FunctionCallbackInfo<Value>& args) {

  // 一个 Isolate 是一个独立的虚拟机，对应一个或多个线程
  // 在代码中的 Isolate 可以看作一个上下文环境
  Isolate* isolate = args.GetIsolate();

  // 下面的调用可以看作一种固定格式的返回方法，将 C++的数据转换成 JavaScript 中的返回值
  args.GetReturnValue().Set(String::NewFromUtf8(
      isolate, "hello world", NewStringType::kNormal).ToLocalChecked());
}

// initialize 方法是整个 addon 的入口，提供了 C++方法和 js 调用方法的绑定
void Initialize(Local<Object> exports) {
  NODE_SET_METHOD(exports, "greet", Method); ❶
}

NODE_MODULE(NODE_GYP_MODULE_NAME, Initialize)
```

读者可能对.cc 的文件扩展名感到陌生，是因为大部分人学习 C++的时候都是在 Windows 平台和 Visual Studio 环境下。.cpp 是 Windows 环境下 C++文件的默认后缀，而.cc 则是 UNIX/Linux 环境下 C++文件的默认后缀。

首先所有的 addon 代码都需要定义及在代码中调用 Initialize 方法。Initialize 方法是整个 addon 的入口，标记❶处的代码表示将 JavaScript 中的 greet 方法与 C++的 method 方法绑定在一起。

在学习使用 C++编写插件的过程中，根据例子和文档查询相结合的方式效率更高，而不是逐个学习 API。官方文档的介绍也大多是概念和 API 的罗列，在 Node 的 GitHub 仓库中有专门的 C++ addon 代码示例。当读者面临需求时，最好先查看官方示例是如何实现的。

1. 编译

要使用 node-gyp 来编译 Linux 环境下的代码，首先要在当前目录下新建一个 binding.gyp 的文件。对于封装 hello world 而言，该文件的内容如下所示。

```
// binding.gyp
{
  "targets": [
    {
    // 要编译出的 addon 名称，该名称与 C++代码中的名称无关
      "target_name": "hello",

    // 包含所有 C++源文件的数组
      "sources": [ "hello.cc" ]
    }
  ]
}
```

```
// 有了binding文件后，在当前目录下运行
$ node-gyp configure
$ node-gyp build
```

编译成功后当前目录下会产生一个 build 目录，根据当前操作系统环境生成对应的编译描述文件，在类 UNIX 环境下是 makefile，Windows 环境下则是*.vcxproj 文件，这里不再详细介绍其中的内容。

如果编译成功，build 目录下会生成 release 目录，其中包括了最终生成的.node 文件，可以直接使用 require 引入。

```
var addon = require('./build/release/hello.node');
console.log(addon.greet()); // 'hello world'
```

2. V8 API 的缺点

一个缺点是，在前面编写的 addon 代码中，直接使用了很多 V8 中定义的变量和概念，它要求开发者对 V8 内部的概念非常了解，有一些代码可能完全不知道它背后做了什么，但还是不得不在代码中使用，如 Isolate 对象等。

另一个缺点是，如果 V8 因为升级（Node 版本升级往往会附带最新版本的 V8）而改动了内部的 API 实现，那么使用 V8 API 编写的 C++插件就不得不跟着改变，这给 Node 的升级带来很大的不便。

4.9.2 N-API

为了改善 V8 API 的缺点，Node 8.0 版本中引入了 N-API（读音就是 N 后面加上 API）。它由 Node 团队直接维护，N-API 在 V8 API 上又做了一层封装。即使底层的 V8 API 发生了变化，使用 N-API 的开发者也无须做任何改动就可以自由地升级到最新的 V8 和 Node 版本。

这种思想很常见，Java 跨平台的原因是 JVM 对开发者屏蔽了不同操作系统的底层细节，使得开发者可以很容易地编写平台无关的代码。

在官方文档中，N-API 的部分仅是方法的罗列，并没有详细的例子。和 V8 API 一样，官方的 GitHub 仓库给出了常用情景下 N-API 的使用例子，图 4-9 是一部分截图。

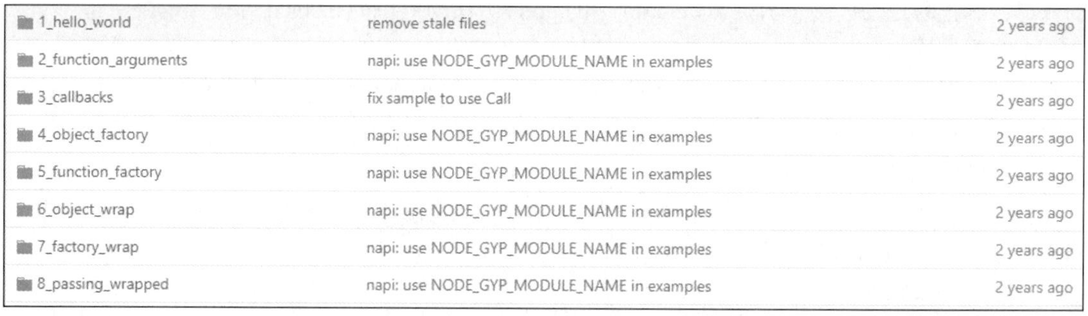

1_hello_world	remove stale files	2 years ago
2_function_arguments	napi: use NODE_GYP_MODULE_NAME in examples	2 years ago
3_callbacks	fix sample to use Call	2 years ago
4_object_factory	napi: use NODE_GYP_MODULE_NAME in examples	2 years ago
5_function_factory	napi: use NODE_GYP_MODULE_NAME in examples	2 years ago
6_object_wrap	napi: use NODE_GYP_MODULE_NAME in examples	2 years ago
7_factory_wrap	napi: use NODE_GYP_MODULE_NAME in examples	2 years ago
8_passing_wrapped	napi: use NODE_GYP_MODULE_NAME in examples	2 years ago

图 4-9　官方提供的 N-API 样例代码

使用 N-API 的编写的 hello world 如下所示，这里先不详细介绍代码细节，而是直接上手封装 bitset。

```
// hello_napi.cc
#include <node_API.h>

napi_value Method(napi_env env, napi_callback_info args) {
    napi_value greeting;
```

```
    // 将一个字符串转换成 napi_value 类型
    napi_create_string_utf8(env, "hello world", NAPI_AUTO_LENGTH, &greeting);
    return greeting;
}

napi_value init(napi_env env, napi_value exports) {
    napi_value fn;

    // 在 C++ function 创建一个 N-API function
    napi_create_function(env, nullptr, 0, Method, nullptr, &fn);

    // 相当于 module.exports = greet
    napi_set_named_property(env, exports, "greet", fn);
    return exports;
}

NAPI_MODULE(NODE_GYP_MODULE_NAME, init)
```

4.9.3 封装 bitset

C++本身就提供了 bitset 这一数据结构，首先使用 C++代码将其封装在一个类中。

```
// myBitSet.cpp
#include <bitset>
#include <iostream>
using namespace std;

class myBitSet {
    public:
        int getPos(int pos) {
            return mySet[pos];
        };

        void setPos(int pos) {
            mySet.set(pos); // 将指定比特位设置为 1
        }

        // 声明一个包含 32 个比特位的 bitset 对象
        bitset<32> mySet;
};

// 测试用例
int main(){
    myBitSet set;
    cout << set.getPos(0) << endl;
    set.setPos(0);
    cout << set.getPos(0) << endl;
    return 0;
}
```

接下来将在上面 C++代码的基础上实现 N-API 的封装。在上面的代码中 mySet 对象是固定的 32 位，但在实际应用中需要的 bitset 结构往往是动态申请。遗憾的是，C++原生的 bitset 类必须在创建对象时指定大小。

```
// C++原生 bitset 类不支持下面这种写法
int n = 32;
bitset<n> mySet;
```

C++有一些第三方库，如 Boost 库中提供了 dynamic_bitset 类，该类支持动态大小的 bitset 结构。

但出于演示的需要，这里仍然使用了固定大小的原生 C++ bitset 类。在开始之前，先来看最终实现的 JavaScript 调用是什么样子的。

```
var addon = require('./build/Release/bitset.node');
var obj = new addon.Bitset();
// 获取第 10 个 bit 的值
console.log(obj.getPos(10)); // 输出 : 0

// 将第 10 个 bit 位设置为 1
obj.setPos(10);

console.log(obj.getPos(10));
// 输出
// 1
```

要对 C++实现的 bitset 类进行封装，需要使用 N-API 提供的方法来重新实现类定义及类方法。

```
// 使用 N-API 实现的 bitset 类
#include <node_api.h>
#include <bitset>

class Bitset {
 public:
  static napi_value Init(napi_env env, napi_value exports);
  static void Destructor(napi_env env, void* nativeObject, void* finalize_hint);

 private:
  explicit Bitset();
  ~Bitset();

  static napi_value New(napi_env env, napi_callback_info info);
  static napi_value GetBitPos(napi_env env, napi_callback_info info);
  static napi_value SetBitPos(napi_env env, napi_callback_info info);
  static napi_ref constructor;
  std::bitset<32> myBitset;
  napi_env env_;
  napi_ref wrapper_;
};
```

和原生的 C++类比较，可以看出 N-API 实现的类增加了一些属性和方法，下面来一一进行介绍。

1. Init 和 New

Init 方法是 addon 的入口，New 方法则是在实例化的时候被调用。napi_get_cb_info 方法用来获取 JavaScript 调用方法时的参数和 this 信息。

```
// JavaScript 中有如下的调用
obj.setPos(10);
// 在对应的 C++方法中，就要有如下的调用
 size_t argc = 1;
 napi_value arg;
 napi_value jsthis;
 napi_get_cb_info(env, info, &argc, &arg, &jsthis, nullptr);
```

2. 类型转换

在使用 JavaScript 代码调用 C++的方法时，存在一个很重要的问题是如何建立类型的对应关系，如在 Node 中定义一个标量。

```
var num =10;
// 如何将 num 的类型转换成对应的 C++变量
uint32_t num = 10;
```

napi_value 类型是对 JavaScript 及 C++所有数据类型的抽象，所有使用 N-API 定义的函数的返回类型都是 napi_value。上面的内容提到 N-API 处于 JavaScript 和 V8 API 之间，那么它就必须实现 C++类型和 napi_value 及 JavaScript 类型和 napi_value 之间的互相转换。

从 JavaScript 调用中获取了 napi_value 类型的参数后，还需要将其转化为 bitset 最终使用的 unsigned int 类型。

```
// 将 JavaScript 中的 pos 变量转换成 uint32_t
uint32_t pos;
napi_get_value_uint32(env, arg, &pos);

// 将 JavaScript 的 this 引用指向 C++内部实例化的 Bitset 对象
Bitset* obj;
napi_unwrap(env, jsthis, reinterpret_cast<void**>(&obj));

// 使用 C++的方式访问 bitset 对象
uint32_t bitValue = (obj->myBitset)[pos];

// 把 bitValue 转换成对应的 napi_value 并将其返回
napi_value result;
napi_create_uint32(env, bitValue, &result);
return result;
```

总结一下，napi_get_value_TYPE 方法将 napi_value 类型转换为 C++类型，napi_create_TYPE 方法将 C++类型转换成 napi_value 类型。

3. 完整代码

```
// 完整的 Bitset.cc
#include "Bitset.h"
#include <assert.h>
napi_ref Bitset::constructor;

Bitset::Bitset()
    : env_(nullptr), wrapper_(nullptr) {}

Bitset::~Bitset() { napi_delete_reference(env_, wrapper_); }

void Bitset::Destructor(napi_env env, void* nativeObject, void* /*finalize_hint*/) {
  reinterpret_cast<Bitset*>(nativeObject)->~Bitset();
}

#define DECLARE_NAPI_METHOD(name, func)
  { name, 0, func, 0, 0, 0, napi_default, 0 }

napi_value Bitset::Init(napi_env env, napi_value exports) {
  // 定义两个类方法，并将 C++方法与 js 方法绑定
  napi_property_descriptor properties[] = {
      DECLARE_NAPI_METHOD("getPos", GetBitPos),
      DECLARE_NAPI_METHOD("setPos", SetBitPos),
  };
  napi_value cons;
  // 定义 C++ Bitset 类，参数中的 2 是 properties 数组的长度
  napi_define_class(env, "Bitset", NAPI_AUTO_LENGTH, New, nullptr, 2, properties,
&cons);
  napi_create_reference(env, cons, 1, &constructor);
  napi_set_named_property(env, exports, "Bitset", cons);
  return exports;
}
```

```
// 在 var obj = new addon.Bitset(); 时被调用

napi_value Bitset::New(napi_env env, napi_callback_info info) {
  napi_value target;
  napi_get_new_target(env, info, &target);
  napi_value jsthis;
  napi_get_cb_info(env, info, nullptr,nullptr, &jsthis, nullptr);

  Bitset* obj = new Bitset();
  obj->env_ = env;
  napi_wrap(env,
                jsthis,
                reinterpret_cast<void*>(obj),
                Bitset::Destructor,
                nullptr,  // finalize_hint
                &obj->wrapper_);
  return jsthis;
}

// 和原生 C++的方法相比，大量的代码用于类型转换
napi_value Bitset::GetBitPos(napi_env env, napi_callback_info info) {
  size_t argc = 1;
  napi_value arg;
  napi_value jsthis;
  napi_get_cb_info(env, info, &argc, &arg, &jsthis, nullptr);

  Bitset* obj;
  napi_unwrap(env, jsthis, reinterpret_cast<void**>(&obj));
  uint32_t pos;
  napi_get_value_uint32(env, arg, &pos);
  napi_value result;
  uint32_t bitValue = (obj->myBitset)[pos];
  napi_create_uint32(env, bitValue, &result);
  return result;
}

napi_value Bitset::SetBitPos(napi_env env, napi_callback_info info) {
  size_t argc = 1;
  napi_value arg;
  napi_value jsthis;
  napi_get_cb_info(env, info, &argc, &arg, &jsthis, nullptr);
  uint32_t pos;
  napi_get_value_uint32(env, arg, &pos);
  Bitset* obj;
  napi_unwrap(env, jsthis, reinterpret_cast<void**>(&obj));
  &(obj->myBitset).set(pos);
  return nullptr;
}
```

4.9.4 封装 sleep 函数

4.8 节介绍了使用 async/await 的方法实现的 sleep 方法，但该方法在使用上有些烦琐。而且使用 async/await 实现的 sleep()并不是真正的暂停 CPU，它只是回调函数的另一种写法。

```
await sleep(time);
```

```
// 其实相当于

setTimeout(()=>{
    // other code
},time);
```

C++中存在 sleep 函数，该函数是一个同步调用。根据前面介绍的内容，可以将其封装成一个 C++插件，从而在 Node 中引入真正的休眠函数。

```
// 在 C++中使用 sleep 函数
// 下面的代码只能在 Linux 环境或者 macOS 环境下运行
// 如果要适应 Windows 平台，只需将#include <unistd.h>更改为#include <windows.h>
// 并且将 sleep 改成首字母大写的 Sleep 即可

#include <iostream>
using namespace std;
#include <unistd.h>
int main(){
   while(1) {
    cout << "hello" << endl;
    // 休眠 1s
    sleep(1);
    // usleep(100000);
   }
}
```

下面是使用 N-API 封装的完整代码。

```
// 使用 N-API 封装的 Sleep 函数
#include <node_API.h>
#include <iostream>
#include <windows.h>// Linux 环境下应该为#include <unistd.h>

napi_value sleep_ms(napi_env env, napi_callback_info info) {
    size_t argc = 1;
    napi_value arg;
    napi_value jsthis;
    napi_get_cb_info(env, info, &argc, &arg, &jsthis, nullptr);
    uint32_t value;

    napi_get_value_uint32(env,arg,&value);
    Sleep(value);// Linux 环境下应使用 usleep
    return nullptr;
}

napi_value init(napi_env env, napi_value exports) {
  napi_status status;
  napi_value fn;

  status = napi_create_function(env, nullptr, 0, sleep_ms, nullptr, &fn);
  if (status != napi_ok) return nullptr;

  status = napi_set_named_property(env, exports, "sleep_ms", fn);
  if (status != napi_ok) return nullptr;
  return exports;
}

NAPI_MODULE(NODE_GYP_MODULE_NAME, init);
```

完成 N-API 版本的 sleep 函数之后，下面来比较一下它和之前使用 async/await 方法实现的 sleep

函数之间的差异。

```
var idle = 10;

for(var i=0;i<100;i++){
    var begin = Date.now();
    while(Date.now()-begin < idle);
    addon.sleep_ms(idle);
    // await sleep(idle);
    var end = Date.now();

    console.log((end-begin-idle)/idle*100);
}
```

上面的代码会计算 sleep 函数经过的时间和实际经过的时间之间的误差百分比，笔者列出了在不同时间片调用 sleep 函数的精确度（取平均值）的比较，数字的单位均为百分比（%），如表 4-10 所示。

表 4-10　addon 与原生 sleep 的误差比较　（单位：%）

不同方法	10ms	20ms	200ms
addon	14.45	4.34	1.625
async/await	15.8	6.72	1.685

小　　结

本章主要介绍了 Node 作为运行时对 JavaScript 的扩展，File System 和 Stream 是本章介绍的重点，前者提供了对文件系统的访问支持，后者提供了流式数据的处理能力。

Child Process 和 Worker Thread 是为了利用多核而扩展的模块，前者提供了创建进程的能力，后者实现了对创建线程的支持。

思考与问题

- 用 map 改写 4.3.2 小节中模拟 Events 函数的实现。
- 了解 childProcess.exec 和 childProcess.execFile，比较它们和 spawn/fork 之间的差异。
- 当主进程退出之后，使用 fork 创建的子进程也会随之退出，想办法让子进程和主进程脱钩。
- 使用 N-API 封装的 mySet 对象，其 setPos 方法只能将指定的比特位设置为 1，修改其实现使其可以自由地将指定比特位设置为 0 或 1，并重新编译。
- 使用 N-API 实现可变长度的 bitset。
- 修改 4.9.4 小节中封装的 sleep 函数，使其可以在 Linux 环境和 Windows 环境下运行而不需要修改源代码。

第 5 章 组织异步代码

图 5-1 是山东省临朐县一处乡村，一位村民花费十几年的时间自行搭建的七层“楼房”。这是一栋没有依靠建筑理论，也没有使用钢筋和混凝土，仅借助木头和土块，一点点累积起来的建筑。从某种意义上看，它和混乱的项目代码有相似之处。

图 5-1　手工搭建的七层建筑

经过前面内容的学习，读者应该已经对基本的 JavaScript 以及 Node 的扩展模块有了一定的了解，在这个基础上可以写出一定规模的代码。或许读者也已经发现了，Node 对 JavaScript 的重要扩展，无论是 File System、HTTP 还是 Events、Stream 模块，几乎都或多或少地和 I/O 有关。

入门者在学习编程语言时通常以算法和数据结构为主，I/O 的部分，如文件和网络编程通常不是重点。但对于任何一门编程语言，I/O 往往是使用最频繁的一部分，任何程序只有接收输入并且将结果输出到内存以外的地方，才能产生实用价值。而计算机的不同设备之间的速度存在数量级差异，即 CPU 寄存器>>内存>>硬盘>>网络。

被加载到 CPU 寄存器中的代码要使用的数据通常保存在硬盘或者网络的位置上，要获取这些数据就意味着要从磁盘或者网络上读取，而这个过程中时间的消耗通常以毫秒计算，对以纳秒为单位运算的 CPU 来说是无法接受的慢速，如果不想办法利用 I/O 调用数据就绪前的这段时间，就会造成性能浪费。

站在操作系统的角度看，多任务操作系统不允许 CPU 在没有处理完全部任务的时候闲置，因此，会尝试切换进程。

站在开发者的角度看，开发者不希望进程在时间片用完之前被调度，而是尽可能地占用 CPU 时间。因此，编程语言的设计者要提供相应的功能来利用发起 I/O 调用到返回的这段时间，否则进程就会被操作系统挂起。

常见的编程语言，如 Java、C#，提供了多线程编程模型，面对一个 I/O 任务，由开发者自行创建一个新的线程。由于数据还没有就绪，因此该线程在原地等待，CPU 继续执行主线程的任务，等到 I/O 就绪之后，线程被唤醒，执行完之后将结果告知主线程。而 Node 采用了单线程事件循环模型，通过回调函数来使用 I/O 返回的数据。

5.1 回调函数

前面内容在第 3 章介绍高阶函数时提到，回调函数是高阶函数的一种应用。注意：回调函数仅代表作为参数传入的函数会被执行，并不一定代表该过程是异步的。

回调函数是 Node 处理异步的标准方式，当异步调用完成时，其回调函数被调用。回调函数的第一个参数通常是一个 Error 对象，表示异步过程中可能存在的错误，这种风格被称为 Error-First callback。

```
fs.readFile(PATH,(err,data)=>{
      // err 代表系统调用在执行过程中可能出现的错误，如文件不存在
      // data 表示系统调用的最终结果，此处的例子即为文件内容
});
```

5.1.1 回调函数的执行过程

以文件读取为例，fs.readFile 方法的执行过程如下所示。

（1）fs.readFile 发起一个系统调用并注册一个回调函数。

（2）fs.readFile 函数返回。

（3）系统调用完成。

（4）回调函数执行。

5.1.2 回调的返回值

Node 单线程+事件驱动的处理方式虽然避免了多线程的复杂性，但带来了两个小问题：第一，异步过程中的回调函数，其返回值无法被外部获取，这是因为回调函数执行时，发起异步调用的函数已经返回；第二，得不到回调函数的返回值，导致了回调函数的嵌套。

在实践中经常遇到这种情景，一个异步调用的输入是上一个异步调用的输出。例如，通过 HTTP 调用得到一个返回值，再将其写入数据库中。

那么如何得到上一个异步调用的结果呢？以 readFile()为例，在其回调函数中得到的 data 只能在回调函数内部使用，开发者几乎没有办法将它的值传递到外部。

```
var data = fs.readFile(PATH,(err,data)=>{
     return data;
});
```

```
console.log(data);
// 输出
// undefined
```

当然还有一些其他方法在外部获取回调函数内部的值，如使用一个全局变量。

```
var globalData;

var data = fs.readFile(PATH,(err,data)=>{
     globalData = data;
});
```

但问题没有得到解决，因为无法确定什么时候这个全局变量会被赋值，又或者有人想到了类似 AngularJS 式的解决方法。

```
$scope.watch('globalData',(old,new)=>{
    // XXX
});
```

即使从代码结构的复杂程度看，这种做法也和正确的思路越来越远。到目前介绍的内容为止，想要利用回调函数中 I/O 操作返回的结果，直观又有效的答案只有一个，就是把所有用到该结果的逻辑都放在回调函数里。

但这样做会显著增加单个函数的体积，随着依赖的层级增加，最终会变成多层的嵌套回调。例如，把代码 4-1 完全改写成使用回调函数的形式，如代码 5-1 所示。

代码 5-1　完全使用回调函数的代码

```
var fs = require("fs");
function merge2dist(sourceDir){
    fs.readdir(sourceDir,(err,sourceArr)=>{
          sourceArr.forEach(function(item){
               fs.stat(sourceDir+"/"+item,(err,stat)=>{
                    if(err) throw err;
                    if(stat.isFile() && item.split(".").pop() === "css" ){
                         fs.readFile(sourceDir+"/"+item,(err,data)=>{
                              fs.appendFile("./dist.css",data,(err)=>{
                                   if(err) throw err;
                              });
                         });
                    }
               });
          });
    });
}
```

这种写法被称为 callback hell，虽然 File System 模块提供了同步形式的 API，可以用它来简化嵌套的写法，但同步 API 的缺点是会阻塞事件循环，在处理并发时就不能发挥出 Node 的优势。

一方面，嵌套的代码虽然可以完成预期的任务，但把所有的逻辑都塞到一个函数中，随着代码的增加最终会变得难以维护；另一方面，现代程序设计更加强调函数返回值的作用，依赖返回值而不是公共变量有助于程序解耦。

如何在保持代码合理结构的情况下得到异步调用的返回值？或者更直白一些，如何用同步的写法来书写异步调用，同时避免事件循环的阻塞？这是本章要讨论的问题。

5.2　Promise

为了更好地解决回调函数的嵌套和返回值的问题，社区提出了 Promise 规范。目前通行的标准是 Promise/A+，无论是各大浏览器还是 Node 都已经实现了对该规范的支持。

Promise 的优点是使得异步操作的返回值可以被外部获取，从形式上消除了回调函数。

5.2.1　什么是 Promise

根据 Promise/A+的定义，Promise 代表了一个异步操作的最终结果。它表示异步操作（回调函数）内部的值可以影响外部对象的状态。

从回调函数的参数可以看出，一个异步操作通常有两种结果，一种是正常得到调用的值，另一种是出现错误。那么，Promise 就可以看作一个状态机，根据异步操作的不同结果改变自身的状态。

1. 使用

Promise 类作为 ECMAScript 标准的一部分，不需要使用 require()加载即可使用。通过 new 关键字可以创建一个 Promise 对象。

```
new Promise(function(resolve,reject){
    resolve("data");
})
```

Promise 构造函数接收一个方法（以下称之为 handle）作为参数，同时 handle 的两个参数 resolve 和 reject 也是函数。如果读者足够了解高阶函数，应该不会感到难以理解。

resolve 和 reject 两个函数名是标准中建议的称呼，不是强制的，作为函数的参数它们可以取任何名字，也可以叫它们 open 和 close。

一个 Promise 对象被创建之后就会立刻执行，作为参数的 handle 函数会在内部被调用。

```
new Promise(function(resolve,reject){
    console.log("execute");
});
// 输出
// execute
```

2. Promise 的状态

Promise/A+规范定义一个 Promise 对象只能处于以下 3 种状态中的一种。

- pending：当 Promise 对象被创建并且在状态变化之前处于 pending。
- fulfilled（有时被称为 resolved）：调用 resolve 方法之后的状态。
- rejected：调用 reject 方法之后的状态。

Promise 对象的状态变换是单向的，只能由 pending 变成 fulfilled（调用 resolve 方法）或者由 pending 变成 rejected（调用 reject 方法），一旦状态变化之后就不可再次改变。至于 Promise 状态要如何转换，是在创建一个 Promise 时由开发者决定的。

```
new Promise(function(resolve,reject){
    // 当随机数大于 0.5 时，状态转换为 fulfilled
    // 反之则转换成 rejected
    if(Math.random()>0.5){
        resolve();
    }else{
        reject();
    }
});
```

只要开发者愿意，也可以把 reject()和 resolve()调换位置。因为 resolve 和 reject 两个动作，只是为了将两种状态区分开来而人为定义的。此外，由于已经转换过状态的 Promise 状态不会再发生改变，再次调用 resolve()或者 reject()是无效的。

```
new Promise(function(resolve,reject){
    if(Math.random()>0.5){
        resolve();
    }else{
        reject();
    }
    // 下面一行代码无效
    resolve();
});
```

3. Promise API

目前已经进入 ECMAScript 标准的 Promise API 如表 5-1 所示。

表 5-1　Promise API

方法	含义
Promise.prototype.then()	提供 Promise 对象状态变化后的回调函数
Promise.prototype.catch()	捕获 Promise 对象执行中的错误
Promise.prototype.finally()	Promise 对象状态转换后最后调用的逻辑
Promise.all()	将多个 Promise 对象包装成新的 Promise 对象返回，当多个 Promise 对象全部 fulfilled 或者其中一个变成 rejected 时状态发生改变
Promise.race()	将多个 Promise 对象包装成新的 Promise 对象，该 Promise 对象的状态由第一个状态改变的 Promise 对象决定
Promise.resolve()	尝试将一个对象转换为 Promise 对象并返回，状态为 resolved
Promise.reject()	尝试将一个对象转换为 Promise 对象并返回，状态为 rejected
Promise.allSettled()	将多个 Promise 对象包装成新的 Promise 对象返回

读者可能注意到了 Promise.resolve 及 Promise.reject 方法，请注意比较它和作为 handle 函数参数的 resolve 和 reject 的区别。

```
// Promise.resolve 将一个普通类型的变量包装成 Promise 对象
var promise = Promise.resolve("string")
```

构造函数中的 resolve 仅是一个形参，尽管 Promise 类内部也会存在一个 resolve 方法（不一定叫这个名字），但它并不是 Promise.resolve。原因很简单，Promise.resolve 方法会返回一个新的 Promise，而在 handle 函数中调用 resolve 时则不会。

5.2.2　then

then 方法定义在 Promise 的原型对象上，该方法接受两个函数（以下称为 resolve_callback 和 reject_callback，统称 then_callback）作为参数，它们分别是 Promise 对象状态转换成 fulfilled 及 rejected 的回调函数。

如果在调用 resolve 或者 reject 函数时附带了参数，那么就可以在 resolve_callback 和 reject_callback 中获取到该参数。

then 方法会在 new Promise()返回后立刻执行，而作为参数的两个回调方法会在 Promise 对象的状态改变之后才会被调用，这是 Promise 能处理异步任务的基础。

```
new Promise(function(resolve,reject){
    resolve("data");
})
.then(function(onResolved){
    console.log(onResolved); // data
},function(onRejected){
    console.log(onRejected);
```

```
});
```

then 方法会返回一个新的 Promise 对象，这表示 then 方法可以形成链式调用。

```
new Promise(function(resolve,reject){
    resolve("data");
})
.then(function(onResolved){
    console.log(onResolved);  // data
},function(onRejected){
    console.log(onRejected);
})
.then(function(onResolved){
    console.log(onResolved);  // undefined
},function(onRejected){
    console.log(onRejected);
});
```

如果 then 方法的回调函数中显式地返回一个 Promise 对象，就会覆盖默认返回的 Promise 对象。

```
new Promise(function(resolve,reject){
    resolve("data");
})
.then(function(onResolved){
    console.log(onResolved); // data
    // 显式地返回了一个新的 Promise 对象
    return new Promise(function(resolve,reject){
        resolve("return a new Promise");
    });
},function(onRejected){
    console.log(onRejected);
})
.then(function(onResolved){
    console.log(onResolved); // return a new Promise
},function(onRejected){
    console.log(onRejected);
});
```

5.2.3 使用 Promise 处理异步任务

1. 封装回调函数

5.2.2 小节提到 then 方法的回调函数会在 Promise 对象的状态改变后才会被调用，而 Promise 对象状态的改变是通过调用 resolve()或者 reject()实现的。那么，如果把 resolve()/reject()放在异步操作的回调函数中，就可以在 then 方法的回调函数中获得异步操作的结果，如代码 5-2 所示。

代码 5-2　使用 Promise 包装异步调用

```
new Promise(function(resolve,reject){
    require("fs").readFile(__filename,(err,data) =>{
        if(err){
              reject(err);
              return;
        }
        resolve(data);
      });
}).then(function(onResolved){
     console.log(onResolved);
},function(onRejected){
     console.log(onRejected);
});
```

代码 5-2 将一个 fs.readFile 包装在 Promise 对象中，并在回调方法中根据结果的状态来调用 resolve 或者 reject 方法，最终在 then 方法的回调函数中打印出相应的文件内容或者错误信息。

```
// 将代码 5-2 包装成一个函数，使其更加通用
function readFile_promise(path){
    return new Promise(function(resolve,reject){
        fs.readFile(path,(err,data) =>{
            if(err){
                reject(err);
                return;
            }
            resolve(data);
        });
    });
}

// 使用
readFile_promise(__filename)
.then(function(onResolved){
    console.log(onResolved);
},function(onRejected){
    console.log(onRejected);
});
```

注意比较 readFile_promise 方法和原生的 fs.readFile 方法之间的区别，后面还会频繁使用这个方法。

2. 错误处理

Promise 对象包裹的回调函数在执行时可能会发生错误，通常的处理方式是使用 reject 方法将这个错误传递出去，然后在 reject_callback 中就可以捕获到这个错误。但更好的做法是使用 Promise.protoype.catch 方法，该方法可以捕获使用 reject 方法传递出来的错误消息，以及 resolve_callback 中出现的错误。

```
new Promise(function(resolve,reject){
    require("fs").readFile(__filename,(err,data) =>{
        if(err){
            // 可以被 catch 方法捕获
            reject(err);
            return;
        }
        resolve(data);
    });
})
.then(function(onResolved){
    console.log(onResolved);
    // 下面的错误可以被 catch 方法捕获
    throw new Error("I am a Error!")
})
.catch(function(e){
    console.log("catched",e);
});
```

当 readFile()访问一个不存在的文件时，catch 方法可以捕获到这个错误。读者可能会注意到在 then 方法中只传入了一个 resolve_callback，是因为 catch 方法起到了替代的作用。

尽管功能上是一致的，但由于 catch 方法能够捕获 then_callback 中的错误，而且链式调用要比每个 then 方法中都传入两个回调函数更加简洁，因此，推荐使用 catch 方法作为 reject_callback 的替代，本书以后出现的 Promise 代码也均使用这种方式。

但要注意的是，在回调函数中，catch 方法能够捕获的只有经过 reject 方法传递的错误。

```
new Promise(function(resolve,reject){
    require("fs").readFile(__filename,(err,data) =>{
        if(err){
              reject(err);
              return;
        }
        // 下面的错误无法被 catch 方法捕获到
        throw new Error("error in callback");
        resolve(data);
    });
})
.catch(function(e){
    console.log("catched ");
});
```

规避这种问题的最好办法是不要在回调函数内执行过多的逻辑，回调函数唯一要做的就是根据系统调用返回的结果来调用 resolve 和 reject 方法。

有时从回调函数中获取的结果可能不满足需求，需要进行一些修改或者筛选，这样的操作不要放在回调函数中，应该在 resolve_callback 中处理。

如果一个 Promise 对象的状态变成了 rejected，而没有在 then 方法中或者使用 catch 方法处理，Node 进程就打印出 UnhandledPromiseRejection 的警告消息。

```
    (node:29968) UnhandledPromiseRejectionWarning: Unhandled Promise rejection. This error originated either by throwing inside of an async function without a catch block, or by rejecting a Promise which was not handled with .catch(). (rejection id: 1)
    (node:29968) [DEP0018] DeprecationWarning: Unhandled Promise rejections are deprecated. In the future, Promise rejections that are not handled will terminate the Node.js process with a non-zero exit code.
```

这个警告消息目前不会对 Node 进程产生影响，但正如信息展示的那样，一个未经过处理的 rejection 可能会在将来的版本中使 Node 进程退出。

另外值得一提的还有 finally 方法，类似于 try/catch/finally 的组合，常用于做一些收尾工作的场景。最常见的例子是，在访问数据库之后关闭连接。

```
// 执行一个 SQL 查询
connect.query('select * from departments')
.then()
.catch()
.finally();
```

3. Promise 的执行过程

以 readFile_promise 方法为例，调用该方法后会立刻返回一个 Promise 对象。此时的 Promise 对象处在 pending 状态。在新建 Promise 对象的同时 fs.readfile 方法也开始执行，由于该操作是异步调用，因此在 Promise 对象返回前还没有产生结果。

作为链式调用的一部分，then 方法本身会在 readFile_promise 返回后执行，也就是说，在异步调用完成时，readFile_promise 和 then 方法的执行都已经结束了。

假设过了 10ms，readFile 方法的数据已经就绪，其回调函数被调用，在内部调用 resolve 或者 reject 方法，将 Promise 的状态变为 resolved 或者 rejected。

随着 Promise 对象状态的变化，resolve_callback 或者 reject_callback 被调用，可获得异步调用的结果。

总结后的执行过程如下，具体的实现方式会在 5.4 节介绍。

（1）创建 Promise 对象，异步操作开始执行。

（2）Promise 对象返回。

（3）then 方法开始执行。

（4）then 方法返回。

（5）异步调用返回，在回调函数中改变 Promise 对象状态和内部的预定义值。

（6）then_callback 执行，获取 Promise 内部的值。

4. 和回调函数的比较

使用 Promise 处理异步任务，相比嵌套的回调函数有很多优点。首先是减少了形式上的嵌套让代码结构更清晰；更重要的是 Promise 对象可以被传递，如封装了一个 timeout_promise 方法，那么这个 Promise 就可以被传递到任何需要延迟执行的地方。

```
var timeout_promise= require(XXX);

timeout_promise (1000)
.then(function(){
    // code need delay
});
```

目前很多原生模块和第三方库都会对同一个 API 提供这两种回调处理方式。例如，原生的 File System 模块提供了常用方法的 Promise 版本，如下所示，不再详细介绍含义。

- fsPromises.access(path[, mode])
- fsPromises.appendFile(path, data[, options])
- fsPromises.chmod(path, mode)
- fsPromises.chown(path, uid, gid)
- fsPromises.copyFile(src, dest[, flags])
- fsPromises.lchmod(path, mode)
- fsPromises.lchown(path, uid, gid)
- fsPromises.link(existingPath, newPath)
- fsPromises.lstat(path[, options])
- fsPromises.mkdir(path[, options])
- fsPromises.mkdtemp(prefix[, options])
- fsPromises.open(path, flags[, mode])
- fsPromises.opendir(path[, options])
- fsPromises.readdir(path[, options])
- fsPromises.readFile(path[, options])
- fsPromises.readlink(path[, options])
- fsPromises.realpath(path[, options])
- fsPromises.rename(oldPath, newPath)
- fsPromises.rmdir(path[, options])
- fsPromises.stat(path[, options])
- fsPromises.symlink(target, path[, type])
- fsPromises.truncate(path[, len])
- fsPromises.unlink(path)
- fsPromises.utimes(path, atime, mtime)
- fsPromises.writeFile(file, data[, options])

5. Promise 的顺序执行

很多情况下代码需要一个异步操作的返回值来进行下一步的操作，如果使用回调函数就会变成多个回调函数的嵌套，那么 Promise 又将如何操作呢？

由于 then 方法总是会返回一个新的 Promise 对象，那么就可以将下一个异步操作放在 then_callback 中调用，从而避免回调函数的嵌套。下面用 Promise 的方式将代码 4-2 改写。

```
const fs = require('fs');
const fsPromises = fs.promises;

function merge2dist(sourceDir){
    fsPromises.readdir(sourceDir)
    .then((sourceArr)=>{
        sourceArr.forEach(function(item){
            fsPromises.stat(sourceDir+"/"+item)
            .then((stat)=>{
                console.log(stat);
                if(stat.isFile() && item.split(".").pop() === "css" ){
                    return fsPromises.readFile(sourceDir+"/"+item)
                }
            })
            .then((data)=>{
                console.log(data);
                return fsPromises.appendFile("./dist.css", data)
            })
            .catch((err)=>{
                console.log("Catched ",err);
            });
        })
    })
    .catch((err)=>{
        console.log("Catched ",err);
    });
}

// 使用
merge2dist("./css")
```

通过比较可以发现，总体来说使用 Promise 确实减少了嵌套的层数，但相比较于使用 Sync 版本的同步 API 来说还是显得烦琐。5.3 节将会介绍 async/await 语法，从而进一步简化写法。

5.2.4 使用 Promise 封装现有方法

Promise 和回调函数已经成为 Node 处理异步调用的两套标准，在处理复杂逻辑时，相比于回调函数更推荐使用 Promise。

前面已经介绍了将 readfile()改为 Promise 对象的方法，但这样实际上多出了很多和业务逻辑无关的代码。开发者在实际编写代码时也不希望对于每个异步方法都手动封装，而是使用一个统一的方法把一个异步操作转换成一个返回 Promise 对象的函数。

1. Bluebird

Bluebird 是一个第三方的 Promise 库，它也是 Promise/A+标准的一个实现。

Promise/A+只规定了 Promise 的行为规范而不涉及具体编码，任何人都可以自行实现。假设现在有两个库，分别是 A 和 B，均实现了 Promise/A+标准，那么使用 A 库来创建的 Promise 对象和使用 B 库创建的 Promise 对象之间就可以互相调用。

Bluebird 提供了将回调函数封装成 Promise 对象的方法。

```
// 覆盖原生的 Promise 类
var Promise = require('bluebird');
```

```
var fs = require('fs');

// 此处的 readFileAsync 相当于之前自行封装的 readFile_promise
var readFileAsync = Promise.promisify(fs.readFile);

// 还有更便利的 promisifyAll 方法，可以把一个对象的所有方法转换成 Promise
// 将 fs 模块下所有方法转换成 Promise 形式
var fs = Promise.promisifyAll(fs);
fs.readFileAsync("data.txt").then(function(data) {
    console.log(data);
})
.catch(function(err) {
    console.error(err);
});
```

使用 promisifyAll()转换后返回的新对象除了包含原对象的所有方法外，还一一对应地增加了后缀“Async”的新方法。例如，readFile()对应的 Promise 版本就是 readFileAsync()。

2. util.promisify()

Node 在 v8.0 版本中在 util 模块中引入了一个 promisify 方法，用来将一个异步调用封装成 Promise 对象。

```
// 转换 setTimeout
var setTimeout_promise = require('util').promisify(setTimeout);
// 转换 readFile
var readFile_promise = require('util').promisify(require('fs').readFile);
```

3. 自己实现转换函数

事实上，手动实现这样的一个函数并不复杂，下面是一个简单的版本。

代码 5-3　自己封装 promisify 函数

```
function promisify(fn){
    return function(...args){
        return new Promise(function(resolve, reject){
            fn(...args,(err,data)=>{
                if(err){
                    reject(err);
                    return;
                }
                resolve(data);
            })
        })
    }
}
```

代码 5-3 实现的 promisify 方法包裹了两层，当调用 promisify(fn)时返回一个新的方法，假设为 fn_promise，执行 fn_promise()时才返回一个 Promise 对象。

代码核心逻辑是通过...args 来接收不定长度的参数来实现通用化，剩余的部分和之前手动转换的 Promise 逻辑一致。

5.2.5　运行多个 Promise

Promise 提供了一些 API 用于同时运行多个 Promise 对象，首先是 Promise.all()和 Promise.race()两个静态方法。这两个方法都接受一个 Promise 对象数组作为参数，并返回一个新的 Promise 对象，新的 Promise 对象的状态由传入的 Promise 对象数组的状态决定。

1. all()

假设有一个数组[a,b,c]，其中每个元素都是一个包裹了异步操作的 Promise 对象。

```
var p = Promise.all([a,b,c])
p.then(function(result){
    // result 是一个数组
    // 包含了所有异步操作最终的结果
})
.catch(function(err){
});
```

当数组中所有的 Promise 对象状态都变为 fulfilled 时，p 的状态才会变成 fulfilled，只要数组中有一个 Promise 对象状态变成了 rejected，p 的状态也会立刻变成 rejected。

包含着结果的 result 数组，其中返回值的顺序就是初始 Promise 数组的顺序，因为不同的 Promise 不大可能同时返回，all 方法在内部记录了返回 Promise 的结果，并按照顺序把它们放在数组中返回。

```
var array = [readFile_promise(__filename), setTimeout_promise(1000,"1000ms passed")];

Promise.all(array)
.then(function(onResolved){
    console.log(onResolved);
})
.catch(function(err){
    console.log(err);
});
// 读取一个文本文件的耗时通常不会超过 1000ms，因此输出如下
// [ 'I am data.txt', '1000ms passed' ]
```

2. race()

race 方法的调用格式与 all 方法相同，区别在于 race 方法返回的是 Promise 对象，它的状态和最终的结果由参数数组中状态最先改变的那个 Promise 决定。

```
var array = [readFile_promise(__filename),setTimeout_promise(1000,"1000ms passed")];

Promise.race(array)
.then(function(onResolved){
    console.log(onResolved);
})
.catch(function(err){
    console.log("Err catched");
});
// 读取一个文本文件的耗时通常不会超过 1000ms
// 因此输出的只有 readFile_promise()的结果
// <Buffer 76 61 72 20 73 65 74 54 69 6d 65 6f 75 74 5f 70 72 6f 6d 69 73 65 20 3d 20
// 72 65 71 75 69 72 65 28 27 75 74 69 6c 27 29 2e 70 72 6f 6d 69 73 69 66 79 ... 319
more bytes>
```

3. allSettled()

Node 从 v12.9.0 开始增加了对 API 的支持。allSettled 方法同样接受一个 Promise 对象数组作为参数，请注意比较它与 Promise.all()的区别。

Promise.all 方法可以获取所有的 Promise 对象的结果，但这仅限于数组中全部的 Promise 对象执行都成功的情况。如果其中一个 Promise 对象变成了 rejected，那么 p 的状态就会立刻改变。那些还没有发生状态变化的 Promise 对象，虽然还会继续执行，但其结果无法被 then_callback 获取。

```
var setTimeout_promise = require('util').promisify(setTimeout);
var readFile_promise = require('util').promisify(require('fs').readFile);

var filename = "Some file not exist";
// 第一个 Promise 对象试图读取一个不存在的文件
// 因此状态会立刻变成 rejected
var array = [readFile_promise(filename), setTimeout_promise(5000,"5000ms passed")];
```

```
Promise.all(array)
.then(function(onResolved){
    // 没有输出
    console.log(onResolved);
    // 如果两个 Promise 都执行成功
    // 此处的输出结果如下
    // <Buffer 76 61 72 ...
    // 5000ms passed
})
.catch(function(err){
    // 捕获错误信息
    console.log("Catched err");
});

// 输出
// Catched err
// 经过 5s 进程退出
```

在 Promise 数组运行时，即使其中一些异步调用的执行出现了错误，有时也希望获得包含 Promise 最终结果的集和，而不仅是一个错误消息。

这种情况下就需要用到 allSettled 方法，该方法的特点是，即使在执行过程中某个 Promise 对象状态变成了 rejected，也会将这个 rejected 作为结果集的一部分返回。

```
var filename = "Some file not exist";

var array = [readFile_promise(filename), setTimeout_promise(5000,"5000ms passed")];

Promise.allSettled(array)
.then(function(onResolved){
    console.log(onResolved);
})
.catch(function(err){
    // 即使回调出现了错误
    // 也不会使用 catch 方法处理
    console.log("catched",err);
});
// 输出
// 经过 5s
[
  {
    status: 'rejected',
    reason: [Error: ENOENT: no such file or directory, open 'C:\Users\likaiboy\OneDrive\
文档\Node.js 指南书\example\Some file not exist'] {
      errno: -4058,
      code: 'ENOENT',
      syscall: 'open',
      path: 'C:\\Users\\likaiboy\\OneDrive\\文档\\Node.js 指南书\\example\\Some file not
exist'
    }
  },
  { status: 'fulfilled', value: '5000ms passed' }
]
```

allSettled 方法同样返回一个 Promise，但比较特殊的是，这个 Promise 只有当数组中全部的 Promise 状态都变化后，其状态才会变成 fulfilled，在此之前的状态都是 pending。换句话说，allSettled 方法返回的 Promise 对象不会成为 rejected，这是它和 all 方法最大的区别。

当代码中出现非常多的异步任务，典型的场景是爬虫系统，大量的 URL 被加入列表中等待被爬取，每个 URL 对应的都是一个异步请求，要怎样规划代码？

最简单的方式就是直接发起大量的异步请求。

```
for(var index of array){
    var url = array[index];
    http.request(url,function(res){
        // ...
    });
}
```

从功能上看这段代码没有问题，但这样的做法存在问题，因为它不可控。一旦开始运行，大量的回调函数就被加入队列中，剩下的就是等它们全部返回。目前一共执行了多少任务、成功和失败的比例，在运行中都无法获得。

比较好的处理方式是分块，不要一次性发送全部的请求，而是按照数组的顺序进行分块，等到一个数据块的内容请求全部返回之后，再执行下一个数据块的请求。

如果使用回调函数，要实现这样的功能比较麻烦，需要使用额外的变量来判断是否所有的调用都已经结束。

比较好的做法是将 http.request 封装成一个 Promise，然后将请求分块。Promise.allsettled 方法可以确保每个块中 Promise 都已经完成再执行下一个数据块，all 方法事实上做不到这一点。

5.2.6　更多 API

如果读者有兴趣，可以去 Bluebird 的官方网站上查看其支持的 Promise API，Bluebird 支持丰富的 Promise 列表操作，除了之前介绍的 3 个之外，还有如 some、filfter 等都是很棒的功能，这里不再详细介绍。

可以预计，在将来的一段时间，Bluebird 中定义的一些 API 也会作为原生 Promise 的新特性加入，这也是为什么推荐在实际工程中使用 Bluebird 的原因。

5.3　async/await

async/await 关键字是 ES2017 标准的一部分，Node 从 7.6.0 版本（2017 年 02 月 21 日发布）开始支持 async/await 关键字，它们的作用是进一步简化 Promise 的执行。在它们之前还曾经有过 generator 函数这一解决方案，但现在已经不推荐大多数人使用。

5.3.1　背景

Promise 虽然解决了大部分异步回调的问题，但在一些细节的处理上还是不尽如人意，主要问题出现在 then 方法及其回调函数上。

将异步操作封装成一个 Promise 对象并返回，但真正要获取结果并做下一步操作时还需要通过 then_callback 获取，在有些时候显得烦琐。

假设一段代码中间的一部分使用了 Promise 对象，如下面的代码。如果希望按照 a、b、c 的顺序执行，那么只能把 then 方法之后的逻辑全部放到 then 方法的回调函数内部。

```
function func(){
    console.log('logic a');

    setTimeout_promise(1000)
    .then(function(){
        console.log('logic b');
```

```
    });

    console.log('logic c');
}
// 输出
logic a
logic c
// 1s
logic b
```

async/await 就是为了解决这个问题而产生的，它们是 Promise 的变形写法。针对上面的代码，使用 async/await 就可以达到按代码顺序执行的目的。

```
// 使用 async/await 改写代码
async function func(){
    console.log('logic a');
    await setTimeout_promise(1000)
    // 1s
    console.log('logic b');
    console.log('logic c');
}
```

5.3.2　async 函数

只需要在函数声明的最前面加上一个 async 关键字，这个函数就变成了一个 async 函数。

```
var func = async function(){};

async function func(){};

setTimeout(async ()=>{},1000);
```

async 函数在调用和执行上也和普通函数无异，唯一的区别在于 async 方法总是会返回一个 Promise 对象。

当代码中没有显式的 return 操作时，async 函数会默认返回一个空的 Promise 对象，其和 then 方法类似。如果调用 return 返回了一个普通值，那么默认会调用 Promise.resolve()来尝试将其转换成一个 Promise 对象。

```
var func = async function(){};
var result = func();
console.log(result instanceof Promise); // true
```

既然 async 函数返回了一个 Promise，那么表示它可以接着调用 then 方法和 catch 方法。

```
// 实际上很少遇到类似下面代码的用法，因为体现不出 async 函数的优势
// asyn 函数通常要和 await 操作符搭配
var readAsync = async function(){
    return readFile_promise(__filename);
};

readAsync()
.then((data)=>{
    console.log(data);
})
.catch((err)=>{
});
```

5.3.3　await 关键字

await 是一个 Promise 执行器，在一个 Promise 对象前增加 await 关键字会返回 Promise 对象的最

终结果（此处的最终结果指的是，在 then 方法的 resolve_callback 和 reject_callback 中获得的值），从而在形式上消除了 then 方法。

```
async function awaitTest(){
    console.log("begin read file");
    var result = await readFile_promise(__filename);
    console.log(result);

    console.log("begin timer");
    var result = await setTimeout_promise(1000);
    console.log("end");
}
awaitTest();
// 输出
begin read file
<Buffer 76 61 72 20 72 65 61 64 ...
begin timer
end

// 上面的代码和下面的代码是等价的
function awaitTest(){
   console.log("begin read file");
   readFile_promise(__filename)
   .then(function(data){
       console.log(data);
       console.log("begin timer");
       return setTimeout_promise(1000);

   })
   .then(function(data){
       console.log("end");
   });
}
```

await 关键字只能用在 async 方法内部，它后面是一个 Promise 对象。如果不是 Promise 对象，那么默认会调用 Promise.resolve()来将其转换成一个 Promise 对象。

从写法上看（注意仅仅是写法），获取异步调用的值终于变成了同步形式。需要注意的是，这种同步形式仅限于 async 函数内部，awaitTest 方法的返回结果仍然是一个 Promise 对象。

```
var result = awaitTest();
console.log(result); // Promise { <pending> }
```

如果开发者希望像普通函数那样直接获得返回值，那么还需要再次使用 await 关键字。如果 awaitTest 由更高层的函数调用，那么也要将高层函数声明为 async 函数。

```
async function another(){
   var result = await awaitTest();
   console.log(result);
}
```

下面将代码 4-1 改写成使用 async/await 的形式。可以看出，借助 async/await 的实现跟完全使用同步 API 的调用结构相同，同时也不会造成事件循环阻塞。

```
const fs = require('fs');
const fsPromises = fs.promises;

async function merge2dist(sourceDir){
   var sourceArr = await fsPromises.readdir(sourceDir);

   sourceArr.forEach(async function(item){
```

```
        var stat = await fsPromises.stat(sourceDir+"/"+item)
        if(stat.isFile() && item.split(".").pop() === "css" ){
            var content = await fsPromises.readFile(sourceDir+"/"+item)
        }
        await fsPromises.appendFile("./dist.css", content)
    });
}

// 使用
merge2dist("./css")
```

5.3.4　错误处理

async 方法会返回一个 Promise 对象，这意味着可以直接使用 catch 方法来捕获错误，还可以在方法内部使用 try/catch 来捕获错误。

```
awaitTest()
.catch(function(err){
    console.log(err);
});

// 在内部使用 try/catch 捕获错误
async function awaitTest(){
    try{
        var data = await readFile_promise('');
    }catch(e){
        console.log(e);
    }
    return data;
}
```

5.3.5　循环中的 async

async/await 的最大优势是省去了开发者思考如何组织代码的时间，把调用异步的写法变得像同步代码一样自然，在处理多个异步任务的时候更能体现出这种优势。有了 async/await 之后，可以方便地在循环中调用异步方法。

```
// 在异步调用结束之后，循环才会进入下一轮
// 在 async/await 出现之前很难做到
async function readFile(arr){
    for(let i = 0;i<arr.length;i++){
        var result = await readFile_promise(arr[i]);
        console.log(result);
    }
}
```

本书第 3 章介绍过 JavaScript/Node 中的遍历器，但不是所有的遍历器都能使用 async/await 达到顺序执行的目的。

```
var array = [4000,3000,2000,1000];
var setTimeout_promise = require('util').promisify(setTimeout);
array.forEach(async(item)=>{
    var data = await setTimeout_promise(item,item);
    console.log(data);
})
// 期望输出
4000
3000
2000
```

```
1000

// 真实输出
1000
2000
3000
4000
```

5.3.6 事件循环与 async

async/await 看起来很棒，但读者可能会产生疑问，既然 await 会等到异步过程返回后再进行下一步的处理，那么使用 await 会不会影响程序的性能？如下面的例子。

```
var response = await fetch(some url);
console.log(response.body);
```

如果 fetch 函数迟迟不能返回，会不会影响程序性能？或者更加深入一点，await 函数会阻塞事件循环的执行吗？

首先是会不会影响程序性能的问题。是的，当然会，请求一个地址长时间得不到返回，就像是玩网络游戏但是网络不畅一样，当然会影响程序的表现，但这和 Node 本身无关。

第二个问题答案是不会。前面已经提到了 await 函数是 Promise 的语法糖，而 Promise 也只是回调函数的变形写法，那么上面的代码其实相当于以下代码。

```
fetch().then((response)=>{
     console.log(response.body)
});
// 也等价于下面的回调函数
fetch(URL,(err, response)=>{
      console.log(response.body)
});
```

5.4 动手实现 Promise

为了更好地理解 Promise，现在来自己动手实现一个简单的 Promise 类。在开始实现之前，请读者确保已经掌握了以下知识点。

- this 和闭包。
- 高阶函数。
- 对象和继承。

5.4.1 从外到内

首先声明一个空的 myPromise 方法。

```
function myPromise(){
}
```

这个方法内部要做什么还没想好，但可以通过用例来反推应该怎么实现。

代码 5-4 用例 1——简单的 myPromise 调用

```
new myPromise(function(resolve,reject){
    resolve("I am data");
})
.then(function(data){
     console.log(data);
});
```

```
// 输出结果
I am data
```

从用例 1 中可以确认 myPromise 的如下几个特性。

- myPromise 应该能接受一个函数（handle）作为参数。
- myPromise 需要在内部调用 handle 函数。
- handle 函数接受两个函数作为参数。
- myPromise 需要在内部定义 then 方法。
- then 方法接收一个函数（为了简化，重点讨论 resolve_callback）作为参数，myPromise 要在内部调用它。

除此之外，myPromise 内部还需要标记 Promise 对象状态及存储 resolve()传递的数据等。下面来看最初版本的实现。

代码 5-5　myPromise v0.1——支持用例 1

```
function myPromise(handle){
    // 声明属性和状态
    this.status = "pending";
    this.resolvedData = '';
    this.rejectederr = '';

    // then 方法原本接受两个参数，但为了简化，重点介绍 resolve_callback，下同
    this.then = function(resolve_callback){
        resolve_callback(this.resolvedData);
    }
    // 执行 resolve(data)时将参数赋值给内部变量
    var resolve = (data)=>{
        this.resolvedData = data;
    }

    // 为了简化示例代码，省略了大部分 rejected 相关的逻辑
    var reject = (err)=>{
        this.rejectederr = err;
    }

    handle(resolve,reject);
}
// 将代码 5-4 和代码 5-5 一起运行
// 输出
I am data
```

代码 5-5 的核心思想是，在调用 resolve(data)时，把 data 赋给 myPromise 内部的 resolvedData 变量，然后在 resolve_callback 被调用时传入 resolvedData。

5.4.2　适应异步过程

代码 5-5 实现的 myPromise 仅能处理同步的情景，如果 resolve 方法放在一个异步回调的内部，则不能正常工作。

代码 5-6　用例 2——包含异步的 myPromise 调用

```
new myPromise(function(resolve,reject){
    setTimeout(function(){
        resolve("I am resolve data");
    },1000);
})
.then(function(data){
    console.log(data);
```

```
});
// 将代码 5-5 中和代码 5-6 一起运行
// 输出
undefined
```

原因是在代码5-6中,内部的handle函数开始执行setTimeout就返回了,随后调用resolve_callback时 resolveData 还没有被赋值，所以打印出了 undefined。

为了支持异步调用，需要在 then 方法定义中增加额外的动作来判断异步操作是否完成。

读者知道 Promise 对象有 pending、fulfilled、rejected 3 种状态，那么需在 then 方法执行时判断 myPromise 对象内部的 status 是否为 fulfilled。如果是，则继续执行 resolve_calllback；如果不是，就要延迟 resolve_callback 的执行直到 resolve 方法被调用。

要延迟 resolve_callback 的调用，只需要额外声明一个中间函数来保存 resolve_callback，并且在 resolve 函数中调用这个中间函数即可。这样就可以确保 resolve_callback 会在状态变化之后调用。

代码 5-7　myPromise v0.2——适应异步过程

```
function myPromise(handle){
    this.status = "pending";
    this.resolvedData;
    this.rejectederr;

    // 用于保存 then 方法的回调函数
    this.resolvedCallback;

    this.then = function(resolve_callback){
        // 判断内部状态
        if(this.status == "resolved"){
            resolve_callback(this.resolvedData);
        }else if(this.status == "pending"){
            this.resolvedCallback = resolve_callback;
        }
    }
    var resolve = (data)=>{
        this.resolvedData = data;
        if(this.resolvedCallback){
            this.resolvedCallback(this.resolvedData);
        }
        this.status = "resolved";
    }
    // 省略了 rejected 相关的处理逻辑
    var reject = (err)=>{
        this.rejectederr = err;
    }

    handle(resolve,reject);
}
// 将代码 5-7 和代码 5-6 一起运行
// 输出
// 暂停 1s
I am resolve data
```

5.4.3　实现链式调用

myPromise 已经初具雏形了，但 v0.2 并不能支持链式调用，因为 then 方法目前没有返回值。下面修改一下测试用例。

代码 5-8　用例 3——链式调用的 myPromise

```
new myPromise(function(resolve,reject){
    setTimeout(function(){
         resolve("I am resolve data");
    },1000);
})
.then(function(data){
     console.log(data);
     return "new value";
})
.then(function(data){
     console.log(data);
});
```

为了支持用例 3，需要对 then 方法的实现进行如下改动。

（1）then 方法需要返回一个 myPromise 对象。

（2）resolve_callback 的返回值需要被下一个 myPormise 对象的 resolve_callback 获取。

首先考虑 resolve_callback 返回一个普通值的情景，给 then 方法增加返回 myPromise 对象的部分。

```
// 为了便于区分，将 handle 的参数命名为 resolveNext 和 rejectNext
// 这种区别仅在于形参的名称
// resolveNext()和 resolve()在源码中依旧是同一个函数

return new myPromise(function(resolveNext,rejectNext){
});
```

想要把 resolve_callback 的返回值传递给下一个 resolve_callback，那么在 myPromise 内部，必然存在下面的结构。

```
// 获取 then_callback 的返回值，传递给下一个 myPromise 对象
var result = resolve_callback(this.resolveData);
resolveNext(result);

// 将上面的代码封装成一个方法
function fulfill(data){
     var value = resolve_callback(data);
     resolveNext(value);
}
```

再把之前 then 方法判断状态的逻辑复制到返回的 myPromise 对象内部。

代码 5-9　改造后的 then 方法

```
this.then = function(resolve_callback){
      // 使用箭头函数
      return new myPromise((resolveNext,rejectNext) =>{
           function fulfill(data){
                var value =resolve_callback(data);
                resolveNext(value);
           }
           // 下面的逻辑本来在外部
           // 但为了能够调用 fulfill 函数而移到了新返回的 myPromise 对象内部
           if(this.status == "resolved"){
                fulfill(this.resolvedData);
           }else if(this.status == "pending"){
                this.resolvedCallback = fulfill;
           }
      });
}
// 代码 5-8 和经过代码 5-9 改造的 myPromise 对象一起运行
```

```
// 打印出的结果为
// 经过1s
1s passed
I am resolve data
new value
```

值得注意的一个小技巧是第二行使用了箭头函数，在代码 5-9 中 this.resolvedData、this.resolved Callback、this.then 中的 this 均指向第一个 myPromise 对象，而不是在 then 方法中返回的新的 myPromise 对象。

5.4.4 连续异步操作

在代码 5-8 的用例中，resolve_callback 方法直接返回了一个常量。

```
.then(function(data){
      console.log(data);
      // 直接返回了一个字符串
      return "new value";
});
```

经过代码 5-9 改造后的 then 方法可以处理这种简单场景,但实践中经常会遇到连续异步的情景。

代码 5-10 myPromise 用例 4——连续的异步场景

```
new myPromise(function(resolve,reject){
     setTimeout(function(){
          resolve("I am resolve data");
     },1000);
})
.then(function(data){
     console.log(data);
     return new myPromise(function(resolve,reject){
          setTimeout(function(){
               resolve("I am resolve data");
          },1000);
     })
})
.then(function(data){
     console.log(data);
});
```

如果 resolve_callback 方法没有返回一个常量，而是一个新的包含异步操作的 Promise 对象，在代码 5-9 中封装的 fulfill 方法就不能满足需要了。

```
function fulfill(data){
     // 如果 callback 方法返回了一个 Promise 对象
     // 就不能直接调用 resolveNext(value)
     // 因为 resolve()的参数只能是常量

     var value = resolve_callback(data);
     resolveNext(value);
}
```

因此，要对 value 的类型进行判断，如果 value 是 myPromise 的实例，那么就只能等 value 的状态变成 fulfilled 之后再调用 resolveNext 方法。

如何确保调用 resolveNext 时 value 的状态是 fulfilled 呢？稍微思考一下就能明白，只要把 resolveNext 作为参数传递给 value（此时的 value 是 myPromise 的实例）的 then 方法就好了。

```
// 改造后的 fulfilled 方法

function fulfill(data){
```

```
    // resolve_callback 方法返回了一个 Promise 对象
    var value = resolve_callback(data);
    if(value instanceof myPromise){
        value.then(resolveNext)
    }else{
        resolveNext(value);
    }
}
```

代码 5-11　迄今为止的 myPromise 实现

```
function myPromise(handle){
    this.status = "pending";
    this.resolvedData;
    this.rejectederr;

    this.resolvedCallback;

    this.then = function(resolve_callback){
        return new myPromise((resolveNext,rejectNext) =>{
            function fulfill(data){
                var value = resolve_callback(data);
                if(value instanceof myPromise){
                    value.then(resolveNext);
                }else{
                    resolveNext(value);
                }
            }

            if(this.status == "resolved"){
                fulfill(this.resolvedData);
            }else if(this.status == "pending"){
                this.resolvedCallback = fulfill;
            }
        });
    }

    var resolve = (data)=>{
        this.resolvedData = data;
        if(this.resolvedCallback){
            this.resolvedCallback(this.resolvedData);
        }
        this.status = "resolved";
    }

    var reject = (err)=>{
        this.rejectederr = err;
    }

    handle(resolve,reject);
}
```

代码 5-12　完整的测试用例

```
new myPromise(function(resolve,reject){
    setTimeout(function(){
        resolve("1s passed");
    },1000);
})
.then(function(data){
```

```
        console.log(data);
        return new myPromise(function(resolve,reject){
            setTimeout(function(){
                resolve("10s passed");
            },1000);
        })

    })
    .then(function(data){
        console.log(data);
    });
```

目前的代码还远远称不上完美,因为之前的代码中只考虑了 Promise 对象状态变为 fulfilled 的情景而忽略了状态变成 rejected 的情况，但处理的逻辑是相同的，因此不再介绍，而是交给读者完成。

小　　结

本章的主题是如何编写和组织异步代码，其中的重点是解决回调函数的嵌套，从功能上讲嵌套的回调函数没有任何问题，但从工程上看嵌套的层数过多会增加代码的复杂度。

本章首先介绍了 Promise 的解决方案，使用 Promise 封装的回调函数可以通过 then 方法在外部获得回调函数的结果。随后为了简化 then 方法的执行，又介绍了 async/await 方法，从形式上消除了回调函数。

思考与问题

- 尝试 Bluebird 所有的 API 并思考对应的应用场景。
- 使用 class 改造 5.4 节的 myPromise 实现，增加 rejected 处理逻辑。
- 代码 5-3 有什么缺点？试着改造它使其变得更通用。
- 为什么在 forEach 方法中使用 async/await 无法达到顺序执行的目的？

第 6 章 Web 应用

在介绍了语法知识和核心模块之后，下面就要开始探索 Web 的世界了， 本章的主要内容是如何应用 Node 来实现 Web 服务。

在本章中多处使用的工具是 curl，它是一个运行在控制台中的 HTTP 客户端工具，用命令发起 HTTP 请求并得到结果。这里不会对其进行很详细的介绍，下面的例子仅包含最简单的使用。

```
// 发起 GET 请求，如 curl http://localhost:8080
$ curl url

// 发起简单的 POST 请求
$ curl url -X POST -d "title=comewords&content=articleContent"

// JSON 格式的 POST
$ curl url -X POST -H "Content-Type:application/JSON" -d '"title":"Node book"'
```

Node 中一共有 4 个和 Web 服务有关的模块。

- HTTP。
- HTTP/2。
- HTTPS。
- Net。

本章的主要篇幅放在 HTTP 模块上，同时在章节的末尾部分会稍微介绍 HTTPS 和 HTTP/2 的内容。此外，本章会频繁提到的“返回”，如果不是特别指明，均指 Web 服务器向客户端发送响应数据，而不是通常意义上的函数返回。

6.1 Web 服务器

Web 服务器，或者被称为 Web 容器、Web 程序，是一种提供网络服务的程序。如果读者接触过 PHP，那么就一定知道 Apache；如果读者了解 Java，那么应该知道 Tomcat 或者 Jetty。它们都是 Web 服务器。

和本地计算机通过总线传输的 I/O 不同，Web 程序的输入/输出（或者称为请求/响应）通过网络来完成，消息编码的格式通常是 XML 或者 JSON。

如果把前面几章编写的脚本放到一台 Web 服务器上并且可以通过网络来调用它，那么这个脚本就变成了一个 Web 程序。但迄今为止出现的代码，只能在本机的控制台中运行，没有通过网络调用和返回的能力。

运行着 Web 服务器的计算机只要提供 IP 地址和端口号，那么世界上的任何一台计算机都可以通过互联网来和 Web 服务器进行通信（前提是接入互联网）。这是一种一对多的通信模型，提供服务的计算机被称为服务器，访问服务器的计算机或者应用程序（如浏览器）被称为客户端。

本章的主要内容是基于 HTTP 的 Web 服务器，如果读者想了解更多关于网络和 Web 服务器的基础内容，可以阅读附录 B。

6.1.1 使用 HTTP 模块

Node 原生的 HTTP 模块封装了 HTTP 通信相关的 API，可以自由地控制网络通信中的每个细节。尽管很多 API 设计偏向底层，但仍然能用少量的代码编写出功能丰富的 Web 应用程序。

代码 6-1 简单的 HTTP 服务器

```
Const http = require("http");
var server = http.createServer(function(request,response){
    console.log("Welcome home!");
    // 设置响应头部，读者可以尝试删除这行代码，比较结果的差别
    response.writeHead(200, { 'Content-Type': 'text/plain' });
    response.end("Welcome home!");
});
// 设置监听的端口号
server.listen(8080,()=>{
   console.log("Listening on 8080");
});

// 运行
$ node server.js
// 输出
Listening on 8080
// 在使用 curl 或者浏览器访问后打印出 "Welcome home!"，如图 6-1 所示
```

```
Windows PowerShell
PS C:\Users\likaiboy> curl http://localhost:8080


StatusCode        : 200
StatusDescription : OK
Content           : Welcome home!
RawContent        : HTTP/1.1 200 OK
                    Connection: keep-alive
                    Transfer-Encoding: chunked
                    Content-Type: text/plain
                    Date: Sat, 14 Mar 2020 02:04:06 GMT

                    Welcome home!
Forms             : {}
Headers           : {[Connection, keep-alive], [Transfer-Encoding, chunked], [Content-Type
                    , text/plain], [Date, Sat, 14 Mar 2020 02:04:06 GMT]}
Images            : {}
InputFields       : {}
Links             : {}
ParsedHtml        : mshtml.HTMLDocumentClass
RawContentLength  : 13
```

图 6-1 使用 curl 访问服务器

或者在浏览器中访问 http://localhost:8080 也可以直接在页面上看到"Welcome home!"，如图 6-2 所示。

如果在运行时出现了类似下面的错误。

```
events.js:177
      throw er; // Unhandled 'error' event
      ^
Error:listen EADDRINUSE: address already in use :::8080
```

这通常是由于另一个进程（也有可能是未关闭的 Node 进程）已经占用了 8080 端口，可以换个端口或者关闭正在使用 8080 端口的进程。

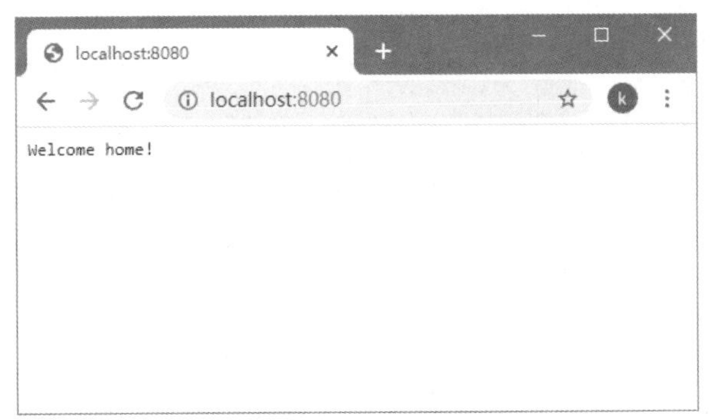

图 6-2　在浏览器中访问服务器

代码 6-1 首先调用 createServer 方法新建了一个 Web 服务器，该方法返回一个 server 对象，然后调用其 listen 方法监听 8080 端口，这样就启动了一个简单的 Web 服务器。

服务器的地址为 localhost，代表本地计算机。如果读者知道本地计算机在局域网中的 IP 地址，如 192.168.1.10，那么也可以在局域网内的任意一台计算机上通过 http://192.168.1.10:8080 来访问 Web 服务器。

代码 6-1 中定义了两个输出，一个是 console.log 方法，向运行 Node 进程的控制台输出；另一个是 response.end 方法，该方法通过 HTTP 向客户端，即 curl 工具或者浏览器输出。

createserver()是一个高阶函数，它接受一个函数作为参数，以下将其称为 requestListener，它又接受两个对象作为参数。

```
// requestListener 方法
function(request,response){
     // XXXX
}
```

其中的 request 和 response 分别代表了客户端 request（http.IncomingMessage）和对应的服务器 response（http. serverResponse）对象。Node Web 服务器，或者说所有 Web 服务器的核心，就是针对这两个对象进行操作。createServer 方法在源代码中的定义如下所示。

```
// 仅保留核心逻辑
exports.createServer = function (requestListener, options) {
    var server = new node.http.Server();

    // 当 server 对象触发 request 事件时
    // 调用 requestListener 并传入 request 和 response 对象
    server.addListener("request", requestListener);
    server.addListener("connection", connectionListener);
    return server;
};
```

6.1.2　server/request/response

代码 6-1 一共涉及 3 个对象，server、request 和 response，它们分别是 http.Server、http.InComingMessage 及 http.ServerResponse 类的实例。每个类的主要作用如下所示。

- http.Server：关注服务器本身，包括连接、状态、端口监听等。
- http.IncomingMessage：可读流，代表了 HTTP 请求，即 request 的抽象。
- http. ServerResponse：可写流，服务器对请求的响应，即 response 的抽象。

1. http.Server

在 http.Server 类上定义的事件和方法如表 6-1 所示。

表 6-1　http.Server 类上定义的事件属性和方法

事件、属性和方法	含义
Event: 'timeout'	当一个连接超时时，被触发
Event: 'checkContinue'	当收到 Expect: 100-continue 的 header 时触发
Event: 'checkExpectation'	当收到客户端的 expect 消息（100-continue 除外）时触发
Event: 'clientError'	当客户端出现错误时触发
Event: 'close'	服务器关闭时触发
Event: 'connect'	当客户端请求 connect 方法时触发
Event: 'connection'	当有新连接时触发
Event: 'request'	当收到客户端请求时触发
Event: 'upgrade'	升级协议，如升级到 WebSocket
server.close([callback])	停止接收新连接，当所有已连接的 socket 处理完之后关闭服务器
server.listen()	监听某个端口
server.listening	判断是否在监听
server.maxHeadersCount	最大 header 字段数量
server.headersTimeout	接收 header 的最长时间
server.setTimeout([msecs][, callback])	手动设置超时时间和回调函数
server.timeout	超过这个时间没有收到新消息，则认为客户端超时
server.keepAliveTimeout	keep-alive 连接的最长无响应等待时间

下面的代码展示了服务器接收客户端请求过程中触发的事件。

```
// 监听 connection 和 request 事件
const http=require("http");
var server=http.createServer(function(request,response){
    response.end("Welcome home!");
})

server.listen(8080);

// connection 事件被触发
// 表明客户端和服务器已经通过 TCP 握手建立起了连接
server.on('connection',()=>{
    console.log("connected");
});

server.on('request',()=>{
    console.log("on request");
});

// 使用 curl http://localhost:8080
// 输出
// connected
// on request
```

如果没有用 curl 而是直接在浏览器中访问 http://localhost:8080 会发现控制台打印出两次“on request”，这是因为浏览器默认会请求 favicon.ico。

2. Incomingessage

Incomingessage 对象上定义的事件和方法如表 6-2 所示。

表 6-2　Incomingessage 对象上定义的事件和方法

事件、属性和方法	含义
Event: 'aborted'	当请求被中止时触发
Event: 'close'	当底层连接关闭时触发
message.aborted	判断一个请求是否被丢弃
message.complete	判断一个请求是否完成
message.destroy([error])	销毁底层的 socket 连接
message.headers	请求头部
message.httpVersion	HTTP 版本号
message.method	请求方法，如 GET、POST
message.rawHeaders	原始头部
message.rawTrailers	原始挂载消息
message.setTimeout(msecs, callback)	设置超时处理逻辑
message.socket	原始的 socket 对象
message.statusCode	状态码
message.statusMessage	状态消息
message.trailers	经过处理的挂载消息
message.url	原始 url 字符串

以下内容均使用 request 来表示 Incomingessage 类的实例，该对象中有一些属性比较相似，如 request.rawHeader 和 request.headers，下面的代码展示了它们的区别。

```
// 在服务器中增加代码
// 然后在控制台运行 curl http://localhost:8080
console.log(request.rawHeaders);

// 输出
// [
//     'Host',
//     'localhost:8080',
//     'User-Agent',
//     'curl/7.54.0',
//     'Accept',
//     '*/*'
// ]

console.log(request.headers);
// 输出
// { host: 'localhost:8080', 'user-agent': 'curl/7.54.0', accept: '*/*' }
```

request.rawheaders 是没有经过进一步处理的字符串数组；request.headers 则是经过转换后的 JSON 对象，更容易被代码处理。

在第 3 章介绍可读流的时候，从一个可读流中获得数据需要监听 data 事件并进行字符串的拼接，Incomingessage 类对请求头部的数据做了封装，使得其可以直接通过属性的方式获取。

3. serverResponse

http.serverResponse 对象上定义的事件和方法如表 6-3 所示。

表 6-3 http.serverResponse 对象上定义的事件和方法

事件和方法	含义
Event: 'close'	如果在调用 end 方法前连接被关闭，则触发该事件
Event: 'finish'	发送响应消息后触发
response.addTrailers(headers)	追加响应头
response.connection	底层的 socket 对象
response.end([data][, encoding][, callback])	向客户端发送消息，然后终止响应
response.finished	布尔值，响应是否结束
response.getHeader(name)	获取已设置的响应头
response.getHeaderNames()	获取已设置的响应头列表（键值）
response.getHeaders()	获取已设置的 header 表（完整内容）
response.hasHeader(name)	判断是否设置了 header
response.headersSent	布尔值，判断是否已经发送了 header
response.removeHeader(name)	移除已经设置的 header
response.sendDate	布尔值，是否在 header 中增加 Date
response.setHeader(name, value)	设置 header
response.setTimeout(msecs[, callback])	设置 socket 超时时间
response.socket	底层的 socket 对象
response.statusCode	设置状态码
response.statusMessage	设置状态消息
response.write(chunk[, encoding][, callback])	写入响应消息
response.writeContinue()	发送 HTTP/1.1 100 Continue
response.writeHead(statusCode[, statusMessage][, headers])	向客户端发送响应头
response.writeProcessing()	发送 HTTP/1.1 102 Processing

下面的内容均以 response 指代 serverResponse 类的实例，response 对象涵盖了服务器向客户端响应的属性和方法，包括发送响应头、状态码、消息主体等。

response.setHead 方法将设置的响应头暂存在内部的数组中，并且可以用一些方法获取和修改它们，如 removeHeader 和 getHeader 等，当调用 response.writehead 方法时，响应头会一起发送到客户端。

```
var server = http.createServer(function(request,response){
    response.setHeader('Cache-Control','no-cache')
    response.writeHead(200, { 'Content-Type': 'application/json' });
    response.end("Welcome home!");
});
server.listen(8080);

// 使用 curl 测试
$ curl -i localhost:8080

// 输出
```

```
HTTP/1.1 200 OK
Cache-Control: no-cache
Content-Type: application/json
// 忽略一些默认的 header

Welcome home!
```

response.end 方法用于最终结束一个响应，对于每个客户端发来的请求，服务器都要调用 end 方法，否则客户端就会因为得不到响应而陷入等待。

```
var server = http.createServer(function(request,response){
    response.writeHead(200, { 'Content-Type': 'application/json' });
    // 没有调用 end 方法
});
sever.listen(8080);

// 使用 curl 测试
$ curl localhost:8080
// 等不到返回消息
```

6.1.3　处理 HTTP 请求

前面的章节已经介绍了 request 和 response 对象的事件和属性，下面就以实际场景为例来学习它们的使用，这里先介绍一下路由的概念。

1. 认识路由

一个 HTTP URL 的结构如图 6-3 所示。

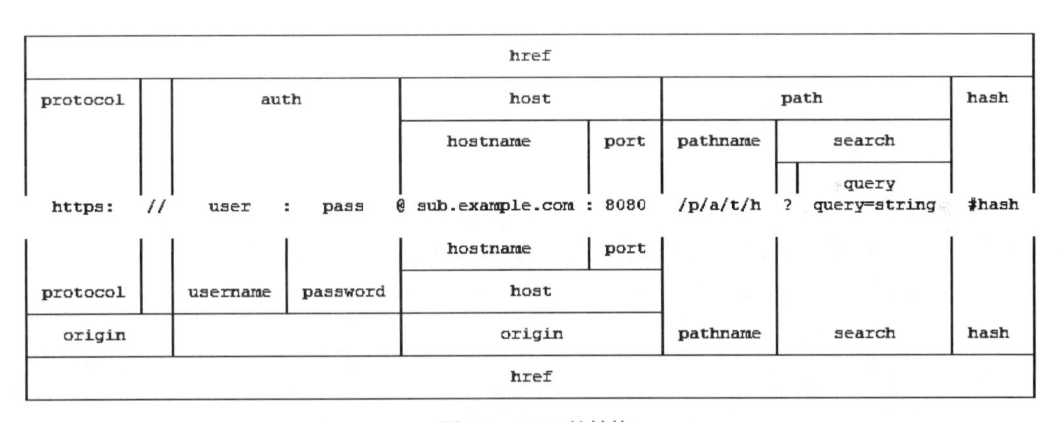

图 6-3　URL 的结构

通过 request 对象获得的 request.url 指的是图 6-3 中 path 及其之后的部分。原因很简单，因为对于一个正在运行 Web 服务器，path 之前部分，如主机名和端口号等是确定的。

真实的 URL 和通过 request.url 获取的 URL 如表 6-4 所示。

表 6-4　真实的 URL 和通过 request.url 获取的 URL

在浏览器中访问的 URL	request.url
http://localhost:8080	/，称为根路由
localhost:8080/login	/login
localhost:8080/login?name=lear	/login?name=lear

request.url 对应的字符串称为路由，Web 服务器需要对不同的路由加以区分并返回对应的内容。代码 6-1 对于不同的路由返回了相同的字符串，接下来根据不同的路由来返回一些别的内容。

```
var server = http.createServer(function(request,response){
     // 当访问根路由时返回了一个欢迎字符串
     if(request.url =="/"){
          response.end("Welcome home!");
     }else{
          // 访问其他路由时，返回用户当前正在访问的 URL
          response.end ("You are requesting " + request.url)
     }
});

// 测试
$ curl locahost:8080
// 返回
Welcome home!

$ curl localhost:8080/login
// 返回
You are requesting login
```

Web 服务器处理路由的主要方法就是使用 if/else 进行判断，然后做对应的处理。

如果把路由按照请求方法分，那么可以分为 GET、PUT、POST、DELETE 4 类，本章只介绍最常用的 GET 和 POST。即使是同一个路由，也可能会以 GET 或者 POST 的方式请求，在代码中还要进一步判断。

```
if(request.url == "/"){
      // 使用 request.method 判断请求方法
      if(request.method == "GET"){
           // XXXX
      }else if(request.method == "POST"){
           // XXXX
      }
}
```

2. **处理 GET**

GET 请求用于向服务器请求资源，本章到目前为止处理的路由全部都是 GET 请求。

```
// GET 请求路由示例
/data

// 带有参数的路由
/data?name=lear&age=10
```

要处理 GET 请求，除了要判断路由之外，还需要对参数部分进行解析。这本质上是一个字符串解析问题，可以自己写一个简单函数来处理。

```
// 下段代码仅做演示用途，不要把它用在生产环境
function parse(url){
     var arr = url.split('?'); // 将 url 分成两部分
     var urlObj = {
          pathname: arr[0]
     };
     // 参数部分放在 query 对象中
     urlObj.query = {};
     var parmArr = arr[1].split('&');
     parmArr.map( (item) => {
          var propArr = item.split('=');
          urlObj.query[propArr[0]] = propArr[1];
     });
     return urlObj;
```

```
}

// 测试
parse("/data?name=lear&age=10");
// 返回
{ pathname: '/data', query: { name: 'lear', age: '10' } }
```

自己手写解析方法很容易漏掉一些特殊输入或者转义字符，Node 提供了原生的 URL 模块用来解决这类问题。

```
var url = require("url")
// url.parse 方法可以用来解析一个 url 字符串
var query = url.parse(request.url,true);
console.log(query);
// 输出
Url {
  protocol: null,
  slashes: null,
  auth: null,
  host: null,
  port: null,
  hostname: null,
  hash: null,
  search: '?name=lear&age=10',
  query: [Object: null prototype] { name: 'lear', age: '10' },
  pathname: '/data',
  path: '/data?name=lear&age=10',
  href: '/data?name=lear&age=10'
}

// 使用 url.parse()处理 GET 请求参数
var server = http.createServer(function(request,response){
    if(request.method == "GET"){
        var urlObj = url.parse(request.url,true);
        if(urlObj.pathname == '/data'){
            console.log(urlObj.query)
            response.end("Welcome home!");
        }
    }
});
```

3. 返回 HTML

目前为止的服务器还只能返回简单的字符串，假设现在有一个名为 index.html 的文件，如下所示。

```
<!DOCTYPE html>
<html>
    <body>
        <h1>My First Heading</h1>
        <p>My first paragraph.</p>
    </body>
</html>
```

如果希望在浏览器请求 localhost:8080/index.html 时能够渲染出正确的页面，只要将 index.html 文件的内容作为 response.end()的输入即可。

```
var htmlStr = fs.readFileSync(path.resolve(__dirname,urlObj.pathname));
response.end(htmlStr);
// 使用 stream API 也可以实现相同功能
// 由于 response 对象是一个可写流，可以使用 pipe 方法
fs.createReadStream(path.resolve(__dirname,urlObj.pathname)).pipe(response);
```

由于 URL 模块解析出的 pathname 是一个相对路径形式的字符串，如"/index.html"。代码需要使用 path.resolve 方法将其转换成绝对路径，否则 fs.createReadStream('/index.html')就相当于读取系统根目录下的 index.html。

4. 处理 POST

在 HTML 中，POST 请求有如下 4 种编码方式。

- application/x-www-form-urlencoded：默认方式。
- multipart/form-data：上传文件的编码方式。
- text/plain：纯文本。
- application/JSON 使用 Ajax 方式提交表单的编码方式。

Node 实现的 Web 服务想要处理 POST 请求，请求头部分可以直接通过 request.headers 获取，但 body 数据流的处理需要开发者自行实现，否则就会被 Node 程序丢弃。

具体的处理方式如第 4 章的介绍，监听 request 对象的 data 和 end 事件，并且在服务端做拼接处理。为了便于说明，首先构建 HTML 部分，如图 6-4 所示。

```
// 构建了两个表单，分别对应普通的表单以及文件上传
<!DOCTYPE html>
<html>
    <head></head>
    <body>
        <form action="/postform" method="POST">
            <input type="text" name="username" />
            <input type="submit" value="submit" />
        </form>

        <form action="/postfile" method="POST" enctype="multipart/form-data">
            <input type="file" name="file" />
            <input type="submit" value="submit" />
        </form>

    </body>
</html>
```

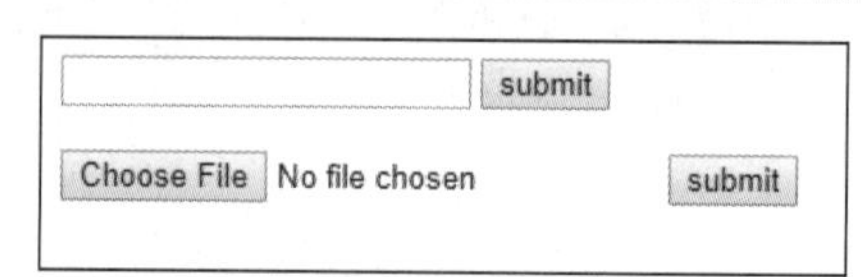

图 6-4 使用 HTML 构建两个简单表单

（1）处理普通表单

首先是编码 application/x-www-form-urlencoded 的普通表单，根据第 4 章的内容，可以写出下面的处理代码。

代码 6-2 简单表单的处理程序

```
if (request.method == "POST"){
    // 声明一个数组来保存中间结果
    var body = [];
    // 将二进制数据存入数组
    request.on('data',(chunk)=>{
        body.push(chunk);
    });

    // 将二进制数组转换成字符串
```

```
            request.on('end',()=>{
                console.log(Buffer.concat(body).toString());
            });
    }

// 当表单提交时，服务器会在后台打印出解析成功的字符串
username=lear
```

另外，关于处理 POST 数据流，读者可能看到过如下的代码。

```
// 没有使用数组，而是使用“+=”的方式来拼接二进制数据
if(request.method == "POST"){
            var body = '';
            request.on('data',(chunk)=>{
                body+=chunk;
            });
            request.on('end',()=>{
                console.log(body.toString());
            });
}
```

不要使用“+=”来处理 buffer，虽然在 end 事件触发后才调用 toString 方法，但+=中间会产生一个隐式的类型转换。

```
// 等价于 body+=chunk.toString()
body+=chunk;
```

toString 方法默认使用 utf-8 编码，每次 data 事件触发后获取的 buffer 都只是完整数据的一部分，如果提前进行转换，有可能出现乱码。

（2）处理文件表单

能够处理简单的文本表单之后，下一步是给服务器增加处理文件表单的功能。下面用一个简单的 data.txt 文件作为例子。

```
// 构建文本文件
$ echo "I am file content" > data.txt

// 使用文件表单上传 data.txt，并且使用代码 6-2 处理之后，打印出的数据如下

------WebKitFormBoundaryZoFqdaHJfWxuGBJO
Content-Disposition: form-data; name="upload"; filename="data.txt"
Content-Type: text/plain

I am file content
------WebKitFormBoundaryZoFqdaHJfWxuGBJO--
```

最终得到的 buffer 数据需要进行分割来获得真正的文本数据。

代码 6-3　处理文件表单的代码

```
request.on('end',()=>{
            body = Buffer.concat(body);
            var breakers=[];
            // 根据\r\n 分离数据和报头
            for (var i = 0; i < body.length; i++) {
                // 10 代表\n , 13 代表\r, Windows 下的行分隔符是\r\n
                if (body[i]==13 && body[i+1] == 10) {
                    breakers.push(i)
                }
            }
            var fileInfo = body.slice(breakers[0]+2,breakers[1]).toString();
            // 获取文件信息
            console.log(fileInfo);
```

```
            // 从文本信息中获取文件名
            var filename = fileInfo.match(/filename=".*"/g)[0].split('"')[1];
            // 获取文件内容
            var fileContent = body.slice(breakers[3]+2,breakers[breakers.length-2]);

            // 将文件存储到本地
            fs.writeFile(filename,fileContent,function(err){
                if (err) {
                    throw err;
                }else{
                    console.log(filename+" uploaded");
                }
            });
    });
```

在实际的项目开发中通常不会自己写代码来解析文件数据，而是使用一些第三方模块来完成工作。formidable 是社区最常见的用于处理表单的第三方模块，接下来简单介绍该模块的使用。

```
// formidable 可以同时处理普通表单和文件上传
// 引入模块
var formidable = require("formidable");

// 使用
// 当客户端上传文件时，formidable 会自动解析并将其保存在指定路径下
if(request.method == "POST"){
    var form  = new formidable.IncomingForm();
    form.keepExtensions = true;
    form.uploadDir = __dirname;

    form.parse(request,(err,fields,files)=>{
        console.log(fields); // 表单参数
        console.log(files); // 文件对象
    });
}
```

formidable 还有很多其他的功能，如文件大小限制、多文件上传等。读者可以自行探索，这里不再介绍。

6.1.4 模板引擎与页面渲染

在 SSH 框架和 ASP.NET 及更早的时代，服务端不仅要处理业务逻辑，还要负责渲染前端页面。到目前为止，前端页面有两种渲染方式。

（1）服务器渲染，服务器返回完整的 HTML 字符串，前端只负责展示。

（2）客户端渲染，借助前端框架，服务端只返回 JSON 字符串，HTML 由前端动态生成。

本小节主要介绍借助模板引擎的服务端渲染。

1. 模板引擎

模板引擎是一个字符串处理程序，它可以接收数据来生成特定的字符串。读者可能或多或少的听说或者使用过 JSP，它曾经是 Java Web 开发中最常用的模板引擎，特点是可以在其中嵌入 Java 代码。

```
<! -- JSP 文件示例 -->

<html>
   <head>
        <title>I am JSP</title>
   </head>
```

```
    <body>
        <%
                out.println("Hello World! ");
        %>
    </body>
</html>
```

之所以称为“模板”是因为 JSP 文件的大部分内容是固定的，但可以传入动态的数据来生成不同的 HTML 内容。在上面的例子中，<% %>之间可以插入 Java 代码来生成不同的内容。

目前以 Spring 为代表的 Java Web 开发中已经很少使用 JSP，如 Spring Boot 默认的模板引擎是 Thymeleaf。尽管编写的方式不同，但核心思想不变。

```
<!-- Thymeleaf 文件示例 -->
<!-- th:text 表示该标签的内容由 Thymeleaf 生成 -->
<html>
    <head>
        <meta charset="UTF-8" />
        <title>Thymeleaf3 + Servlet3 示例</title>
    </head>
    <body>
        <h1>Thymeleaf 3 + Servlet 3 示例</h1>
        <p>
            Hello <span th:text="${recipient}"></span>!
        </p>
    </body>
</html>
```

2. 在 Node 中使用模板引擎

Node 有很多流行的模板引擎，如 EJS、Jade、Mustache 等，在使用和语法上各有特点，但本质上大同小异，这里主要介绍 EJS。

EJS 的使用并不依赖于 Web 服务器，使用 npm 安装并引入后，在当前目录下新建一个名为 index.ejs 的文件，.ejs 是 EJS 默认的后缀名，但并不强制。

```
<!-- index.ejs 示例 -->
<!DOCTYPE html>
<html>
    <head></head>
    <body>
        <p> <%= helloFromEjs %> </p>
    </body>
</html>
```

EJS 使用 <%= %>来包裹需要动态生成的部分，下面写一段测试程序。

```
const ejs = require('ejs');
const fs = require('fs');
// 读取模板文件的内容
var htmlContent = fs.readFileSync(__dirname + '/index.ejs', 'utf8');
// 渲染 HTML 字符串
var htmlRendered = ejs.render(htmlContent, {helloFromEjs: 'Hello World!'});

console.log(htmlRendered);
// 输出
<!DOCTYPE html>
<html>
    <head></head>
    <body>
        <p> Hello World! </p>
```

```
    </body>
</html>
```

index.ejs 模板中的<%= helloFromEjs %> 被替换成了传入的字符串，如果最终的 HTML 字符串作为参数传入 response.end()，就实现了模板引擎渲染页面的功能。除了直接使用变量之外，EJS 还支持在模板文件中嵌入 JavaScript 代码。

```
<html>
    <head></head>
    <body>
        Here are some fruits:
        <% for(var i = 0; i < fruits.length; ++i) {%>
            <%=fruits[i]%>
        <% } %>
    </body>
</html>
```

EJS 支持多种形式的占位符，常用有以下 3 种。

- <%：用来插入 JavaScript 代码。
- <%=：输出其中变量的值（默认对特殊字符转义），如果内部使用的变量（如上面的 fruits）没有传入，就会报错。
- <%-：和<%=功能基本相同，不会对特殊字符转义，当渲染的字符串本身是 HTML 时很有用。

```
// 测试转义
ejs.render(htmlContent, { tag:"<p>I am lear</p>"});
// 输出
<p>I am lear</p>

// 如果在 EJS 模板中不使用<%- 而是使用<%=的话
// 输出如下
&lt;p&gt;I am lear&lt;/p&gt;
```

3. 自制模板引擎

上面的内容介绍了模板引擎的使用和原理，即通过函数调用来生成对应的字符串。下面开始自己动手制作一个模板引擎，模板引擎的名字暂定为 mt（my template 的缩写），mt 使用 {{}} 作为占位符，它本质上是一个使用正则表达式的字符串处理函数。

（1）变量替换

主要是将对应占位符的变量替换成相应的值，mt 的调用方式和 EJS 相同。

```
var source = "<p>{{name}}</p>";
var mt ={};
var regex = /\{\{[ a-zA-Z][ a-zA-Z0-9]*\}\}/g;

mt.render = function(content,valueObj){
        content = content.replace(regex,function(item){
            // 获得占位符内部的表达式
            var value = valueObj[item.substring(2,item.length-2)];
            if(!value) throw new Error("no such variable in template");
            return value;
        });
        return content;
}

// 测试
mt.render(source,{name:"lear"});
// 返回
<p>lear</p>
```

（2）属性调用

想要支持类似于 person.name 形式的调用，需要对正则表达式进一步处理，修改后的代码如下。

```
var mt ={};
var regex = /\{\{(([a-zA-Z][a-zA-Z0-9]*\.)?[a-zA-Z][a-zA-Z0-9]*)\}\}/;

mt.render = function(content,valueObj){
    content = content.replace(regex,function(item){
        var properties = item.substring(2,item.length-2).split(".");
        var result = valueObj;
        properties.map(function(key){
            if(result[key] == undefined) throw new Error("no such variable in template");
            result = result[key];
        });
        return result;
    });
    return content;
}
// 测试代码
var source = "<p>{{person.name}}</p>";
var source2 = "<p>{{name}}</p>";

var obj = {
        person:{
        name:"lear"
        }
};

var result = mt.render(source,obj);
// 返回
<p>lear</p>
var result2 = mt.render(source2,{name:"lear"});
// 返回
<p>lear</p>
```

模板引擎剩下的工作还很多，如支持控制结构和一些操作符等，这里不再详细介绍。

6.1.5 数据库的交互

经过前面的介绍，已经了解了处理请求、返回响应、页面渲染三部分的内容。大型的 Web 站点通常都使用数据库，和数据库的交互也是 Web 站点最重要的核心功能之一。

Node 没有类似于 JDBC 的统一的数据库编程接口，Node 程序和数据库之间的交互模块大都是由社区提供并实现的，对于市面上所有常用的数据库产品，通常都可以找到多个 npm 模块与之交互。关于数据库环境的安装和配置，本书统一使用 Docker 实现，详情可以参考附录 D。

1. MySQL

Node 有众多第三方模块用来连接和操作 MySQL 数据库，这里选择 mysql 模块（模块的名字就叫 mysql）。

```
var mysql = require('mysql');
// 配置数据库地址，用户名和密码属性
var connection = mysql.createConnection({
  host     : 'localhost',
  user     : 'root',
  password : '20200202',
  database : 'employees'
});
```

```
connection.connect();

// 执行SQL语句
connection.query('select * from departments ', function (error, results, fields) {
  if (error) throw error;
  console.log('The solution is: ', results);
  console.log('The solution is: ', fields);
});
// 关闭连接以避免内存泄漏，也可以使用连接池
connection.end();
```

2. MongoDB

Mongodb 是 NoSQL 的代表，在很多应用场景下，数据是低结构化的并且没有特别重要的价值，典型的例子就是日志文件。

NoSQL 泛指非关系型的数据库，因为数据列之间无关系，因此非常容易扩展。理论上关系型数据库可以处理任意类型和任意场景的应用，但可以实现和实现起来方便是两个概念。

关系型数据库在数据量增大到一定程度时，读写性能会迅速下降，通常的做法是进行分表分库操作。而非关系型数据库几乎不存在这种问题。

虽然不是为了 JavaScript 而设计的，但 MongoDB 配合 Node 可以快速搭建起一个可用的商业网站，常用的技术栈为 MEAN，即 MongoDB+Express+Angular+Node。

下面以官方模块 mongodb 为例，介绍如何在 Node 中连接和访问 MongoDB。

```
// 安装
$ npm install mongodb -save

// 使用
const MongoClient = require('mongodb').MongoClient;
// 数据库服务地址
const url = 'mongodb://localhost:27017';

// 数据库名
const dbName = 'testDB';

// 连接数据库
MongoClient.connect(url, function(err, client) {
 console.log("连接成功");

 const db = client.db(dbName);
 const collection = db.collection('documents');

 // 列出所有数据
 collection.find({}).toArray(function(err, docs) {
    console.log("Found the following records");
    console.log(docs)
 });
});
```

6.2 使用 express

迄今为止的内容都在使用原生 API 来实现 Web 服务器的功能。但很多场景下，使用原生 API 的实现比较烦琐，如在处理路由时要进行多次判断。更好的做法是封装底层的 API，使编写代码变得更简单，这就轮到 Web 框架出场了。

Node 没有类似于 Apache 或者 Tomcat 那种开箱即用的服务器，但已经有了非常成熟的第三方 Web 服务器框架，如接下来介绍的 Express.js（以下统一简称为 express），它是 Node 中最流行，也是最成熟的 Web 框架。如果一个入门者想快速使用 Node 搭建一个高可用的 Web 服务器，那么 express 应该是其第一选择。

6.2.1　基本概念

为了便于区分，这里把 6.1 节直接使用 HTTP 模块实现的 Web 服务器称为原生实现，把本节使用 express 实现的 Web 服务器称为 express 实现，请注意比较两种实现之间的差别。

代码 6-4　使用 express 实现的 hello world

```
var express = require("express");
var app = express();
// 定义一个根路径为的 get 路由
app.get("/",function(req,res){  ❶
    res.end("Hello Node from express!");
});
var port = 3000;
app.listen(port);

// 运行
$ node server.js
$ curl localhost:3000
// 输出
// Hello Node from express!
```

注意标记❶处的代码，在原生实现中定义路由时，除了判断路径之外，还要通过 if 来判断具体的请求方法。而 express 中使用 app.METHOD()就同时定义了请求方法和对应的路由，如表 6-5 所示。

表 6-5　定义路由

定义路由	含义
app.get('/',fn)	向 '/' 发起 GET 请求
app.post('/upload',fn)	向 '/upload' 发起 POST 请求

1. app 对象

6.1 节提到了 http.createServer 方法，该方法接收一个函数（requestListener）作为参数，也可以将其写成如下形式。

```
var requestListener = function(req,res){
    //...
};

var server = http.createServer(requestListener);
server.listen(3000)
```

app 对象本质上也是一个类似于 requestListener 的函数，下面来看 express 中源码中对它的定义。

```
// 该源码位于 express/lib/express.js
function createApplication() {
  // 相对于原生的 requestListener 方法，仅多了一个用于处理中间件的 next 参数
  var app = function(req, res, next) {
    app.handle(req, res, next);
  };
  // 省略中间的代码
  return app;
}
```

因此，express 也可以和原生的 HTTP API 混用，app 对象可以作为 createServer()的参数。

```
var app = require("express")();

app.get("/",function(req,res){
    res.end("Hello Node");
});

var server = http.createServer(app);
server.listen(3000);
// 上面两行和下面一行等价
app.listen(3000);
```

2. req 和 res

代码 6-4 标记❶处代码中的 req 和 res 参数是经过 express 封装的 http.IncomingMessage 和 http.ServerResponse 实例，相比原生 request 和 response 对象增加了一些额外的属性和方法。

```
// 该源码位于 express/lib/express.js
// 此处的 req 和 res 是 Node 原生的 http.IncomingMessage 和 http.ServerResponse 实例
app.request = Object.create(req, {
    app: { configurable: true, enumerable: true, writable: true, value: app }
  })

  app.response = Object.create(res, {
    app: { configurable: true, enumerable: true, writable: true, value: app }
  })
```

表 6-6 列出了 express 在原生对象的基础上封装的 request 和 response 对象。

表 6-6 express 中 request 对象上的属性和方法

属性和方法	含义
req.app	app 对象的引用
req.baseUrl	请求路径
req.body	POST 请求的主体消息
req.cookies	请求中的 cookie
req.fresh	判断是否是一个新的请求，如 cache-control = no-cache
req.hostname	请求的 hostname
req.ip	请求的 IP 地址
req.ips	请求的 IP 地址数组
req.method	请求方法
req.originalUrl	请求路径
req.params	请求参数
req.path	请求路径
req.protocol	请求遵循的协议
req.query	解析过的请求参数对象
req.route	完整的路由对象
req.secure	布尔值，等价于 'https' == req.protocol
req.signedCookies	请求中的签名 cookie
req.stale	和 req.fresh 相反
req.subdomains	请求的子域名数组

续表

属性和方法	含义
req.xhr	判断是否为 XMLHttpRequest
req.accepts()	判断是否接受某类型的响应
req.acceptsCharsets()	返回客户端接受的字符集
req.acceptsEncodings()	返回客户端接受的编码
req.acceptsLanguages()	返回客户端接受的语言
req.get()	查找对应的请求头
req.is()	判断是否为特定的 Content-Type
req.range()	设置头部解析的字节范围

读者可能注意到在表格中有 originalUrl、baseUrl、path 3 个相似的属性，它们的区别如下。

```
// 假设有如下请求
// GET 'http://www.example.com/admin/new'

app.use('/admin', function(req, res, next) {
  console.log(req.originalUrl); // '/admin/new'
  console.log(req. baseUrl); // '/admin'
  console.log(req.path); // '/new'
  next();
});
```

express 封装的 response 对象上的属性和方法如表 6-7 所示。

表 6-7　express 封装的 response 对象上的属性和方法

属性和方法	含义
res.app	app 对象的引用
res.headersSent	判断是否已经发送了响应
res.locals	为 request 对象设置的 local 对象
res.append()	追加 header
res.attachment()	设置下载附件
res.cookie()	设置 cookie
res.clearCookie()	清除 cookie
res.download()	让客户端以附件形式下载
res.end()	向客户端发送响应并结束请求
res.format()	进行内容协商
res.get()	返回已设置的头部
res.json()	以 JSON 格式发送响应
res.jsonp()	以 JSONP 的方式发送 JSON 响应
res.links()	设置 link 头部
res.location()	设置 Location 头部
res.redirect()	重定向
res.render()	渲染 HTML
res.send()	向客户端发送响应

续表

属性和方法	含义
res.sendFile()	向客户端发送响应文件
res.sendStatus()	设置状态码
res.set()	设置响应头
res.status()	获取已设置的状态码
res.type()	设置 Content-Type 头部
res.vary()	设置 vary 头部

6.2.2 静态文件服务

在前端开发中有一些静态资源，如一些 HTML、CSS、JavaScript，或者图片文件及音频文件等，被称为静态文件。当收到客户端请求时，服务端要返回对应的文件。

低版本的 express 使用一个名为 serveStatic 的第三方模块实现对静态文件的支持，在最新版本的 express 中，该模块已经集成在了框架内部，通过 express.static 方法即可调用。

```
// express 静态文件服务
var express = require("express");
const http = require("http");
var app = express();
// app.use 方法用来加载一个中间件，后面内容会介绍
app.use(express.static(__dirname + '/static'));
app.get("/",function(req,res){
    res.end("Hello Node");
})
var port = 3000;
const httpServer = http.createServer(app);
httpServer.listen(port, null, function() {
    console.log('HTTP server started: http://localhost:' + port);
});
// 假设 static 目录下有一个名为 index.html 的文件
// 那么使用 curl localhost:3000/index.html
// 或者使用 curl localhost:3000，因为 static 方法会默认将/定向至 index.html
// 即可返回 index.html 的内容
// 如果在浏览器中访问，该页面就会被渲染
```

6.2.3 路由服务

1. 处理 GET

在原生实现中使用了 URL 模块来解析 GET 请求的参数。在 express 中，GET 请求的参数可以直接通过 request 对象的 query 属性获取。

```
app.get("/getdata",function(req,res){
    console.log(req.query); ❶
    res.end("get query");
});
// 使用
$ curl http://localhost:3000/getdata?name=lear&age=10
// 标记❶处的代码打印
// { name: 'lear', age: '10' }
```

2. 处理 POST 请求

还是以 6.1.3 小节中定义的 form 表单为例，对于 enctype =application/x-www-form-urlencoded 的

普通表单，可以考虑使用 body-parser 这一中间件。最新版本的 express 已经将 bodyParser 集成到了内部。

```
var app = require("express")();
// 引入 bodyParser
app.use(express.urlencoded());
app.post("/login",function(req,res){
    console.log(req.body); ❶
    res.redirect("/index.html")
});

// 使用
$ curl localhost:3000/login -X POST -d "username=lear &password=admin"
// 标记❶处的代码打印
// { username: 'lear', password: 'admin'}
```

在调用 bodyParser 中间件之后，可以在后续的中间件中通过 req.body 来访问提交的表单数据。读者可能会感到好奇，6.1.3 小节中提到，Node 并不会处理 POST 请求的表单部分，那么为什么还可以通过 req.body 来获取表单内容呢?

body 属性并不是 express 封装的 request 对象的一部分，而是 bodyParser 中间件解析表单后向 req 对象增加的新属性，在中间件一节还要介绍这一点。

3. 导出路由

目前全部的路由定义都直接写在 server.js 中，当定义的路由数量较多时，整个文件就会变得臃肿。可以新建一个名为 route.js 的文件，并将所有路由相关的代码移入其中。

```
// route.js
// 导出一个函数
module.exports = function(app){
   app.get("/",function(req,res){
       res.end("Hello Node ");
   });
   app.get("/login",function(req,res){
       //XXX
   });
   app.get("/blogList",function(req,res){
       //XXX
   });
}

// 在 server.js 中调用
require('./route')(app)
```

4. 链式路由

一个路由可能会被多个 HTTP 方法请求，此时可以使用链式路由。

```
// book 路由可能会被 GET、POST、PUT 方法请求
app.route('/book')
 .get(function(req, res) {
   res.send('Get a random book');
 })
 .post(function(req, res) {
   res.send('Add a book');
  })
 .put(function(req, res) {
   res.send('Update the book');
 });
```

5. 路由匹配规则

除了字符串的完全匹配外，express 路由还支持部分正则匹配模式，模式匹配的路由在处理 RESTful 形式的 API 时会变得非常有用。正则路由匹配的一些例子如表 6-8 所示。

表 6-8 正则路由匹配

正则	匹配规则
/*	匹配所有路由
/ab?cd	匹配 acd 和 abcd
/ab+cd	匹配 abcd、abbcd、abbbcd 等
/ab*cd	匹配 abcd、abxcd、abRABDOMcd、ab123cd 等
/ab(cd)?e	匹配 /abe 和 /abcde
/API/[0-9]+	匹配 /API/1234 /API/12 等
/a/	匹配名称中具有"a"的所有路由
/.*fly$/	匹配 butterfly 和 dragonfly，但是不匹配 butterflyman、dragonfly man 等

6.2.4 中间件系统

中间件是服务使用者和服务提供者之间的桥梁，JDBC 可以看作是 Java 和数据库之间的中间件，而 hibernate 则是 Java 和 JDBC 之间的中间件。对于 Web 服务器，使用中间件可以让 Web 服务器更加专注于处理请求而不是具体的业务逻辑。

Node 的中间件系统专注于处理 request 和 response 两个对象。Node 的服务器框架，如 express 和 koa，只提供基础的接受请求及发送响应的功能，剩下的功能由中间件来实现。

1. 什么是中间件

express 中间件是一个路由处理函数，其会根据前端请求的路由来调用对应的中间件方法。前面的内容中已经出现了一些中间件的例子，如 express.static()和 express. urlencoded()。express 自带的中间件列表如表 6-9 所示。

表 6-9 express 内置中间件

express 自带中间件	功能
express.json()	处理 JSON 格式的 POST 请求
express.raw()	基于 bodyParser，获取表单的原始 buffer 数据
express.static()	处理静态文件
express.text()	基于 bodyParser，将表单数据解析成文本
express.urlencoded()	处理普通表单

2. 加载中间件

app. use 方法用来加载一个中间件，每个中间件都是由路由和处理函数组成的二元组。

```
// 加载一个中间件
// path 表示路由
// callback 表示对应路由请求的处理方法
app.use([path,] callback [, callback...])
```

use 方法的第一个 path 参数是可选的，代表中间件对应的路由。在加载 express.static()时没有设置该参数，那么 express.static()默认会作用于所有的路由。如果 use 方法设置了 path 参数，那么它就只会作用于对应的路由。

```
// 下面的中间件作用于所有的路由
app.use((req,res,next)=> {
    console.log(`${req.url} ${new Date().toLocaleString()}`);
    next();
});

// 下面的中间件只作用于/login 路由
app.use("/login",(req,res,next)=> {
    console.log(`${req.url} ${new Date().toLocaleString()}`);
    next();
});
```

express 的中间件结构如图 6-5 所示。

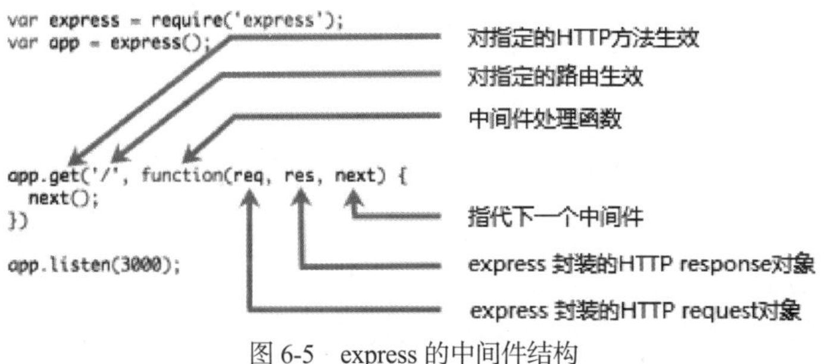

图 6-5　express 的中间件结构

使用 app.Method 方法定义的路由处理程序也是一种中间件，稍微不同的是它不是通过 use 方法而是通过相应的 HTTP 方法来调用的，并且只对特定的 HTTP 方法生效。

3. 理解 next

在面对中间件系统时，初学者可能会觉得 next 方法难以理解，实际上 next 方法和 Promise 构造函数中的 resolve 及 reject 相同，定义在 express 源代码内部。

调用 use 方法会把加载的中间件放到一个类似数组的结构中，并且会在运行时按照顺序来和路由进行匹配。如果一个前端的路由请求和数组中的某个中间件匹配，就会调用其定义的处理函数。

```
// express 内部的中间件数组（示意）
[
    { url:'/',middleware:fn1 },
    { url:'/getdata',method:'get',middleware:fn2 },
    { url:'/upload',method:'post',middleware:fn3 },
]
```

而调用 next()表示调用数组中的下一个中间件处理函数，这种调用顺序并不是简单的顺序遍历，而是递归调用。一个中间件执行完毕之后会返回调用的上一层，如果每个中间件都调用下一个中间件，那么就形成了一个嵌套结构。

req 和 res 对象对于中间件处理函数是公用的，上层的中间件修改了这两个对象，改动也会传递到下一个中间件。例如，前面提到的 bodyParser 中间件，它对 request 对象做了修改，将解析过的表单信息作为属性添加到 request 对象（request.body）上，那么在其后面加载的中间件中就可以使用这个属性，如图 6-6 所示。

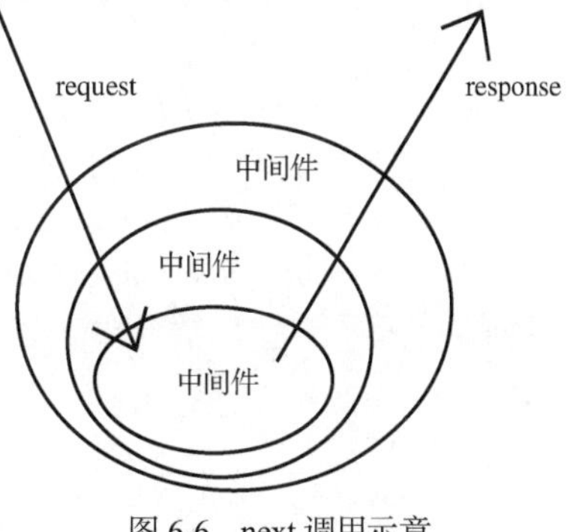

图 6-6　next 调用示意

4. 自定义中间件

在介绍了中间件的使用及原理之后，下面来实现一个处理 POST 表单的中间件，它和 bodyParser 具有相同的功能。

```
function parseBody(req,res,next){
    var body = [];

    req.on('data',(data)=>{
        body.push(data);
    });
    req.on('end',()=>{
        var obj = Buffer.concat(body).toString();
        // 引入 query string 模块
        req.body = require('querystring').parse(obj);
        next();
    });

}
// 使用
app.use(parseBody);
app.use((req,res,next)=>{
    console.log(req.body);
});
```

next()调用被放在了 end 事件的回调函数中，而不是 parseBody 函数的尾部。因为 HTTP 数据流的接收是一个异步过程，如果在数据接收还没有完成时调用下一个中间件，那么很可能在下一个中间件中访问 req.body 时该属性还没有被赋值。

5. 异步中间件

中间件既然是一个函数，那么在 express 中就不可避免地会遇到异步中间件。

```
app.use(function(req,res,next){
    process.nextTick(function(){
        console.log("I am middleware1");
        // 想要顺序执行，只需把 next 放在异步调用的回调函数中即可
        next();
    });
});

app.use(function(req,res, next){
    console.log("I am middleware2");
});
```

第一个中间件中包含了 process.nextTick()操作，表示它是一个异步方法。express 在 next 方法调用时才会取下一个中间件执行，那么如果想要在异步调用结束后再继续调用下一个中间件，只需要把 next()调用放到回调函数中即可。

除了普通函数外，express 的中间件处理函数也可以是一个 async 函数。

```
app.use(async function(req,res,next){
   var content = await readFile_promise("./id.dat"); ❶
   console.log(content.toString());
   next();
});

app.use(function(req,res, next){
   console.log("I am middleware2")
});
// 调用输出
```

```
// 文件内容
// I am middleware2
```

async 中间件的执行和前面的异步中间件无异，在 async 方法内调用 next()依旧可以按照中间件加载的顺序执行。

async 中间件的缺点是其中发生的错误信息不能被错误处理中间件捕获。在上面的代码中，如果标记❶处的 id.dat 文件不存在，那么 Node 就会抛出一个 unhandledRejection 错误，而不是进入错误处理中间件的逻辑。

6. 错误处理中间件

express 提供了专门的错误处理中间件，和普通的中间件相比，错误处理中间件的第一个参数为 err，代表了具体的错误信息。当服务器在处理用户请求发生错误时，可以在错误处理中间件中返回错误码。

```
app.use(function(err,req,res,next){
    res.end("500 server error \n");
    console.log("get error")
});
```

错误处理中间件应该放在中间件列表的最后加载。假设 express 加载了 a、b、c 3 个普通中间件，那么当 a 中出现错误时，就会自动跳转到错误处理中间件，而 b 和 c 都不会被执行。

```
app.use(function(req,res,next){
    // 出现错误后，后面的中间件都不会被执行
    throw new Error("error");  ❶
    next();
});
app.use(function(req,res,next){
    // some code...
    next();
});
    app.use(function(req,res,next){
    throw new Error("error");
    next();
});
```

上面的代码中主动抛出了一个错误（标记❶），那么该错误会被错误处理中间件捕获，后续加载的中间件不会被执行。也可以通过使用 try/catch 来包裹可能会出错的操作，并使用 next 方法把错误传递给错误处理中间件。

```
app.use(function(req,res,next){
     try{
         readFileSync(__filename);
     }catch(e){
         next(e);
     }
});
// 中间件里如果包含 Promise 对象，可以使用下面的代码
app.use(function(req,res,next){
     readFile_promise(__filename)
     .catch(next);
});
```

如果在调用 next 方法时传入了任意参数（'route'除外），那么就不会按照顺序调用下一个中间件，而是直接跳转到错误处理中间件。如果代码中没有定义错误处理中间件，那么服务器将返回“Internal Server Error”，同时在服务器的控制台中打印出错误信息。

另外，在 production 模式下运行的 express 服务器会自带一个默认的错误处理程序，此时如果代

码中没有声明错误处理中间件，express 也会捕获错误并返回 Internal Server Error，在后面还会介绍 production 模式。

在介绍 async 中间件时提到，async 中间件内部执行的错误不会被错误处理中间件捕获。虽然可以使用 unhandledRejection 事件来捕获错误，但此时已经脱离了对应请求的上下文，即 response.end 方法不会被调用，客户端只能等待请求超时。

现在来做一些工作，使得 async 方法中的错误可以被错误处理中间件处理，最简单的做法当然是使用 try/catch，但这样会增加较多的代码，写起来也比较麻烦。

```
app.use(async function(req,res,next){
    try{
         var content = await readFile_promise("./id.dat");
         console.log(content.toString());
         next();
    }catch(e){
         next(e);
    }
});
```

在处理中间件函数中 Promise 相关操作时，可以使用.catch（next）的方式来把错误传递出去，而 async 方法本身就返回一个 Promise 对象，应该也可以用相似的方法来解决问题。下面使用一个函数把 async 函数包裹起来。

```
function wrap(middleware){
    return function(...args){
        var next = args[args.length-1]
        return middleware(...args).catch(next);
    }
}
// 使用
app.use(wrap(async(req,res,next)=>{
    // logic
}));
```

6.2.5 迷你 express

前面内容已经大致介绍了 express 的基本使用方法，express 和原生 HTTP 服务器的最大区别在于中间件系统，本小节用自己动手实现的方式，来进一步理解 express 的原理。

根据第 5 章的经验，同样是由表现来反推实现，那么一个 express 方法的框架如下。

```
function express(){
    var mdArr = [];
    this.use = (fn)=>{
         mdArr.push(fn);
    }

this.listen = (port)=>{
         var server = require('http').createServer(this.handle);
         server.listen(port);
    }

    var next = ()=>{
    }

    this.handle = (req,res)=>{
    }
}
```

```
// 使用方式
var app = new express();
app.listen(3000);
```

读者可能注意到这和标准的使用方式不同，先不必在意这一点。代码首先声明了 listen()、use()两个类方法，以及内部的 handle 函数和中间件数组 mdArr。use 方法接收一个函数作为参数并将其加入 mdArr[]数组中。整个方法的核心就是 handle 函数，需要在其中调用 next 方法。

```
// 最简单的逻辑：默认从中间件数组的第一个元素开始调用，注意这里还没有对路由进行匹配
var handle = (req,res)=>{
     mdArr[0]( req, res,next);
}
// 假设加载这样一个中间件
app.use((req,res,next)=>{
    console.log(req.headers);
    next();
});
```

mdArr[0]就是 use 方法的参数，那么现在的主要任务就变成了实现 next 方法。由于 next 方法事实上是调用中间件数组的下一个中间件，那么首先要增加一个 index 属性来标识当前中间件在数组中的位置。

```
var next = ()=>{
     index++ ;
     if(index >mdArr.length-1) {
          index = 0;
          return;
     };
     // 继续向下调用中间件
     mdArr[index](req,res,next);  ❶
}
```

标记❶处的代码存在一点问题，因为 next 方法没有参数，因此 req 和 res 只能从外部取值，那么给 express 方法增加 req 和 res 属性，并且在 handle 函数中给它们赋值。

```
this.req = undefined;
this.res = undefined;
```

下面是修改后的完整代码。

```
function express(){
    this.req = undefined;
    this.res = undefined;
    var mdArr = [];
    var index = 0;
    this.use = (fn)=>{
         mdArr.push(fn);
    }

    this.listen = (port)=>{
         var server = require('http').createServer(handle);
         server.listen(port);
    }

    var next = ()=>{
         index++ ;
         if(index >mdArr.length-1) {
              index = 0;
              return;
         };
         mdArr[index](this.req,this.res,next);
```

```
        }

        var handle = (req,res)=>{
            this.req = req;
            this.res = res;
            mdArr[0](this.req,this.res,next);
        }
    }

    // 使用样例
    var app = new express();

    app.use((req,res,next)=>{
        console.log(req.headers);
        next();
    });

    app.use((req,res,next)=>{
        res.end('welcome');
    });

    app.listen(8000);
```

6.2.6 cookie

HTTP 连接是无状态的，服务器在处理连接时无法判断客户端的身份。但很多网站都有类似下面的功能，当读者关闭了一个已经被登录的网站，再次打开时该网站仍然是登录状态，并弹出“欢迎回来”的提示框。

这表明客户端在发送请求时附加了自己的身份信息，这样服务器才知道是哪个用户在访问网站，类似于打电话时使用来电提示来告诉对方打电话人的号码。

HTTP 使用 cookie 来标示客户端身份，cookie 是服务器以文件形式存储在用户计算机上的一小段文本。当用户在访问服务器时，会查找所有存储在本地的 cookie，然后把 cookie 的内容作为 HTTP 头的一部分发送给服务器。

1. cookie 的格式

如果服务器的响应头中带有 Set_Cookie 字段，浏览器就会生成一个 cookie。例如，下面就是登录 github.com 时服务器返回响应头的一部分。

```
    Set-Cookie:  gh sess=Rkc5T0FaQTR4R0dUOC8wU0ptZjI4NUFJd0JjSWs4UzhYSjV0c3hIZytzOXlmSTYzVz
FzQVZtOC9BZXJFaVhmMVJFbjlDczBLdTdQNzFvUWdwUlZOaUFtUU1MVE5RejZsK0Q0YlZQSWx1VytaenlkRDEwcH
UyMktSNjg0THFaRFg0b25YQU9aV0kzd1F4Qm8wQkhXSGlMc3lzZC93em0vY1c4R0lDdENWUFFPS0tYU42MjhESC
tEMFpSSGtQb3Y3VDBwZz09--1795f0199a3fda0997b81a31a765ecef8fbe22b3; path=/; secure; HttpOnly
```

在 HTTP 响应头中，Set-Cookie 字段的格式如下。

```
    Set-Cookie: NAME=VALUE; Expires=DATE; Path=PATH; Domain=DOMAIN_NAME; SECURE
```

各个字段的含义如下。

- NAME：cookie 名称。
- VALUE：cookie 的值。
- Expires：过期时间。
- Path：当 path 为特定值时，服务端才设置 cookie。
- Domain：cookie 的域名。
- SECURE：是否限制 HTTPS。

其中，有些值如果不设定的话会取默认值，如 domain 默认是当前服务器域名，如果没有指定

expire date，那么默认就是浏览器关闭就会失效。

每个域名下 cookie 的最大数量都有限制，取决于各个浏览器的实现，但对于 Web 站点来说，设置过多的 cookie 并不会带来很多工程上的收益，也会带来安全风险。

2. 在原生服务器中设置 cookie

可以直接通过 response.setHeader 方法来设置一个 cookie。

```
// 当用户访问/data 时设置一个 cookie
response.setHeader('Set-Cookie', 'name=test;httpOnly;path=/data');
```

该方法第二个参数也可以是一个数组，表示同时设置多个 cookie。

```
response.setHeader('Set-Cookie', ['type=ninja', 'language=JavaScript']);
```

3. 在 express 中设置 cookie

express 中可以使用 res.cookie 方法来设置一个 cookie。

```
res.cookie(name, value [, options]);
```

① name：类型为 String。

② value：类型为 String 或 Object，如果是 Object 会在 cookie.serialize()之前自动调用 JSON.stringify()对其进行处理。

③ Option：类型为对象，可使用的属性如下。

- domain：cookie 在什么域名下有效，类型为 String，默认为网站域名。
- expires：cookie 过期时间，类型为 Date。
- httpOnly：只能被 Web Server 访问，类型为 Boolean。
- maxAge：和 expires 等价，设置 cookie 过期的时间，类型为 String。
- path：cookie 在什么路径下有效，默认为'/'，类型为 String。
- secure：只能被 HTTPS 使用，类型为 Boolean，默认为 false。
- signed：是否使用签名。

4. 读取 cookie

当客户端发送请求时，cookie 会作为请求头的一部分发送到服务器，可以直接使用 request.headers.cookie 属性性获取 cookie 部分的内容。

因为 express 的 req 对象是对原生的 request 对象的扩展，因此该属性无论是在 express 还是原生 Node 都可以使用，假设通过代码设置了图 6-7 所示的 cookie。

Name	Value	Domain	Path
login	true	localhost	/
name	Lear	localhost	/

图 6-7　设置 cookie

```
// 通过代码获取 cookie
console.log(request.headers.cookie);
// 输出
login=true; name=Lear
```

如果不想自己写方法将这个字符串解析成 JSON 对象，那么可以使用 express 的 cookie-parser 中间件。加载该中间件后，便可在后续中间件中通过 req.cookies 获取解析后的 cookie，其原理与 bodyParser 相同。

```
// 引入 cookie-parser 中间件
// 省略其他代码
var cookieParser = require('cookie-parser');
app.use(cookieParser());

// ......
console.log(req.cookies);
// 输出
{ login: 'true', name: 'Lear' }
```

5. 使用 cookie 的例子

下面用一个简单的例子来介绍 cookie 在具体场景中的应用，假设一个网站需要给内容加上登录验证，基本流程如下所示。

（1）当收到客户端请求时，判断是否带有包含登录信息的 cookie。

（2）如果没有，服务器会重定向到登录页面，用户在登录成功之后，转到之前要访问的 URL。

（3）如果已经登录，直接转到目标 URL。

可以把判断是否登录的逻辑封装成一个中间件，每个请求都要先经过该中间件判断是否登录，如果未登录，则跳转到登录页面。

```
var IfLoggedIn = function(req,res,next){
      if(login){
            next();
      }
      res.redirect("/login");
}

app.use(IfLoggedIn);
```

6.2.7 session

session（会话）更像是一种机制的统称而不是一项具体的技术，它的目的是让服务器能够知道当前请求的客户端身份。前面介绍的 cookie 就是一种 Session 实现方式，通常称为 cookie-session。

6.2.6 小节在使用 cookie 的时候，把主要的信息内容存储在客户端，这种方式除了会增加每次通信的体积之外，存储在客户端计算机中的 cookie 文件还会带来安全性问题。

现代的 Web 站点更加倾向于将用户信息存储在服务器上，服务器仅将一个 sessionId 通过设置 cookie 的方式存储在客户端。每次客户端只要在请求头部带上 sessionId，服务器就可以根据这个 ID 从存储的 session 列表中找到对应的用户信息。

在 express 中可以使用 express-session 中间件来实现 session 机制。

```
const session = require("express-session")
var sess={
  secret: "keyboard cat",
  resave: false,
  saveUninitialized: true,
  cookie: {maxAge:5000}
}
app.use(session(sess));
```

来自客户端的请求经过该中间件的处理之后会被赋予一个 sessionId，并且将其设置为一个客户端 cookie。打开 Chrome 控制台后可以看到图 6-8 所示的 cookie。

Name	Value	Domain	Path	Expires / Max-Age	Size▾	HttpOnly	Secure	SameSite
connect.sid	s%3A2KvGIhBLXKmuGFUtSl1wX...	localhost	/	2019-11-09T04:32:19.730Z	91	✓		

图 6-8　客户端设置的 cookie

cookie 默认的名称是 connect.sid，如果想换个名字，那么指定 sess 对象中的 name 属性即可。cookie 的 value 值就是当前请求的 sessionId 经过 HMAC（Hash-based Message Authenticution Code，重组相关的哈希运算消息认证码）算法加密（sess 对象中的 secret 字段即为密钥）的结果。

服务端在设置 cookie 之后，也会在内存中维护一份列表，包含 sessionId 及 sessionId 对应的数据，如上次的访问记录或者在网页上已经编辑的内容。这样客户端下次带着 sessionId 来访问时，就可以直接恢复页面上的内容。

1. 定义 session 数据

目前的 session 除了 sessionId 之外还没有真正储存信息，在 req.session 对象上添加属性可以实现自定义的 session 存储信息。

```
app.get('/',(req,res,next)=>{
    if(!req.session.user){
        res.redirect('login');
    }else{
        console.log(req.session.id);
        res.end("Welcome "+req.session.user);
    }
});

app.get('/login',(req,res,next)=>{
  console.log('set user');
  // 根据用户正在使用的浏览器来设置 session 存储的信息
  req.session.user= req.headers["user-agent"].indexOf('Edge')  ==   -1  ?  'chrome':
'edge';
  console.log(req.session.id);
  res.redirect('/');
});
```

上面的代码，首先判断用户信息是否已经在 session 列表中，没有的话重定向至/login。代码中省略了用户登录的步骤，直接设置了 session.user，随后跳转回根路由。

运行代码并在浏览器中访问，服务器控制台打印出的结果如下所示。

```
// 初次访问，设置 session
set user
// 打印出 sessionId
zp8_ hnJW0sIs1DSuK9H-9iYdZNH8WTRa
// 在过期时间(5s)内刷新页面，sessionId 不变

zp8_ hnJW0sIs1DSuK9H-9iYdZNH8WTRa
// 过了 5s 之后再次刷新页面，原 session 失效，重新设置
set user
// 生成了新的 sessionId
gxR9LIchhKAvMm1pjdv2SE06IXb35YJ <-
```

req.session 对象保存了当前请求对应的 session 数据。

```
console.log(req.session);

// 输出
Session {
  cookie: {
   path: '/',
   _expires: 2019-11-09T05:42:09.865Z,
   originalMaxAge: 5000,
   httpOnly: true
  },
  user: 'chrome'
}
```

2. session 的存储

目前的 session 数据都存储在内存中，即 req.sessionStore 属性，如图 6-9 所示，下面将其打印出来。这里分别使用 Chrome 和 Edge 浏览器来访问 localhost:3000，就能看到两个不同的 session 对象。

在实际使用中，一个 session 对象可能对应非常多的数据，随着 session 数量增加会造成内存压力。业界通常的做法是引进外部存储，如使用 MongoDB 或者 Redis 来存储 session，同样可以利用

express-session 中间件实现，这里不再介绍。

```
MemoryStore {
  _events: [Object: null prototype] {
    disconnect: [Function: ondisconnect],
    connect: [Function: onconnect]
  },
  _eventsCount: 2,
  _maxListeners: undefined,
  sessions: [Object: null prototype] {
    PSwm5B1WnhztXyibPfFxbiz7PAD7SHz2: '{"cookie":{"originalMaxAge":5
000,"expires":"2020-03-20T01:23:48.668Z","httpOnly":true,"path":"/"}
,"user":"chrome"}',
    OHc2B8GtottYTZeKWsRRGZOCDvzsYead: '{"cookie":{"originalMaxAge":5
000,"expires":"2020-03-20T01:23:51.500Z","httpOnly":true,"path":"/"}
,"user":"edge"}'
  },
  generate: [Function]
}
```

图 6-9　req.sessionStore 中存储的信息

3. 销毁 session

设置的 session 在过了设置的超时时间之后才会失效，但在有些情况下，如用户手动单击了退出登录按钮，那么服务器就要主动销毁当前的 session。express-session 中间件提供了 destroy 方法，用来销毁当前请求的 session，而其他 session 不受影响。

为了便于说明，首先在 express 服务器中定义一个/logout 路由。

```
app.get('/logout' ,(req,res,next)=>{
    req.session.destroy(function(err){
        next(err);
    });
    console.log(req.sessionStore);
    res.end('logout');
});
```

在 Edge 浏览器中访问 localhost:3000/logout，服务器打印出当前的 sessionStore，可以发现“Edge”对应的 session 对象已经被删除，如图 6-10 所示。

```
MemoryStore {
  _events: [Object: null prototype] {
    disconnect: [Function: ondisconnect],
    connect: [Function: onconnect]
  },
  _eventsCount: 2,
  _maxListeners: undefined,
  sessions: [Object: null prototype] {
    'mViNAJc-BIIKg_mrYy_tj-PDkgle5DCR': '{"cookie":{"originalMaxAge":5000,"expires":"
2020-03-20T01:29:13.424Z","httpOnly":true,"path":"/"},"user":"chrome"}'
  },
  generate: [Function]
}
```

图 6-10　Edge 对应的 session 被销毁

总结 session 中间件处理的流程如下。

- 客户端发来请求。
- 判断有没有 sessionId，如果没有或者有但是过期了，则创建一个新的 session 对象。
- 向客户端设置一个 cookie，内容即加密后的 sessionid。
- 如果用户主动退出，则销毁 session。

不要因为 sessionStrore 属性在 req 对象下，就产生这是客户端发来的误解。客户端发来的只有加密后的 sessionId。req.sessionStore 对象是 session 中间件往 req 对象上添加的属性，和 bodayParser 设置的 req.body 属性的做法一样。

6.2.8 OAuth

6.2.7 小节介绍了简单的登录原理和实现，但如果网站规模不是很大的情况下，费力实现一套登录系统并不划算，还会有潜在的安全性问题。

本小节来介绍第三方登录，即 OAuth（Open Authorization）的内容。OAuth 是目前服务器开发领域通行的用于第三方认证的协议，它允许第三方应用在不获得用户密码的情况下获取一些用户在 OAuth 提供者上的信息。

一方面几乎所有的商业网站都需要用户登录才提供完整的服务，但用户有时候并不想在每个网站上都注册一个账号，不仅难以记忆，而且也不安全；另一方面完善安全的用户管理系统对网站开发也是一个不小的负担。

因此，很多网站都提供了第三方登录功能，如 Google 或者 Twitter 账号登录，开发者们喜欢的 GitHub 账号登录，以及国内常见的小程序的微信账号登录等，背后就是借助 OAuth 来实现的。

假如说开发者现在想要开发一个关于 GitHub 的第三方网站 githelper.com，用户可以在这个网站上看到自己创建的代码仓库和关注情况。但这些信息都存储在 GitHub 的服务器上，githelper 要如何获取？

最简单的做法就是让用户在 githelper 上输入 GitHub 的用户名密码，然后模拟用户登录 GitHub 去获取信息。但这样 githelper 就变成了一个事实上的钓鱼网站。那么怎样才能在不知道用户名密码的情况下，拿到用户在 GitHub 上的信息呢？

OAuth 协议就是描述这一整套流程要如何完成的协议。OAuth 提出了一种开放的授权机制。站在 OAuth 服务提供者的角度来看，它可以让用户以外的第三方应用，在没有用户名和密码的情况下请求 OAuth 服务提供者的某些用户信息。

1. OAuth 流程

OAuth 协议中一共涉及 3 个角色。

- 用户。
- OAuth 提供者，在本章的例子中即 GitHub。
- 第三方应用，即 githelper。

下面用一个真实的网站为例来说明一下 OAuth 的认证过程。首先打开 leetcode-cn.com，如果读者以前没有登录过，那么单击右上角的登录按钮，会弹出一个登录框，注意此时浏览器中的 URL 仍然位于 leetcode 域名下，如图 6-11 所示。

图 6-11 leetcode 登录页面

单击最下面第三方登录中的 GitHub 图标，页面就会跳转到 GitHub 的登录验证页面，如图 6-12 所示。

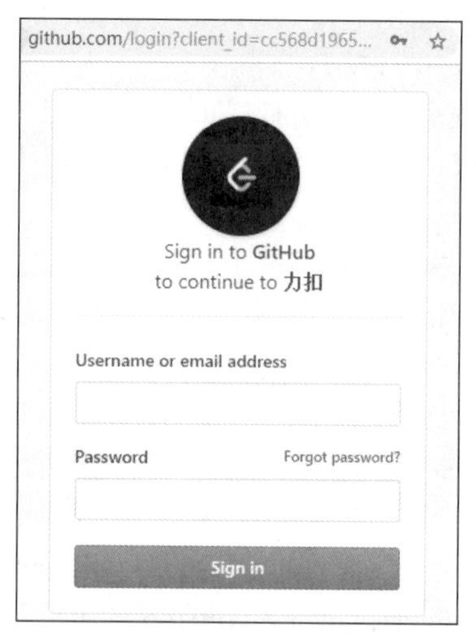

图 6-12　GitHub OAuth 登录页面

此时 URL 跳转到了 GitHub 域名下，当前的页面显示出了 leetcode 的 Logo，这表明 GitHub 知道当前是哪个网站在请求 OAuth，也说明了 leetcode 在跳转的 URL 中带有某些信息，告诉了 GitHub 自己的身份。跳转的目的 URL（即图片地址栏中的 URL）遵循 OAuth 协议，稍后会介绍具体的格式。

输入用户名和密码之后单击登录，页面就会回到 leetcode-cn.com，此时它已经获得了 GitHub 服务器上的用户信息，并且显示出了当前用户在 GitHub 上的头像。

有些网站，即使用户使用了第三方登录，还要手动操作生成一个账号或者和一个现有的账号绑定，这违反了 OAuth 的初衷，这里不进行讨论。

2. OAuth 原理

对 OAuth 流程有了一个大致的了解之后，下面来看对其的具体实现。OAuth 提供了几种不同的实现方式，这里以最常用的授权码模式为例进行讲解。

授权码（Authorization Code）方式，指的是第三方应用先申请一个授权码，然后再用该授权码获取令牌（Token），最后再用令牌去请求用户信息。这种方式最常用也最安全，它适用于那些有后端的 Web 应用。授权码通过前端传送，令牌则是存储在后端，而且所有与资源服务器的通信都在后端完成。这样的前后端分离模式可以避免令牌泄漏。

第 1 步，A 网站提供一个链接，用户单击后就会跳转到 B 网站，以 leetcode 为例，在单击使用 GitHub 登录的按钮之后，leetcode 首先将链接跳转至下面的链接。

```
https://github.com/login/OAuth/authorize?
client_id=cc568d196569c732158c
&redirect_uri=https://leetcode-cn.com/accounts/github/login/callback
&scope=user
&response_type=code
```

上面 URL 中各项参数含义如下。

- response_type：表示要求返回授权码（code）。
- client_id：Leetcode 预先在 GitHub 上注册的 id，以便让 GitHub 知道是谁在请求。
- redirect_uri：用户在 GitHub 上输入用户名密码并单击确定后的跳转网址。
- scope：表示要求的授权范围（这里是请求 GitHub 上用户信息）。

第 2 步，输入 GitHub 的用户名和密码后单击登录，GitHub 就会跳转回第一步中 redirect_uri 指定的 URL，并且在后面附上了参数。

```
// 上面 URL 中的 code 参数就代表了一个授权码
https://leetcode-cn.com/accounts/github/login/callback/?code=55c202bf712406ad5be7
```

第 3 步，leetcode 在拿到授权码以后，就可以在后端（注意是后端）向 GitHub 请求令牌（在浏览器控制台里看不到这个请求，下面的 URL 仅是个例子，不是真实的 URL）。

```
https://github.com/OAuth/token?
 client_id=CLIENT_ID&
 client_secret=CLIENT_SECRET&
 grant_type=authorization_code&
 code=AUTHORIZATION_CODE&
 redirect_uri=CALLBACK_URL
```

上面的 URL 中，client_id 参数和 client_secret 参数用来让服务提供者（GitHub）确认 OAuth 使用者（leetcode）的身份，这两个参数都是由 OAuth 使用者事先和 OAuth 提供商申请。client_id 可以在浏览器中查看，client_secret 则是保密的。

grant_type 参数的值是 AUTHORIZATION_CODE，表示采用的授权方式是授权码。code 参数是第 2 步得到的授权码，redirect_uri 参数是第 1 步中的设置的回调 URL。

第 4 步，GitHub 收到请求以后，就会在响应的内容中颁发令牌。

```
// 下面的 JSON 数据中，access_token 字段就是最终得到的 token
{
  "access_token":"ACCESS_TOKEN",
  "token_type":"bearer",
  "expires_in":2592000,
  "refresh_token":"REFRESH_TOKEN",
  "scope":"read",
  "uid":100101,
  "info":{...}
}
```

第 5 步，根据拿到的令牌，在后端发起请求来获取 OAuth 提供者上的用户信息。

3. 动手实现 OAuth 应用

下面来实际尝试一下使用 express 来实现一个针对 GitHub 的 OAuth 应用。首先需要在 GitHub 上注册应用，在 GitHub 上打开 Settings-> Developer Settings -> OAuth Apps，就可以进入注册 OAuth 应用的页面，如图 6-13 所示。

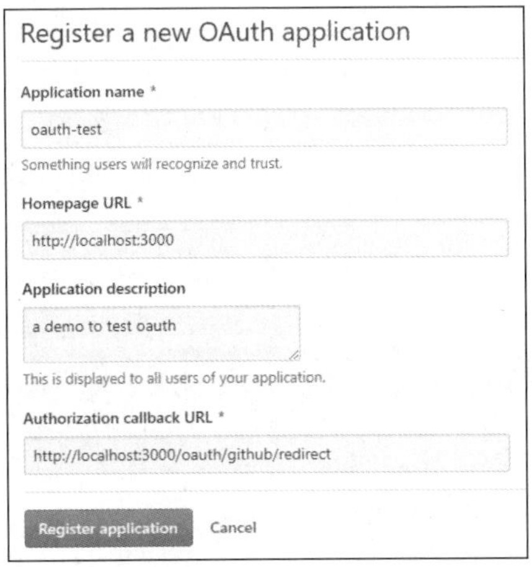

Register a new OAuth application
Application name *
oauth-test
Something users will recognize and trust.
Homepage URL *
http://localhost:3000
Application description
a demo to test oauth
This is displayed to all users of your application.
Authorization callback URL *
http://localhost:3000/oauth/github/redirect
Register application　Cancel

图 6-13　在 GitHub 上注册一个使用 OAuth 的应用

由图 6-13 可以看到，必填项除了应用的名称及主页地址之外，还有一个 Authorization callback URL 选项，该 URL 就是验证成功之后发送 token 的目标地址，这里将其设置为本地服务器的地址。

填写完表单之后，单击注册应用，GitHub 就会给注册的应用生成一个 client_id 和 client_secret，如图 6-14 所示。

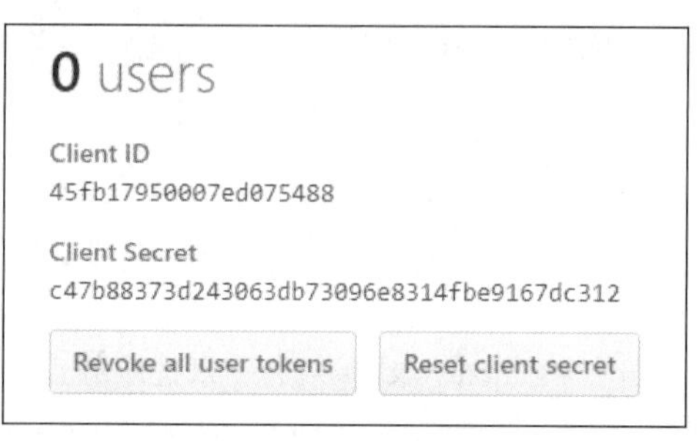

图 6-14　生成的 Client ID 和 Client Secret

有了这两个参数，就可以在服务器代码中实现 OAuth 服务了。由于之前介绍 express 服务时并不涉及前端代码，因此下面统一在服务端发送 HTTP 请求。

首先在 express 服务器中新增一个路由。

```
app.get("/OAuth",(req,res)=>{
    var url ="https://github.com/login/OAuth/authorize"+
                "?client_id=45fb17950007ed075488&"+
                "redirect_uri=http://localhost:3000/OAuth/github/redirect&"+
                "response_type=code&scope=user";
    // 使用了 res.redirect 方法重定向当前 URL
    res.redirect(url);
});
```

当服务器收到/OAuth 的路由请求时，首先重定向至 GitHub 的 OAuth 登录页面。用户在该页面上输入正确的用户名和密码后，GitHub 服务器会对 redirect_uri 地址发起一个 GET 请求，并以 GET 参数的形式返回授权码。

```
// 以 GET 请求的形式返回授权码
http://localhost:3000/OAuth/github/redirect?code=efee17f2b573a0f6755e
```

接下来要做的就是获取这个验证码之后，将其值作为参数发起新的 GET 请求来获取令牌。

```
app.get("/OAuth/github/redirect",(req,res,next)=>{
    console.log(req.query);
    // 实际打印出的授权码
    // { code: 'efee17f2b573a0f6755e' }

    // 构建请求 token 的 URL
    var requestToken = "https://github.com/login/OAuth/access_token?"+
    "client_id=45fb17950007ed075488&"+
    "client_secret=c47b88373d243063db73096e8314fbe9167dc312&"+
    "code="+req.query.code+"&redirect uri=http://localhost:3000/OAuth/github/
redirect";

    https.get(requestToken,(res)=>{
        var body = [];
        res.on('data',(data)=>{
            body.push(data);
        });
        res.on('end',()=>{
            var obj = Buffer.concat(body).toString();
```

```
            console.log(obj);
            // 把 access_token 作为 req 对象的一部分传给下一个中间件
            req.access_token = qs.parse(obj).access_token;
            next();
        });
    })
```

获得 token 之后才是真正的请求用户信息的阶段。把这个操作放在下一个中间件中执行，目的是为了避免嵌套的回调函数。

```
app.use((req,res,next)=>{
    const options = {
        headers:{
            'User-Agent': 'OAuth-demo'
        }
    };
    // 使用得到的 token 去请求数据
     https.get("https://API.github.com/user?access_token=" + req.access_token,options,
(res)=>{
        var body = [];
        res.on('data',(data)=>{
            body.push(data);
        });
        res.on('end',()=>{
            var obj = Buffer.concat(body).toString();
            console.log(obj); ❶
        });
    });

    res.end("got user message");
});
```

至此，已经完成了 OAuth 的验证工作并获取到了用户信息，标记❶处的代码打印结果如下。

```
{
    "login": "Yuki-Minakami",
    "id": 11377230,
    "node_id": "MDQ6VXNlcjExMzc3MjMw",
    "avatar_url": "https://avatars3.githubusercontent.com/u/11377230?v=4",
    "gravatar_id": "",
    "url": "https://API.github.com/users/Yuki-Minakami",
    "html_url": "https://github.com/Yuki-Minakami",

    // 以下省略
}
```

6.2.9　与前端应用的整合

目前的 Web 开发领域，前后端分离已经成了通用的开发范式。后端的主要工作变成了提供数据，而前端开发也更加专注于 HTML/JavaScript 和 CSS，这一切都离不开 Node 的发展。

1. 前端路由

主流的前端框架都有前端路由的功能，其目的主要是在不刷新页面的情况下实现浏览器 URL 地址栏和页面的切换。

例如，前端定义了一个名为/login 的路由，在单击页面的某个元素时前端框架会渲染对应的页面，这个过程仅是 DOM 的切换，并不需要向服务器请求数据。同样地，服务器也不需要定义这个路由。

如果把这个 URL（假设为 http://example.com/login）加入到了书签栏，并且试图从书签中打开会怎么样呢？这个路由将会被发送到服务器，而服务器（以 express 为例）没有定义这个路由，那么就会出现 404 错误。

假设现在有一份前端的代码以 dist 的方式保存在服务器当前目录下，如图 6-15 所示，其中有一个名叫 index.html 的入口文件。

名称	修改日期	类型	大小
assets	2019/10/30 20:23	文件夹	
3rdpartylicenses.txt	2019/10/30 20:23	文本文档	27 KB
favicon.ico	2019/10/30 20:23	ICO 文件	153 KB
index.html	2019/10/30 20:23	Chrome HTML D...	3 KB
main-es5.7c3e61eb9282220de9f7.js	2019/10/30 20:23	JavaScript 源文件	412 KB
main-es2015.9bd7fd4c726ad8c914f2.js	2019/10/30 20:23	JavaScript 源文件	359 KB
polyfills-es5.4e06eb653a3c8a2d581f.js	2019/10/30 20:23	JavaScript 源文件	111 KB
polyfills-es2015.27661dfa98f6332c27...	2019/10/30 20:23	JavaScript 源文件	37 KB
runtime-es5.741402d1d47331ce975c.js	2019/10/30 20:23	JavaScript 源文件	2 KB
runtime-es2015.858f8dd898b75fe869...	2019/10/30 20:23	JavaScript 源文件	2 KB
scripts.62c32419338b9931ea0f.js	2019/10/30 20:23	JavaScript 源文件	39 KB
styles.25d0ecce32fdcb8d4bd4.css	2019/10/30 20:23	CSS 文件	55 KB

图 6-15　典型的 Angular dist 目录

解决的方式也很简单，只需要在 express 服务器中增加一个路由。

```
// 所有未定的路由统一返回 index.html
// index.html 中包含了完整的前端框架代码，会对当前的路由进行判断
// 这个路由需要放在最后加载（在错误处理中间件之前）

app.get(*,(req,res) =>{
    res.sendFile(path.join(__dirname+ '/dist/index html');
});
```

只要服务器接收到了一个未定义的路由，那么就默认是前端路由并将入口的 HTML 文件返回，这样前端框架就可以处理当前的路由请求。

2. 跨域的处理

在前后端分离的现在，前端的开发工作通常是独立完成的。主流的前端框架都会提供一个简易的 Web 服务器（通常是由 Webpack 提供的）来实时查看页面效果。

同样地，后端也会启动一个用来提供 API 的服务器，前端框架的服务器如果想从 API 服务器得到数据，通常需要做一些针对跨域的处理。这项工作既可以交给服务端来完成，也可以交给前端来完成。

（1）前端跨域

目前主流的前端框架都会在内部集成跨域的功能，以 Angular 为例，假设 Angular 运行在 localhost:4200，而 express 服务运行在 localhost:3000，那么只需在 Angular 项目下新增一个 proxy.config.json 文件（随意命名），其内容如下。

```
// /docList, /imgList, /uploadFile 都是路由
{
"/docList":{
"target":"http://localhost:3000"
},
"/imgList":{
"target":"http://localhost:3000"
},
"/uploadFile":{
"target":"http://localhost:3000"
}
```

```
}

// 使用
$ ng serve --proxy-config proxy.config.JSON
```

（2）后端跨域

假设现在有个 HTML 页面运行在 localhost:8080 下，而服务器运行在 localhost:3000，那么只要在响应头中设置“Access-Control-Allow-Origin”头部即可。

```
// 把 Access-Control-Allow-Origin 的值设置成了 "*"
// 表示服务器可以接收任何其他域名下的请求
// 也可以将其设置为 localhost:8080，表示只接收特定域名下的请求
app.use((req,res,next)=>{
    res.setHeader('Access-Control-Allow-Origin','*');
    next();
});
```

使用 cors 等第三方中间件也可以达到相同的效果，这里不再详细介绍。

```
var cors = require('cors')
var app = express()

// 允许所有跨域请求
app.use(cors())
```

6.2.10　提高服务器性能

下面来讨论下 Web 服务器性能的问题，除了一小部分工程师外，很多人在工作中并不会频繁遇到性能调优问题。换句话说，是不会意识到自己的代码可能带来的性能问题，最终导致问题被累积到无从下手。衡量 Web 服务器性能的常用手段是压力测试，本书第 8 章中会详细介绍。

1．使用 production 模式

express 提供了 prodution 模式，express 在运行时会检测 process.env.NODE_ENV 这一变量的值，如果该值被设置成了“production”，express 就会以 production 模式运行。

process.env.NODE_ENV 变量并非标准的环境变量，开发者需要自行设置。在 production 模式下，express 会做出如下所示一系列优化。

（1）缓存视图模板。

（2）缓存从 css 扩展（如 saas、less）生成的 css 文件。

（3）提供简单的错误处理功能（当用户没有自定义错误处理中间件时）。

production 模式在 express 源代码中的实现也很简单，就是在源码中加以 if 判断，并执行对应的逻辑。

```
// lib/application.js

if (env === 'production') {
    this.enable('view cache');
}

// finalhandler/index.js

function getErrorMessage (err, status, env) {
  var msg

  if (env !== 'production') {
    // use err.stack, which typically includes err.message
    msg = err.stack
```

```
    // fallback to err.toString() when possible
    if (!msg && typeof err.toString === 'function') {
      msg = err.toString()
    }
  }

  return msg || statuses[status]
}
```

要使用 production 模式需要开发者设置环境变量，最简单的方式是写在代码文件的第一行。

```
process.env.NODE_ENV = 'production'
```

但并不建议这么做，至少在开发过程中这个变量是不必要的，最好的方法还是修改系统的环境变量设置。

不同的操作系统做法有些差异，在 Linux 或者 macOS 环境下可以通过修改.bashrc 或者.bash_profile 文件实现。在 Windows 环境下则需要进入环境变量的编辑页面（可能需要重启才能生效）。环境变量的修改也可以通过控制台命令修改，但仅会在当前控制台窗口生效。

```
// 在命令行中修改环境变量
// Linux 环境
> export NODE_ENV=production

// Windows powershell
> $env:NODE_ENV="production"

// Windows cmd
> set NODE_ENV=production
```

如果不想因为设置环境变量在不同操作系统的细节中耗费精力，可以使用第三方模块 cross-env，使用方法如下，具体细节不再介绍。

```
$ cross-env NODE_ENV=production node xx.js
```

2. 使用 gzip

gzip 是一类应用程序的统称，代表了 GUN zip，默认集成在 Linux 环境内部用于创建和解压压缩文件，生成的文件后缀名为.gz。请注意它和 Windows 环境下的 zip 并不是同一个应用程序，虽然后者也可以用来解压.gz 文件。

为了尽可能地减少 Web 的数据传输量以提高速度，现代 Web 服务器和浏览器均支持对数据进行压缩传输。HTTP 中规定，客户端可以在请求头的 accept-encoding 字段中声明其支持的编码格式。

```
// gzip、deflate、br 3 种都是数据压缩的方法，这里只介绍 gzip
accept-encoding : gzip ,deflate,br
```

当服务器接收到 accept-encoding 头部之后，便可以决定是否需要将传输数据进行压缩，通常来讲文本文件会被压缩，而图像文件由于压缩比不高，往往不会被压缩。

如果服务器决定对某个请求的响应进行压缩，那么就需要以响应头的形式告知客户端，该响应进行了压缩，如 content-encoding：gzip。浏览器在收到这样的响应之后就会使用对应的解压算法来对数据流进行解码。

Node 的 zlib 模块中的 zlib.createGzip 方法提供了创建压缩文件的功能。该方法会返回一个 transform 类型的流，它接收一个可读流作为输入，并向一个可写流进行输出。因为 serverResponse 对象就是一个可写流的实例，那么很容易写出下面的代码。

```
// 将一个文件经过压缩后输出到 response
fs.createReadStream(path).pipe(zlib.createGzip()).pipe(res)

// 或者使用 pipeline
pipeline(
```

```
    fs.createReadStream(PATH),
    zlib.createGzip(),
    response,
    (err) => {
      if (err) {
        console.error('Pipeline failed.', err);
      } else {
        console.log('Pipeline succeeded.');
      }
    }
);
```

3. 在 express 中使用 gzip

官方推荐的第三方模块是 compression 中间件，该中间件默认会对大于 1024Byte 的文件进行 gzip 压缩。

```
var compression = require(compression);
app.use(compression());
```

需要注意的是，compression 中间件的加载位置应该位于其他中间件，尤其是静态文件之前。

compression 中间件的原理很简单，核心思想就是重写 response 对象的 write 方法，就像在第 4 章中重写 console.log()那样，详细的代码这里不再介绍。在实验过程中，经过 gzip 压缩后的文本文件大小仅为原大小的六分之一。

6.3　集群和进程管理

本书第 4 章介绍了 child_process 模块，该模块允许开发者创建多个 Node 进程以充分利用多核心 CPU。对于 Web 服务器来讲，创建集群能够提供更高的并发处理能力。

6.3.1　使用 Cluster 模块

除了 Child Process 模块之外，Node 还提供了 Cluster 模块专门用来创建和管理集群，该模块是对 child_process.fork 方法的封装。

下面是一个使用 Cluster 模块来管理 express 集群的例子。新建一个名为 cluster.js 的文件，并利用它来启动一个服务器集群。

```
const cluster = require('cluster');
const http = require('http');
// 获取 CPU 核心数
const numCPUs = require('os').cpus().length;
// 判断是否为主进程
if (cluster.isMaster) {
    console.log(`Master ${process.pid} is running`);

    // 使用 fork 创建 worker 进程
    for (let i = 0; i < numCPUs; i++) {
      // fork 当前文件，这里并没有传入__filename 参数
      cluster.fork();
    }

    cluster.on('exit', (worker, code, signal) => {
      console.log(`worker ${worker.process.pid} died`);
    });
} else {
```

```
    http.createServer((req, res) => {
      res.writeHead(200);
      res.end('hello world\n');
    }).listen(8000);

    console.log(`Worker ${process.pid} started`);
}
```

cluster.fork()会以当前代码文件为基础来 fork 一个新的进程，主进程称为 master，子进程称为 worker。至于判断 cluster.isMaster 的原因，第 4 章也提到过，如果没有判断，那么这个脚本就会变成一个 fork 炸弹。

在实际开发中的服务器代码文件，如 server.js 往往已经成型，再把其内容放在 else 判断里面不太合适，这时候读者可能会想仿照之前 child_process.fork()的做法。

```
const cluster = require('cluster');
const numCPUs = require('os').cpus().length;

console.log(`Master ${process.pid} is running`);

// 传入参数
for (let i = 0; i < numCPUs; i++) {
cluster.fork("./server.js");
}

cluster.on('exit', (worker, code, signal) => {
    console.log(`worker ${worker.process.pid} died`);
});

// 运行上面的代码会产生错误
cluster.fork("./server.js");
        ^

TypeError: cluster.fork is not a function
    at Object.<anonymous> (~\文档\Node.js 指南书\example\c6\cluster\cluster.js:9:9)
    at Module._compile (internal/modules/cjs/loader.js:956:30)
    at Object.Module._extensions..js (internal/modules/cjs/loader.js:973:10)
    at Module.load (internal/modules/cjs/loader.js:812:32)
    at Function.Module._load (internal/modules/cjs/loader.js:724:14)
    at Function.Module.runMain (internal/modules/cjs/loader.js:1025:10)
    at internal/main/run_main_module.js:17:11
```

cluster.fork 方法和之前介绍的 child_process.fork 方法不同。cluster.fork 方法无法接收一个文件名作为参数，这意味着它只能 fork 当前的文件。如果要改善代码结构，需要换一种方式解决。使用 require()加载一个模块会执行其中的代码，那么 cluster.js 就可以改写成如下形式。

```
if (cluster.isMaster) {
      console.log(`Master ${process.pid} is running`);

      for (let i = 0; i < numCPUs; i++) {
          cluster.fork();
      }
      cluster.on('exit', (worker, code, signal) => {
          console.log(`worker ${worker.process.pid} died`);
      });
} else {
      // 借助 require()来加载代码
      require("./server.js");
```

```
        console.log(`Worker ${process.pid} started`);
    }
```

从代码上看，master 进程启动的所有子进程都监听了 8000 端口。但前面提到，一个端口不能同时被两个进程监听，否则会导致错误。为什么在集群模式下多个进程可以同时监听一个端口呢？

原因在于 listen 方法内部会进行判断，如果当前进程是运行在集群模式下的子进程，那么调用 listen 方法就不会真正地去监听一个端口。负责监听 8000 端口的只有主进程，当收到 HTTP 请求时，主进程会把请求转发给子进程处理。

6.3.2　负载均衡

了解了 Node 原生模块创建的集群之后，下一步就是确认它的工作性能到底如何。衡量一个集群工作是否正常的指标有两个，负载均衡和性能（即并发测试），本小节只讨论前者。

如果一个集群不能很好地实现负载均衡，那么它就不能充分发挥出多核 CPU 的优势。下面的代码给之前的 express 服务器增加一个简单的 GET 路由，用于返回当前的进程 ID。

```
app.get("/count",function(req,res){
    res.end(process.pid.toString());
});
```

然后通过下面的代码实现并发请求。

代码 6-5　测试负载均衡

```
const http = require('http');
// 发起一千个请求，
for(var i = 0;i<1000;i++){
    http.get('http://localhost:3000/count',(response)=>{
        var body = [];
        response.on('data',(data)=>{
            body.push(data)
        });
        response.on('end',()=>{
            console.log(Buffer.concat(body).toString());
        })
    });
}
```

1. Cluster 模块负载均衡

首先启动 express 服务集群，然后运行代码 6-5 并统计哪些进程返回了消息，其结果如表 6-10 所示。

表 6-10　Cluster 模块负载均衡的状况

进程 id	处理的请求数
27604	140
28796	265
20988	213
37820	382

使用 Cluster 模块启动的 12 个子进程只有 4 个得到了利用。

2. 使用 PM2

PM2 是一个专门用于 Node 的进程管理器（Process Manager），它提供了一系列的进程管理的功能。

```
// 安装
$ npm install -g pm2
```

```
// 常用命令
// 启动 Node 进程，增加--watch 选项可以监听文件变化
$ pm2 start xxx.js

// 查看运行状态
$ pm2 list

// 查看实时日志
$ pm2 log

// 重启应用
$ pm2 restart xxx.js

// 停止应用
$ pm2 stop xxx.js
```

在 Web 服务器的开发中，每次修改代码之后往往需要停止 Node 进程并且重新启动服务器。PM2 提供了监听文件变化然后自动重启的功能，当 server.js 发生修改时，不需要在控制台中手动停止服务然后再输入 node server.js 重新启动，PM2 会自动完成工作。

PM2（见图 6-16）作为进程管理工具运行在后台，这意味着运行 pm2 start server --watch 后动作就结束了，开发者既不知道修改后的文件是否正确地在工作，也看不到控制台输出，甚至不知道 server.js 是否在运行。此时，可以通过 pm2 log 命令来查看所有被 PM2 管理的进程的输出，该输出会一直在控制台中保持刷新。

```
PS C:\Users\likaiboy\OneDrive\文档\Node.js指南书\example\c6> pm2 start .\server.js
[PM2] Spawning PM2 daemon with pm2_home=C:\Users\likaiboy\.pm2
[PM2] PM2 Successfully daemonized
[PM2] Starting C:\Users\likaiboy\OneDrive\文档\Node.js指南书\example\c6\server.js in fork_mode (1 instance)
[PM2] Done.
```

App name	id	version	mode	pid	status	restart	uptime	cpu	mem	user	watching
server	0	1.0.0	fork	12936	online	0	0s	0%	25.5 MB	likaiboy	disabled

Use `pm2 show <id|name>` to get more details about an app

图 6-16　使用 PM2 运行 express 服务器

除非手动运行 stop 命令，否则 PM2 一旦开始监听某个文件，那么它就不会退出。如果代码文件存在错误，PM2 会一直监听文件改动直到达到了配置的最大次数为止。此外，PM2 支持集群模式，只要在运行时增加参数即可，如图 6-17 所示。

```
// 设置最大重启次数为两次
$ pm2 start  .\server.js --watch --max-restarts 2

// 使用集群模式运行，进程数量为 CPU 核心数量
pm2 start  .\server.js -i max
```

```
[PM2] Spawning PM2 daemon with pm2_home=/Users/likai/.pm2
[PM2] PM2 Successfully daemonized
[PM2] Starting /Users/likai/Desktop/server/server.js in cluster_mode (0 instance)
[PM2] Done.
```

id	name	mode	↺	status	cpu	memory
0	server	cluster	0	online	9%	22.7mb
1	server	cluster	0	online	9%	22.7mb
2	server	cluster	0	online	5%	18.1mb
3	server	cluster	0	online	6%	17.9mb

图 6-17　使用 PM2 的 cluster 功能

继续用代码 6-5 来测试 PM2 启动的集群的负载均衡情况，运行之后每个进程的利用情况如表 6-11 所示。

表 6-11　使用 PM2 集群模式的负载均衡

进程 ID	每个进程处理的请求数量
2712	147
8064	2
16596	473
16796	10
19416	3
26876	3
38280	233
38776	2
38840	6
39300	121

使用 PM2 的结果要比之前使用原生 Cluster 的结果好一些，但去除一些只处理了个位数请求的进程，仍然是 4 个进程处理了绝大部分的请求。

如果想要实现真正的负载均衡，最好的办法还是将客户端的请求和 Web 服务器之间增加一层转发，如 Nginx，由负责转发请求的进程来实现请求的平均分配，这里不再详细介绍。

6.3.3 服务器安全

安全问题是常常被开发者忽略的重要特性，事实上对于一个框架或者一门编程语言来说，是否具有足够的安全特性是商业普及的最重要因素之一。本小节将会讨论 Web 安全性，并介绍一些虽然简单，但能够大幅提高服务器安全的措施。

1. 使用 HTTPS

使用 HTTPS 可以保证用户和服务器之间的通信不被窃听，但不能保证 Web 服务器本身的安全。如果一个恶意的用户想要攻击某个网站，即使服务器和客户端之间的消息是加密的也无济于事，如 SQL 脚本注入，或者跨站脚本攻击（XSS）等。关于 HTTPS 更详细的内容将在后面内容进行介绍。

2. 使用 helmet 中间件

对于网络安全来讲，最简单的防护措施就可以帮助服务器避免 90%以上的风险。helmet 是 express 官方推荐的安全防护中间件，通过设置 HTTP 响应头部的方式来帮助服务器避免一些 Web 漏洞。

为什么仅仅设置一些 HTTP 响应头部就可以提高安全性？那是因为浏览器可以根据接收到的 HTTP 响应头部改变自己的行为。

用 XSS 为例，XSS 最常见的例子就是通过网站的评论功能注入脚本。由于<script>标签可以出现在<body>标签内部的任何地方，那么假设一个攻击者在评论时提交如下内容。

```
<script>alert('1')</script>
```

如果网站没有做特殊处理，那么这段来自攻击者的评论（脚本）就在其他用户访问该页面时被执行。这意味着一个攻击者可以在其他用户的计算机上运行指定脚本，这相当于控制了用户在该网站内部的全部行为，后续的手段通常包括弹出钓鱼窗口，盗取 cookie 信息等。

防止 XSS 的思路也有很多种，一种最简单的做法即对用户提交的特殊字符做转义操作，这样就破坏了可执行的结构；另一种措施则是以 HTTP 响应头的形式提供一个白名单，告诉浏览器只能执行可信任来源（白名单）中的代码，Content-Security-Policy 头部就起到了这个作用。

```
// 限制所有的资源都必须来自和当前页面同域
```

```
Content-Security-Policy: default-src 'self'

// unsafe-inline 允许<body>标签中<script>标签的执行
Content-Security-Policy: script-src 'self' 'unsafe-inline'
```

下面以一个 HTML 文件为例来说明，该 HTML 文件分别在<head>标签引用了外部脚本以及在 body 标签内部使用了 inline 脚本。

```
<!DOCTYPE html>
<html>
<head>
<title>test XSS</title>
<script type="text/javascript" src="https://cdn.bootcss.com/jquery/3.3.1/jquery.js">
</script>
</head>
<body>
<script>
    console.log('Inline script.');
</script>
</body>
</html>
```

再回到 express，在 server.js 中增加一个中间件，重新运行服务器，其结果如图 6-16 所示，外部的 JQuery 脚本被禁用，inline 脚本正常执行，如图 6-18 所示。

```
app.use((req,res,next)=>{
    res.setHeader
('Content-Security-Policy',"default-src 'self' ; script-src 'unsafe-inline' ");
    next();
});
```

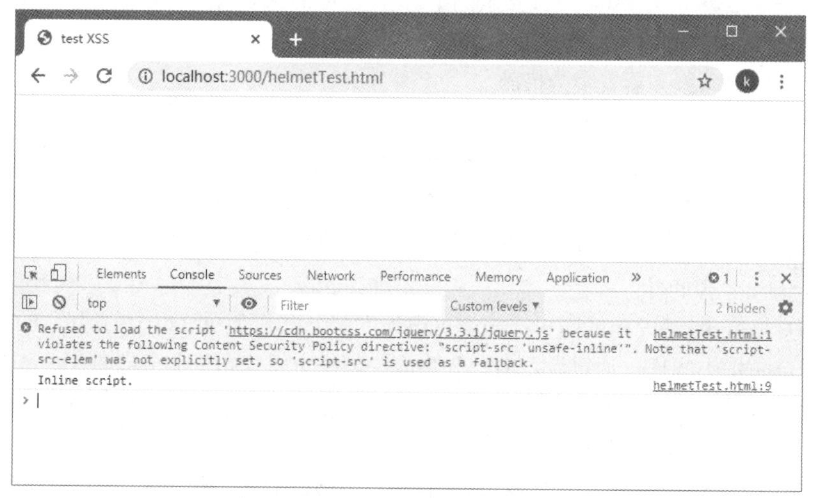

图 6-18　外部脚本被禁止运行

然后修改中间件方法中的限制策略，如图 6-19 所示。

```
app.use((req,res,next)=>{
    // 允许来自特定网址的脚本运行
    res.setHeader('Content-Security-Policy',"default-src 'self' ; script-src cdn.
bootcss.com ");
    next();
});
```

再回到 helmet，它其实是一系列比较小的中间件函数的集合，这些函数都用于设置与安全相关的 HTTP 头。这些中间件既可以通过 helmet 使用，也可以独立安装来使用，如表 6-12 所示。

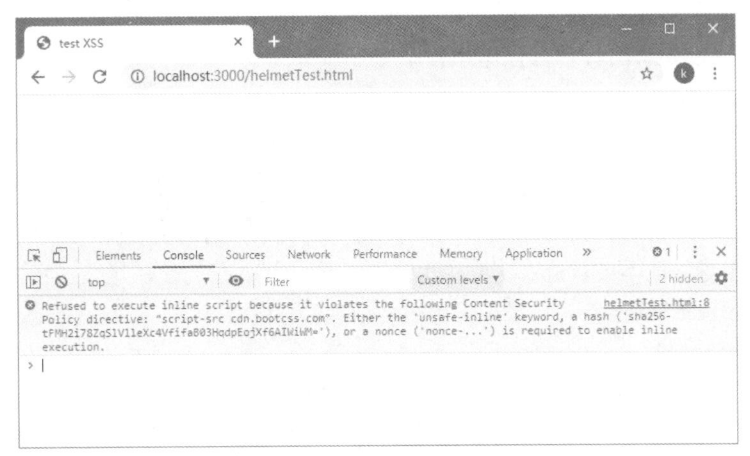

图 6-19　inline 脚本被禁止执行

表 6-12　helmet 包含的中间件列表

中间件名称	作用
csp	设置 Content-Security-Policy 头，帮助抵御跨站点脚本编制攻击和其他跨站点注入攻击
hidePoweredBy	移除 X-Powered-By 头
hpkp	添加公用密钥固定头，防止以伪造证书进行的中间人攻击
hsts	设置 Strict-Transport-Security 头，实施安全的服务器连接 (HTTP over SSL/TLS)
ieNoOpen	为 IE8+ 设置 X-Download-Options 头
noCache	设置 Cache-Control 和 Pragma 头，以禁用客户端高速缓存
noSniff	设置 X-Content-Type-Options，以防止攻击者以 MIME 方式嗅探浏览器发出的响应中声明的 content-type
frameguard	设置 X-Frame-Options 头，提供 clickjacking 保护
xssFilter	设置 X-XSS-Protection，在最新的 Web 浏览器中启用跨站点脚本编制 (XSS) 过滤器

下面的代码展示了 helmet 在 express 中的使用。

```
var helmet = require('helmet');
app.use(helmet.contentSecurityPolicy({
    directives: {
      defaultSrc: ["'self'"],
      scriptSrc: ["'self'", "'unsafe-inline'"]
    }
}));
```

6.4　HTTPS

HTTPS 即 HTTP+SSL/TLS，在 HTTP 协议之上使用 SSL 对数据进行加密传输。

SSL 是为了实现加密传输而被创造的传输层安全协议，负责对数据包进行端到端的加密。SSL 仅是一套加密/解密的标准，它不依赖于其他协议，可以和多种应用层协议搭配使用，如 HTTP+SSL=HTTPS、WebSocket+SSL=WSS。在介绍加密流程之前，先了解一些基本概念。

6.4.1　对称加密和非对称加密

加密方式分为两种，第 1 种是对称式加密，即加密和解密都使用同一把密钥；第 2 种是非对称加密，使用两把密钥——公钥和私钥，通常使用公钥加密，私钥解密。

HTTPS 通过非对称加密的方式来建立连接，为什么不使用对称加密？

原因很简单，在不可靠的网络环境下，如果客户端和服务器使用对称加密建立连接，那么在协商密钥的过程中很难保证不被其他人获取。此处的“不可靠”，指的是在建立加密连接之前，明文传输的 HTTP 报文可以被窃听。

1. 建立连接的过程

HTTPS 建立连接的过程大致为：一个提供 HTTPS 服务的网站会将自己的公钥公开，而私钥保存在网站服务器上。客户端获取公钥之后使用公钥加密数据，服务器就可以使用私钥进行解密，这样就能保证客户端和服务器之间数据的加密传输。

对于上面这一段描述，读者可能会产生如下两个疑问。

（1）在建立 HTTPS 连接之前，所有的数据都是可被窃听并篡改的，客户端如何确定自己获得的是正确的公钥？

（2）服务器可以用本地的私钥解密客户端发来的数据，但客户端不可能获得服务器私钥，要如何解密服务端发来的数据？

第 1 个问题，网站的公钥会以文件的形式保存在权威服务器（Certificate Authority，CA）上，那么如何保证客户端和 CA 之间的通信是安全的呢？

互联网采用证书机制来确保公钥的正确，每个 CA 都有一个根证书，根证书文件中会包含一个公钥，它是信任链和加密链的起点。根证书经过各大软件提供商（如微软，谷歌等）进行审核后，被预先安装到用户计算机系统内。只要能获得一个确保可靠的公钥，就可以开始后续的加密通信。

至于第二个问题，其实 HTTPS 中非对称加密的使用仅限于双方建立连接的过程，后续的通信过程则使用对称加密。使用对称加密传输数据的一个重要原因是，对称加密的解密速度要比非对称加密的解密速度快得多。

客户端在获得公钥之后，在理论上就实现了从客户端到服务器单向的加密传输，那么客户端只要生成对称加密的密钥再发送给服务端，后续双方就可以使用这把密钥进行通信了。

在实际使用中，客户端也并不会直接发送加密后的密钥内容，而是生成一个名为 pre-master key 的字符串，用公钥加密后发送给服务器。然后，客户端和服务器就可以根据这个字符串计算出一把密钥，并用在后续的加密解密过程中。

HTTPS 建立通信的要点如下所示。

（1）在不可靠的通信环境中，客户端和服务端要保证传输信息的安全性，非对称加密是唯一的选择。

（2）非对称加密只限于握手阶段，真正的数据通信使用的是对称加密。

2. SSL 的安全性

SSL 算法本身的特定决定了在没有私钥的情况下，以目前的计算机系统无法破解使用公钥加密后的数据。即使有人通过侦听获得了 SSL 加密后的数据包，也无法得知里面的数据内容。

在整个加密通信的过程中，证书是最为薄弱的环节，如果有人伪造了证书并植入用户计算机的系统中，伪造者提供的公钥可以被其掌握的私钥解密，那么随后所有的数据加密都会形同虚设。这也提示用户不要随意安装未经信任的证书文件。

此外，攻击者虽然不能获知加密后的数据内容，但数据包的目的地是明文的（否则数据包无法被路由器传输），那么通过发送错误的数据包就可以阻断双方的数据连接。

6.4.2 升级 HTTPS 服务器

下面把之前实现的 HTTP 服务器改造成支持 HTTPS 的服务器。首先需要安装 OpenSSL，Linux 和 Mac OS 系统下大多已经自带了 OpenSSL，Windows 系统下需要额外下载和安装，并需要设置对应的环境变量，安装过程这里不再介绍。

安装好 OpenSSL 之后，在控制台中运行如下命令，用来创建私钥和证书。

```
// 创建私钥
$ openssl genrsa -out privatekey.pem 1024
// 创建 csr 文件
$ openssl req -new -key privatekey.pem -out certsign.csr
// 生成证书
$ openssl x509 -req -in certsign.csr -signkey privatekey.pem -out certificate.crt
```

上面 3 个命令会在本地生成 3 个文件，创建服务器时用到的是私钥（privatekey.pem）和证书文件（certificate.crt）。

```
// 修改 server.js
// 运行下面的代码，会启动一个 HTTP 服务器以及一个 HTTPS 服务器
var httpServer = http.createServer(app);
var httpsServer = https.createServer({
    key: fs.readFileSync('./cert/privatekey.pem', 'utf8'),
    cert: fs.readFileSync('./cert/certificate.crt', 'utf8')
}, app);

var httpPort = 3000;
var httpsPort = 3001;

httpServer.listen(3000);
httpsServer.listen(3001);
```

6.5 全双工通信

如果一个 HTTP 请求在 header 中包含 connection: keep-alive，就表示该连接是一个持久连接。目前广泛使用的 HTTP/1.1 协议已经默认包含了这个字段。

keepAlive 可以让一个底层的 TCP 连接在完成一次 HTTP 请求-响应后继续保持一段时间，而不是立刻断开，这样通信双方就可以复用这个连接发送其他的资源。

但通信还是只能由客户端向服务端发起，现代 Web 的使用方式已经越来越倾向于服务器推送即时消息，如 24 小时都试图推送通知的手机 App 。

在 HTTP/1.1 中，要获取实时性消息，只能通过不断发送请求来实现，并且催生了一些通信模型，如轮询和长连接。

6.5.1 轮询和长连接

轮询是客户端按照一定的时间间隔，不停地向服务器发送请求，如果服务器没有新的资源，那么就直接返回。这种请求在服务器没有新的资源时会造成性能浪费，因此已经被淘汰。

长连接是客户端发送一个请求，如果服务器没有新的资源，那么就把这个连接挂起，并在快要超时时更新连接状态。当有了新资源时，再将数据返回。这种方式的优点是客户端只要发送请求，就一定能得到数据返回，避免了无效的请求。但长连接仍然是单向的，客户端在收到一个长连接的

响应之后就要继续发送下一个请求。

6.5.2 使用 WebSocket

WebSocket 就是为了解决服务端推送问题而提出的，它同样基于 TCP，和 HTTP 最大的区别在于 WebSocket 支持在单个 TCP 连接上进行全双工的通信。

TCP 并没有规定只能从客户端到服务端进行单向通信，至于客户端得到响应之后就会断开连接，这是 HTTP 最初版本中为了减少复杂性的设计，请不要混淆。

WebSocket 和 HTTP 兼容，表现在它同样使用 80 和 443 端口工作，并且依赖 HTTP 协议来建立连接，但在建立连接之后就会进行协议切换，即从 HTTP 切换到 WebSocket。

读者可能认为“协议切换"这四个字过于抽象而难以理解，但从代码的层面看，就是针对已经建立的 TCP 连接（代码层面是 socket）换一种处理方式。在 HTTP 协议中，一个 socket 的生命周期就是一个 request + response ，之后该 socket 就会被销毁（忽略 keep-alive），而 WebSocket 协议会保持这个 socket 并进行多次通信。

如果要在现有的代码中使用 WebSocket，要同时修改浏览器 JavaScript 和服务器的实现。几乎每一种服务器编程语言都已经支持 WebSocket，Node 中有很多提供 WebSocket 服务的第三方模块，这里选择 ws 为例进行讲解。

在对 Node 服务器进行改造之前，首先把前端的测试代码准备好。下面的 HTML 代码并不依赖于 Web 服务器，读者可以把它放在一个静态文件服务器上，或者直接在本地浏览器中打开文件。

```
// HTML 代码只截取了主体部分
// "$"符号表明引入了 jQuery
<body>
    <textarea style="width:300px;height:300px"></textarea>
    <br/>
    <input type="text"/>
    <button id="btn">发送</button>
</body>
<script>
    // 连接 WebSocket 服务器
    const socket = new WebSocket('ws://localhost:3000');
    // 连接成功
    socket.addEventListener('open',function (event){
        socket.send("Connected");
    });

    // 监听消息并把来自服务器的消息显示在页面上
    socket.addEventListener('message',function (event){
        $('textarea').val($('textarea').val()+'\n\n ' +event.data)
    });

    $("button").click(function(){
        // 向服务器发送消息
        var message = $('input').val();
        socket.send(message);
        $('textarea').val($('textarea').val()+'\n\n  you :' +message)

        // 清空输入框
        $('input').val("");
    });
</script>
```

```
// wsServer.js
const WebSocket = require('ws');
// 新建 WebSocket 服务
const wss = new WebSocket.Server({ port: 3000 });
wss.on('connection', (ws)=> {
    // 监听消息
    ws.on('message', (message)=>{
        console.log( `received:${message}`);
        // 一个小恶作剧
        message = message.replace("吗","").replace("?","").replace("? ","!");
        ws.send(`Server : ${message}`);
    });
    // 连接成功
    console.log("Connected");
});
```

上面的代码实现了一个简单的“人工智能”（其实是一个恶作剧），运行结果如图 6-20 所示。

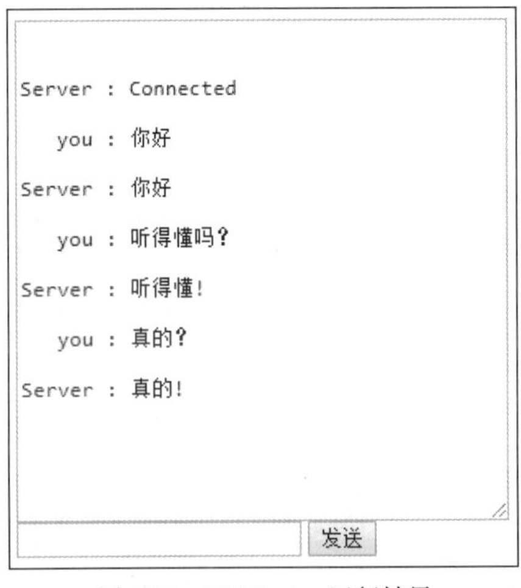

图 6-20　WebSocket 运行结果

6.5.3　WebSocket 握手

首先看 WebSocket 在通信过程中的网络请求，打开 Chrome 控制台，如图 6-21 所示。

Elements　Console　Sources　Network　Performance　Memory　Application　Security　Audits　AdBlock

Preserve log　Disable cache　Online

Filter　Hide data URLs　All　XHR　JS　CSS　Img　Media　Font　Doc　WS　Manifest　Other

5 ms　10 ms　15 ms　20 ms　25 ms　30 ms　35 ms　40 ms　45 ms

Name	Status	Type	Initiator
ws.html	Finished	document	Other
jquery-1.12.4.min.js	200	script	ws.html
localhost	101	websocket	ws.html:15

图 6-21　WebSocket 资源加载过程

第 1 个和第 2 个资源是静态文件和通过 CDN 引用的 jQuery，第 3 个就是 WebSocket 连接。前端和服务器所有的通信都会在这个连接上完成，下面来看请求的具体信息，如图 6-22 所示。

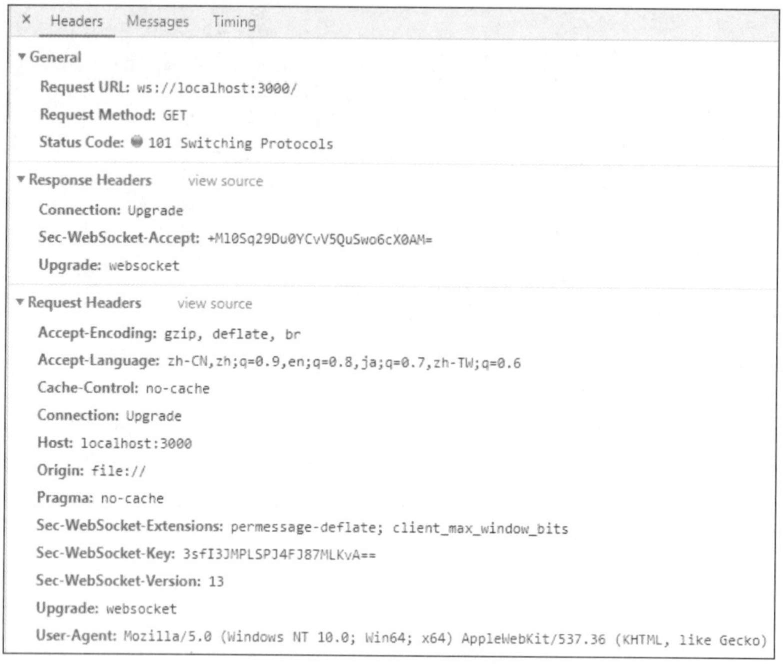

× Headers Messages Timing

▾ General

Request URL: ws://localhost:3000/

Request Method: GET

Status Code: 101 Switching Protocols

▾ Response Headers view source

Connection: Upgrade

Sec-WebSocket-Accept: +Ml0Sq29Du0YCvV5QuSwo6cX0AM=

Upgrade: websocket

▾ Request Headers view source

Accept-Encoding: gzip, deflate, br

Accept-Language: zh-CN,zh;q=0.9,en;q=0.8,ja;q=0.7,zh-TW;q=0.6

Cache-Control: no-cache

Connection: Upgrade

Host: localhost:3000

Origin: file://

Pragma: no-cache

Sec-WebSocket-Extensions: permessage-deflate; client_max_window_bits

Sec-WebSocket-Key: 3sfI3JMPLSPJ4FJ87MLKvA==

Sec-WebSocket-Version: 13

Upgrade: websocket

User-Agent: Mozilla/5.0 (Windows NT 10.0; Win64; x64) AppleWebKit/537.36 (KHTML, like Gecko)

图 6-22 WebSocket 消息

WebSocket 的请求头部相比普通的 HTTP 请求多了一些字段。

- Origin：此处使用了本地文件，在真实应用中为了避免跨源攻击，服务端需要对这个字段进行判断。
- Upgrade：告诉服务器需要对协议进行升级。
- Sec-WebSocket-Key：用于校对的 key。
- Sec-WebSocket Extensions：一些可能的功能扩展。

6.5.2 小节的代码虽然实现了一个独立的 WebSocket 服务器，但实际应用中往往是有了一个 HTTP 服务之后，还希望能给现有的服务器增加 WebSocket 功能，这也很容易实现。

```
// 给 express 服务器增加 WebSocket 功能
var server = http.createServer(app);
var wss = new WebSocket.Server({server:server});

wss.on('connection', (ws) => {
    ws.on('message', (message)=> {
    });
    ws.send('Connected');
});

server.listen(3000);
```

6.5.4 HTTP/2

HTTP 是无状态的，并且只能由客户端向服务端发起请求。最初协议的设计者为了实现上的方便选择了这种机制，但随着 Web 的发展，原本的协议越来越跟不上现代 Web 应用的需求。

现在的 Web 站点，一个网页上可能会请求多个资源。以电商网站为例，打开一个 URL 可能会发送上千个请求，如果每个资源都要发送一次请求，那么大量的时间将浪费在建立连接上。为了解决这种问题，出现了各种各样的方案，如把多个 JavaScript 或者 CSS 文件压缩成一个 dist 文件，把多张图片合成一张然后交给前端切割（Sprite 切图）等。

到现在为止，本书中提到的 HTTP 协议指的都是 HTTP/1.1，HTTP/2 是对 HTTP/1.1 的升级，目前主流的浏览器都已经支持 HTTP/2（注意是浏览器支持）。HTTP/2 通过以下方式来减少网络延迟和提高加载速度。

- 头部压缩。
- 服务端推送。
- 多路复用。

和 WebSocket 不同，HTTP/2 是对 HTTP 协议本身进行了升级。由于 HTTP/1.1 已经在全世界得到了广泛应用，这就要求 HTTP/2 的改动要尽可能少的避免造成现有网站代码的修改。很多网站的服务端依赖流行的 Web 服务器软件，如 Apache、Tomcat 等产品。对于这些商业软件，升级 HTTP/2 的过程会很容易。

但如果告诉用户因为服务器升级到了 HTTP/2 协议，所以还需要把前端代码升级才能适配升级后的服务器软件，这是不可接受的，因为很多古老的网站已经无人维护。

这就引出了 WebSocket 和 HTTP/2 的区别，即 HTTP/2 协议和前端代码无关。前端的 HTML 和 JavaScript 无法感知服务器正在使用 HTTP/1.1 还是 HTTP/2。而 WebSocket 则不同，要使用 WebSocket，就必须同时修改前端 JavaScript 和后端服务器的实现。

前端代码不需要改动，这听起来很棒，但客户端要怎么获得服务端推送的数据呢？

这里引出了 HTTP/2 的另一个特点，即 HTTP/2 的推送面向浏览器而不是用户代码。HTTP/2 推送的是网站加载需要的资源，而不是代码中使用的数据。表 6-13 列出了 HTTP/2 和 WebSocket 详细的比较。

表 6-13 HTTP/2 和 WebSocket 的比较

特性	HTTP/2	WebSocket
头部传输	头部压缩	无头部
二进制传输	支持	支持二进制和文本
多路复用	支持	支持
按优先级推送资源	支持	不支持
数据压缩	支持	支持
传输方向	客户端到服务器端 + 服务端推送	双向
全双工	支持	支持

6.6 HTTP 客户端

迄今为止介绍的 Web API 全部用来实现 Web 服务器，除了服务器相关的 API 之外，HTTP 模块还提供了实现 HTTP 客户端相关的方法。

服务器和客户端是一个相对的概念，一台计算机上既可以运行 express 作为 Web 服务器，也可以在代码逻辑中作为客户端向其他服务器发起请求。

HTTP 模块中的 request 和 get 方法提供了用于向一个 URL 请求并返回结果的功能。根据第一个参数的不同，实际上分成了 4 个方法。

- http.request(options[, callback])。
- http.request(url[, options][, callback])。
- http.get(options[, callback])。

- http.get(url[, options][, callback])。

这里以 request 方法为例，第一个参数可以是 URL 或者一个对象。

```
// 接收一个 URL 作为参数
var url = 'http://nodejs.org';
var req = http.request(url, (res)=>{
    console.log(`STATUS: ${res.statusCode}`);
    console.log(`HEADERS: ${JSON.stringify(res.headers)}`);
});
// 必须调用 end 方法
req.end();

// 接收一个对象作为参数
// hostname 属性，不能加 http://前缀，关于 URL 的结构已经在前面内容介绍过了
var options = {
    hostname:'baidu.com',
    path:'/',
    headers:{
        //...
    }
};
var req = http.request(options, (res)=>{
    console.log(`STATUS: ${res.statusCode}`);
    console.log(`HEADERS: ${JSON.stringify(res.headers)}`);
});
req.end();
```

而 get 方法和 request 方法的两个区别如下所示。

- options 对象中的 method 字段默认为 GET。
- 不需要调用 end 方法。

```
var url = 'http://nodejs.org';
http.get(url, (res)=>{
    console.log(`STATUS: ${res.statusCode}`);
    console.log(`HEADERS: ${JSON.stringify(res.headers)}`);
});
```

由于来自服务器的响应是一个可读流，因此在使用 http.get()或者 http.request()时需要监听事件来获得最终数据。这个过程有点烦琐，下面来做一个简单的封装。

```
function request(options,callback){
    // 把 http.request()封装在函数内部
    http.request(options,(res)=>{
        var body = [];
        res.on('data',(data)=>{
            body.push(data);
        });

        res.on('end',()=>{
            var response = Buffer.concat(body).toString();
            // 获取数据结束，传入响应信息
            callback(undefined,response);
        })

        res.on('err',(e)=>{
            // 发生错误，传入错误信息
            callback(e);
        })
    }).end();
```

```
    }

    // 在使用时就可以像普通的回调函数一样
    // 这种形式的封装也可以方便地转换成 Promise
    request(options,(err,response)=>{
        if(err){
            console.log(err);
            return;
        }
        console.log(response);
    });
```

6.7　API 文档

对于一个开发中的 Web 系统，API 文档作为前后端沟通的桥梁是必不可少的。

在很久之前笔者有过这种经历，一个服务端的开发同事交来一份 Word 形式的 API 文档，然后笔者不得不因为某个路径的拼写或者大小写的问题一遍遍地跟后端确认。而且这种文档是静态的，文档描述的 API 内容在开发结束之前无法使用。前端开发者的通常做法是自己搭建一个服务器用于 API 测试，这也是 Node 最初流行的原因之一。

很多人认为代码即文档，但首先代码中冗余信息量太大，其次是这种文档的质量根据开发者本人的水平波动。在开发中，针对现有的功能基础上做修改，尤其是动态语言，没有文档的话很难弄清楚一个接口返回的到底有哪些字段或者哪些类型。

后来社区探索出了另一种方式，即把文档作为可运行的服务提供出去。接下来介绍的 Swagger 就是一个这样的例子。Swagger 是一系列文档工具的组合，它可以通过直观的 Web 服务来确认 API 的各种功能。

6.7.1　Swagger UI

首先到项目的 GitHub 仓库上下载整个项目，然后把 dist 目录拷贝到 express 服务器的代码的文件夹下。dist 目录的内容是一个静态的 HTML 网站，打开其中的 index.html 可以显示出 swagger-ui 的全貌，如图 6-23 所示。

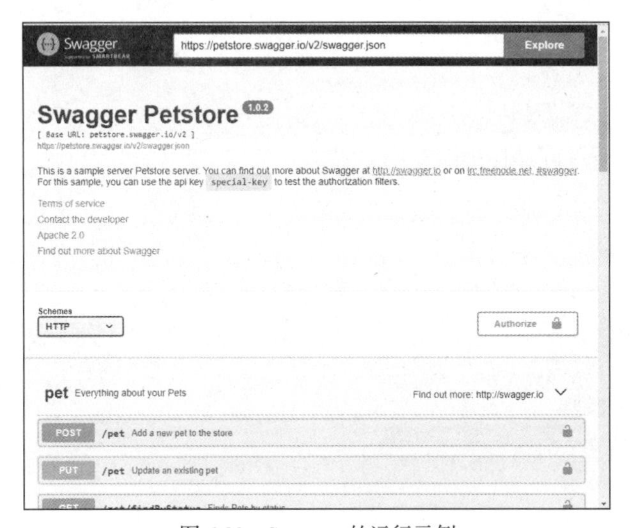

图 6-23　Swagger 的运行示例

该网页就是一个可运行的 API 文档，单击对应的 API 条目，即可获得对应 API 的结果。对于本章实现的只有 restful 却没有 UI 的网站来说，swagger UI 是一个非常好的展示平台。

6.7.2 API 描述文件

图 6-23 中有一个 https://petstore.swagger.io/v2/swagger.JSON 链接，该 URI 是一个 API 描述文件。可以在 index.html 做一下修改，使其指向自定义的 swagger.json 文件。

```
window.onload = function() {
    // Begin Swagger UI call region
    const ui = SwaggerUIBundle({
     // 将原本指向 https://petstore.swagger.io/v2/swagger.JSON 的 URL
     // 指向自定义的本地 JSON 文件
     url: "./swagger.json",
     dom_id: '#swagger-ui',
     deepLinking: true,
     presets: [
       SwaggerUIBundle.presets.APIs,
       SwaggerUIStandalonePreset
     ],
     plugins: [
       SwaggerUIBundle.plugins.DownloadUrl
     ],
     layout: "StandaloneLayout"
    })
    // End Swagger UI call region

    window.ui = ui
  }
```

swagger.json 是一个包含所有 API 定义的描述文件，一个 API 即针对一个路由定义的 HTTP 方法，格式如下所示。

```
"/pet/{petId}": {
     "get":{
         //...
     },
     "post":{
         //...
     },
     "delete":{
         //...
     }
}
```

以 get 方法为例，该 API 的详细定义如下所示。

```
"get": {
         "tags": [
           "pet"
         ],
         "summary": "Find pet by ID",
         "description": "Returns a single pet",
         "operationId": "getPetById",
         "produces": [
           "application/xml",
           "application/JSON"
         ],
         "parameters": [
```

```
            {
              "name": "petId",
              "in": "path",
              "description": "ID of pet to return",
              "required": true,
              "type": "integer",
              "format": "int64"
          a }
          ],
          "responses": {
            "200": {
             "description": "successful operation",
              "schema": {
               "$ref": "#/definitions/Pet"
              }
            },
            "400": {
             "description": "Invalid ID supplied"
            },
            "404": {
             "description": "Pet not found"
            }
          },
          "security": [
            {
              "API_key": []
            }
          ]
        }
```

produces 字段定义了可接收的返回类型，在现代 Web 应用中使用较多的是 JSON 格式，如图 6-24 所示。

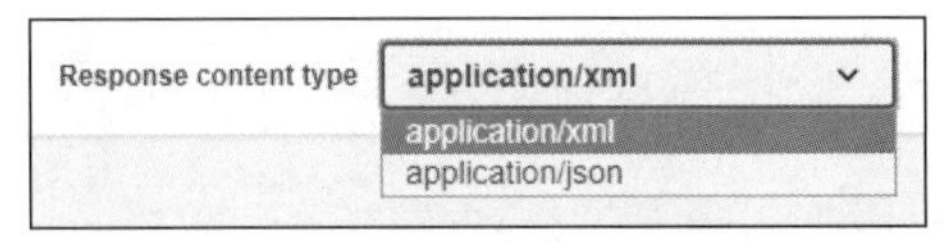

图 6-24　produces 字段

parameters 字段定义了 get 请求的参数及格式，这里的参数并不是传统意义上的使用？及&定义的在 URL 后的参数，而是根据 restful 风格的定义，直接作为路径一部分的参数，即"/pet/{petId}"。

response 字段则定义了所有可能接收的 response 的类型。

```
"responses": {
      "200": {
        "description": "successful operation",
        "schema": {
          "$ref": "#/definitions/Pet"
        }
      },
      "400": {
        "description": "Invalid ID supplied"
      },
      "404": {
        "description": "Pet not found"
      }
}
```

上述代码中的 schema 则是定义了返回数据的格式，包括必选字段和数据格式等，而其中的字段又可以引用新的 schema。

```
"Pet": {
        "type": "object",
        "required": [
          "name",
          "photoUrls"
        ],
        "properties": {
          "id": {
            "type": "integer",
            "format": "int64"
          },
          "category": {
            "$ref": "#/definitions/Category"
          },
          "name": {
            "type": "string",
            "example": "doggie"
          },
          "photoUrls": {
            "type": "array",
            "xml": {
              "name": "photoUrl",
              "wrapped": true
            },
            "items": {
              "type": "string"
            }
  },
```

例如，符合上面 schema 的一个返回消息如下所示。

```
{
  "id": 0,
  "category": {
    "id": 0,
    "name": "string"
  },
  "name": "doggie",
  "photoUrls": [
    "string"
  ],
  "tags": [
    {
      "id": 0,
      "name": "string"
    }
  ],
  "status": "available"
}
```

小　　结

本章占了本书接近四分之一的篇幅，主要介绍了 Node 中关于网络编程的内容。经过第 4～6 章的学习，读者应该可以对 Node 的全貌有了一个比较清晰的把握。

本章主要介绍了 Web 服务，以 HTTP 服务器为核心内容，兼顾了 HTTPS 和 WebSocket 的内容，介绍了一个 Web 服务器所提供的常用服务，包括静态资源、路由、OAuth、cookie 等。

本章同时还重点介绍了 express 框架，无论读者是想实现一个简易的个人站点，还是一个成熟的商用网站，使用 express 都可以帮读者快速地实现目标。

思考与问题

- 将代码处理文件表单的代码变得更加通用，即可以在 Windows 和 Linux 环境下运行（提示：需要判断当前的操作系统）。
- 使用 formiable 模块限制文件上传的大小。
- 如果没有设置 writeHead 方法设置响应头部，curl 返回的是结果是什么样的，并比较其区别。
- 将 6.2.5 小节的迷你 express 改造成符合 express 的调用形式。
- 尝试将 session 存储到外部存储，如 mongodb 和 redis。
- 阅读 HTTP 模块的源码中关于创建服务器的部分。
- 动手实现 6.2.10 小节提到的 gzip 中间件。如果读者没有思路，可以参考 compression 中间件的源码。
- koa 是另一个流行的中间件框架，了解 koa 中间件系统的实现，比较和 express 之间的差别。
- 尝试 helmet 中所有的中间件。
- 把 swagger 应用到 express 服务器中。

第 7 章 图形化应用

漫游了 Web 世界之后，下面把思维从繁杂的 HTTP API 和细节中摆脱出来，来了解一些直观的东西。本章将会介绍如何借助现成的框架，使用 JavaScript/Node 来开发桌面级应用。

7.1 桌面应用

虽然互联网浪潮势不可挡，浏览器也变成绝大多数用户使用最频繁的应用，但普通桌面应用依然生命力旺盛。因为相比于浏览器，桌面应用可以自由地访问和操作本地资源。

桌面应用开发分成两个部分，即界面开发和后台逻辑。注意这里的后台和 Web 服务中“后台”的区别，桌面应用的后台逻辑即运行在本地计算机处理页面背后逻辑的部分。

7.1.1 Java Swing

很多经典的 Java 书籍，如《Java 核心技术》《Java 编程思想》等，都会保留一到两个章节来介绍图形化开发相关的内容。

Java GUI 曾使用的主要技术是 AWT 和 Swing。从时间上看，Swing 称得上是一门古老的技术，它在 JDK 1.2 版本中被引入（1998 年），是 Java 标准库的一部分。

在《Java 编程思想》一书中关于 Swing 的介绍包括了以下几个部分的内容。

- 创建按钮。
- 捕获事件。
- 文本区域。
- 控制布局。
- 各种组件

Swing 既然是 Java 的一部分，那么也延续了 Java 的特点，即用面向对象的方式来描述一个图形化界面及组件。

```
// 创建一个 button 对象
button1 = new JButton();
// 设置大小
button1.setBounds(103,110,71,27);
// 设置显示文字
button1.setText("OK");
// 绑定事件
button1.addActionListener(new HelloButton());
```

上面的代码用来声明一个 button，设置了它的大小，显示的文字，以及单击时的事件。读者应该也注意到了，使用面向对象的方式来描述页面元素需要编写大量的代码。简单的页面还好，如果页面元素一旦丰富起来，代码文件就会快速膨胀。典型的 Swing UI 如图 7-1 所示。

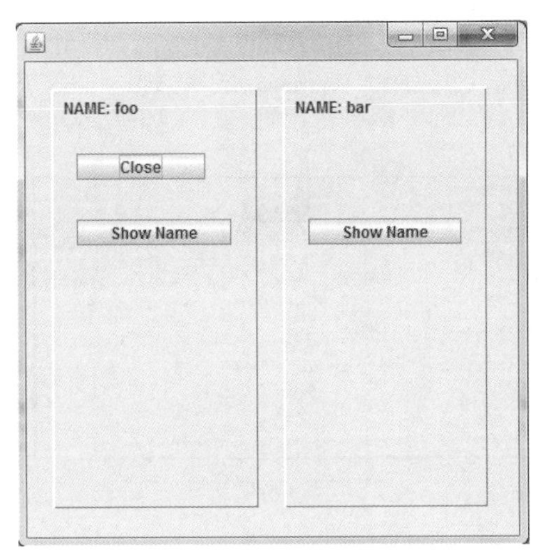

图 7-1　典型的 Swing UI

在 Web 应用的性能还没有被充分挖掘之前（2009 年 Ajax 开始流行），Swing 作为 Java 技术栈的一部分可以减少 Java 程序员的学习成本，这也是 Swing 曾经取得成功的原因。

而 Swing 没落的原因也是因为它是 Java，面向对象的编码方式不适合直接拿来描述用户界面。目前在桌面应用开发领域 Swing 已经不再流行，Java 官方也推出了 JavaFX 来取代它。

7.1.2　WPF

2006 年，在.NET Framework 3.0 版本中，微软发布了 WPF（Windows Presentation Foundation），它相对于 Swing 创新的地方在于使用了 XAML（Extensible Application Markup Languag）来描述页面元素。

```
// XAML 文件示例
<Window x:Class="WpfApp1.MainWindow"
      xmlns="http://schemas.microsoft.com/winfx/2006/xaml/presentation"
      xmlns:x="http://schemas.microsoft.com/winfx/2006/xaml"
      xmlns:d="http://schemas.microsoft.com/expression/blend/2008"
      xmlns:mc="http://schemas.openxmlformats.org/markup-compatibility/2006"
      xmlns:local="clr-namespace:WpfApp1"
      mc:Ignorable="d"
      Title="MainWindow" Height="450" Width="800">
   <Grid>
      <Button Content="登录"  Margin="314,292,0,0"  FontSize
="24" Width="75" RenderTransformOrigin="1.4,0.895"/>
      <Label Content="用户名: "  Margin="219,108,0,0"  FontSize="24" Height
="39" Width="105"/>
      <Label Content="密码: "  Margin="219,194,0,0"  FontSize
="24" RenderTransformOrigin="3.575,0.6" Height="46" Width="82"/>
      <TextBox  Height="39" Margin="384,108,0,0" TextWrapping="Wrap" Text
=""  Width="139"/>
      <TextBox  Height="36" Margin="384,194,0,0" TextWrapping="Wrap" Text
=""  Width="139"/>

   </Grid>
</Window>
```

XAML 是微软开发的，是基于 XML 的用户界面描述语言。WPF 使用 XAML 描述页面元素，然后通过 C#进行初始化和控制。WPF 在很长一段时间里成为 Windows 环境图形化开发的主流，但

WPF 和.NET Framework 一样，都是微软封闭生态的一部分。如果开发者选择了 WPF，那么就不得不接受一整套微软技术栈，包括 C#、.NET Framework、Visual Studio 等。典型的 WPF 窗口如图 7-2 所示。

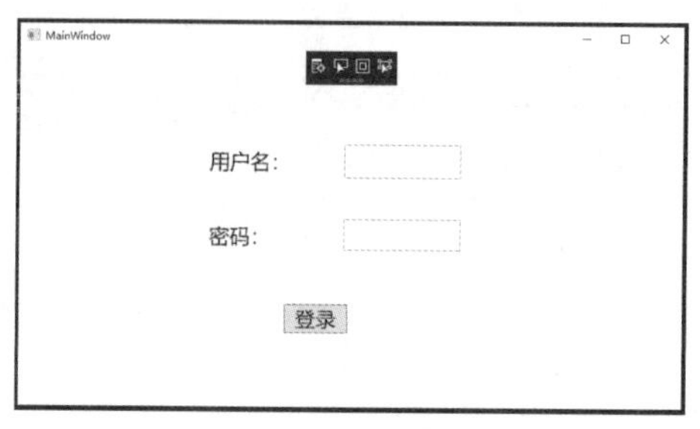

图 7-2　WPF 窗口

7.1.3　Qt

除了 WPF 之外，读者可能还听说过 Qt，它是一个开源的，用 C++实现的跨平台桌面应用开发系统。Qt 的历史比 WPF 和 Swing 更加古老，Qt 于 1991 年开发，第一个版本发布于 1995 年。

最开始的 Qt 和 Swing 一样，使用代码的方式来描述页面元素。

```
#include <QApplication>
#include <QDialog>
#include <QLabel>
int main(int argc,char * argv[])
{
  // 声明一个窗口
  QApplication app(argc,argv);
  QDialog dialog;
  QLabel label(&dialog);
  label.setText("Hello world from Qt!");
  // 设置标签显示的位置
  label.setGeometry(10,10,50,50);
  dialog.show();
  return app.exec();
}
```

Qt 在后续的版本中也逐步摒弃了使用代码声明页面元素的方式，引入了 QML 来定义页面元素，这里不再详细介绍。

使用标记语言来描述页面元素是技术演进的趋势，但用于描述页面组件的语言已经有了现成的，而且获得了巨大成功，就是 HTML。

为什么还要继续发明和使用新的标记语言，而不直接在桌面应用中使用 HTML 呢？从另一个角度看，浏览器本身就是一个使用 HTML 描述页面元素的图形化程序，可不可以把浏览器的底层框架进行封装，从而用开发网页的形式来开发桌面应用呢？

7.2　Electron

Electron 是一个开源框架，它使用 Node（作为后端）和 Chromium（作为前端）完成桌面应用程序的开发。

Chromium 是 Chrome 浏览器的预览和开源版本，除了 Chrome 之外，很多浏览器也选择 Chromium

作为二次开发的对象，如 Microsoft Edge 和一些国产浏览器等。

Chromium 的优势在于它是成熟商业程序的开源版本，在稳定性和性能上都让用户满意，开发者也可以自由地将 Chromium 架构下的部分组件，如渲染引擎，拿来构建自己的应用程序。

使用 Chromium 作为前端意味着可以使用原生的 HTML 作为显示组件，并且可以使用数量庞大的前端框架和第三方库，如 Bootstrap、jQuery 等来扩展功能，这是 WPF 或者 Qt 不能比拟的。

除了使用 Chromium 之外，Electron 的另外一大优势是它使用 Node 来作为后台逻辑的语言，可以用一种语言来描述从前台到后台的逻辑。

Electron 已经有了很多成功的例子，比较知名的有 Skype、Visual Studio Code、GitHub Desktop 等。理论上任何的 CS 客户端都可以使用 Electron，但因为 Node 和 JavaScript 的特性，最适合的还是以展示和轻交互为主的场景，不适合大量计算及高内存占用（如一些大型游戏）的应用。

7.2.1　快速开始

要使用 Electron 开发桌面程序，最快的方式还是先从官方示例开始。使用下面的命令下载并运行一个官方 Electron app 的示例，如图 7-3 所示。

```
$ git clone git@github.com:electron/electron-quick-start.git
$ cd electron-quick-start
$ npm install
$ npm start
```

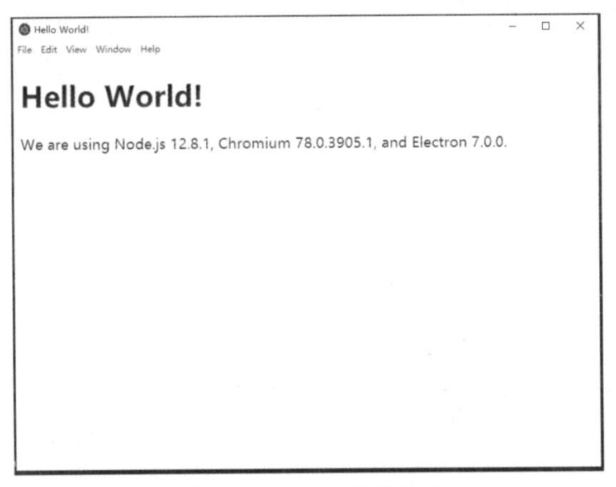

图 7-3　Electron 启动窗口

项目的目录结构如下所示。除了基本的配置文件和文档之外，核心内容包括 4 个代码文件（使用粗体标注）。

```
$ cd electron-quick-start
$ ls -r
renderer.js      package-lock.json    index.html
preload.js  node_modules    README.md
package.json      main.js                LICENSE.md
```

1. 代码文件

首先来看 index.html，这是 Electron 窗口展示的 HTML 文件。

```
<!DOCTYPE html>
<html>
  <head>
    <meta charset="UTF-8">
    <title>Hello World!</title>
  </head>
```

```
  <body>
    <h1>Hello World!</h1>
    We are using Node.js <span id="node-version"></span>,
    Chromium <span id="chrome-version"></span>,
    and Electron <span id="electron-version"></span>.
    <!-- You can also require other files to run in this process -->
    <script src="./renderer.js"></script>
  </body>
</html>
```

index.html 中加载了 renderer.js，该文件是普通的浏览器 JavaScript 脚本，默认内容为空，在 renderer.js 中无法使用 Node API。接下来是 preload.js，其文件内容如下。

```
window.addEventListener('DOMContentLoaded', () => {
  const replaceText = (selector, text) => {
    const element = document.getElementById(selector)
    if (element) element.innerText = text
  }

  for (const type of ['chrome', 'node', 'electron']) {
    replaceText(`${type}-version`, process.versions[type])
  }
});
```

preload.js 和 renderer.js 的区别在于 preload.js 中可以访问 Node API，但它同时又可以操作 DOM 元素，可以看作是前端 HTML 和后端 Node 之间通信的桥梁。在低版本的 Electron 中没有 preload.js，在 HTML 文件或者 renderer.js 中就可以直接访问 Node API，如下面的例子。

```
<!-- 低版本 Electron 中的 index.html， 其效果和图 7-3 相同 -->
<!DOCTYPE html>
<html>
    <head>
        <meta charset="UTF-8">
        <title>Hello World!</title>
    </head>
    <body>
        <h1>HelloWorld!</h1>
        <!-- 所有的 Node API 都可以在 HTML 文件中使用 -->
        We are using Node.js <script>document.write(process.versions.node)</script>,
        Chromium <script>document.write(process.versions.chrome)</script>,
        and Electron <script>document.write(process.versions.electron)</script>.

        <script>
        require('./renderer.js')
        </script>
    </body>
</html>
```

想象一下，如果 HTML 及使用<script>标签的加载的脚本文件中既可以访问后台逻辑，又同时可以控制页面元素，会造成前端 JavaScript 和后台 Node 代码混合在一起，不利于项目结构的组织。因此，Electron 做了隔离，在 HTML 及<script>标签引入的脚本文件中，只能访问页面元素，不能访问后台逻辑（Node API）。

但后台逻辑在很多情况下需要和页面元素进行交互，所以 Electron 又分离出了 preload.js。该文件作为后台逻辑的一部分，并没有在 HTML 中引入，而是在 main.js 中加载。

main.js 是整个程序的入口，它是 Electron 运行时的主进程，负责管理窗口的生命周期。

```
const {app, BrowserWindow} = require('electron')
let mainWindow
```

```
function createWindow () {
    // 创建窗口
    mainWindow = new BrowserWindow({
        width: 800,
        height: 600,
        webPreferences: {
            // 加载 preload.js
            preload: path.join(__dirname, 'preload.js')
        }
    })
    // 加载 HTML 文件，默认是根目录下的 index.html
    mainWindow.loadFile('index.html')
    mainWindow.on('closed', function () {
        mainWindow = null
    })
}
// 监听生命周期事件
app.on('ready', createWindow)

app.on('window-all-closed', function () {
    if (process.platform !== 'darwin') app.quit()
})
app.on('activate', function () {
    if (mainWindow === null) createWindow()
})
```

main.js 中的核心方法是 createWindow()，其中定义了窗口的各种属性，如宽度，高度等。该方法返回主窗口的实例为 mainWindow。mainWindow 默认加载 index.html 作为主页面，除了本地的 HTML 页面之外，Electron 窗口还可以加载远程或者是本地服务器上的页面。从这个角度看，Electron 就是一个桌面浏览器。

```
// 加载远程 URL
mainWindow.loadURL('http://localhost:3000')
```

2. 调试页面元素

Electron 是一个包装后的 Chromium 窗口，通过配置属性可以让 main 窗口显示类似浏览器的地址栏，也可以使用 Chrome DevTools 进行代码调试。

```
// 在 main.js 中增加如下代码
mainWindow.webContents.openDevTools();
```

这样在启动 Electron 的时候就会打开 Chrome 开发者工具，如图 7-4 所示。

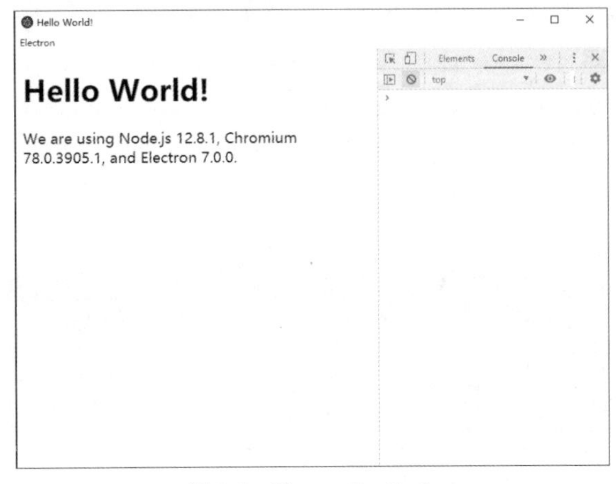

图 7-4　Chrome DevTools

前端 JavaScript 和 Node 中都实现了 console.log 方法，preload.js 和 renderer.js 中的 console.log()会输出到 Chromium 控制台中，在 main.js 中的 console.log()则是输出到 Electron 运行的命令行中。

7.2.2 页面和后台的交互

1. 触发事件

读者可能对 DOM 事件已经很熟悉了，如单击按钮隐藏和显示元素等。对于 Electron 实现的桌面应用来讲，触发 DOM 事件经常会和访问本地资源关联在一起，如单击一个按钮即可读取一个文件等。由于 preload.js 可以同时访问 DOM 和 Node API，因此实现起来就很简单。

```
<!--在 index.html 中增加一个代码展示框-->
<button id="btn">show file</button>
<pre>
  <code id="content">
  </code>
</pre>

// 在 preload.js 中增加以下内容
// 当单击 button 时，Electron 会读取 preload.js 的内容并将其显示在对应的区域，如图 7-5 所示
  document.getElementById('btn').onclick = function(){
    require('fs').readFile(__filename,(err,data)=>{
      document.getElementById('content').innerText = data.toString();
    });
  }
```

```
Hello World!
File
show file

      // All of the Node.js APIs are available in the preload process.
// It has the same sandbox as a Chrome extension.

window.addEventListener('DOMContentLoaded', () => {
  const replaceText = (selector, text) => {
    const element = document.getElementById(selector)
    if (element) element.innerText = text
  }

  for (const type of ['chrome', 'node', 'electron']) {
    replaceText(`${type}-version`, process.versions[type])
  }

  document.getElementById('btn').onclick = function(){
    require('fs').readFile(__filename,(err,data)=>{
      document.getElementById('content').innerText = data.toString();
    });
  }
})
```

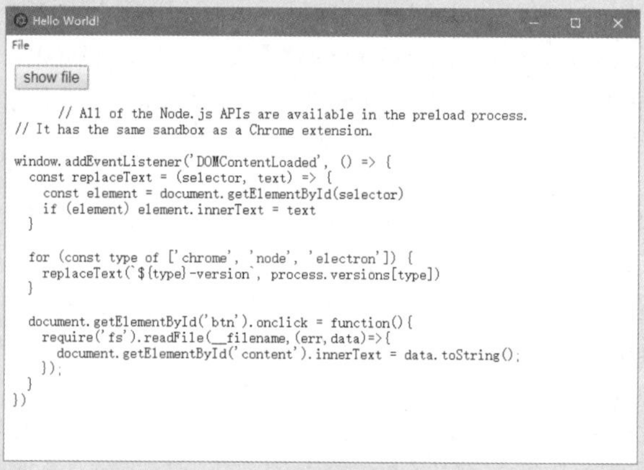

图 7-5　单击 show file 按钮，读取 preload.js 并显示在窗口中

2. 渲染进程和主进程

Electron 有两种进程的概念，即 render 进程和 main 进程。运行 Electron 的 hello world 应用，其进程运行的情况如图 7-6 所示，包括 Node 主进程、Chromium 进程及页面的进程等。

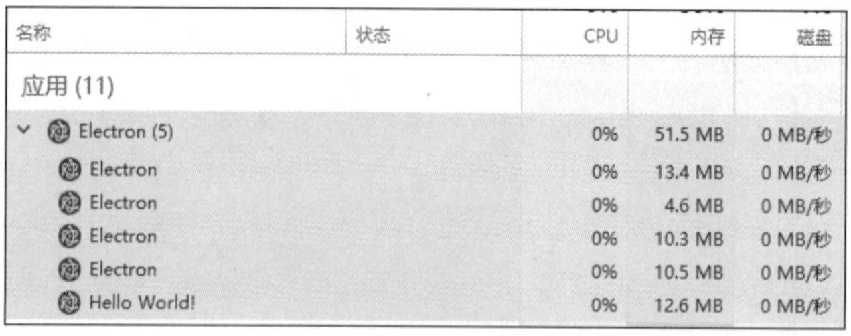

名称	状态	CPU	内存	磁盘
应用 (11)				
Electron (5)		0%	51.5 MB	0 MB/秒
Electron		0%	13.4 MB	0 MB/秒
Electron		0%	4.6 MB	0 MB/秒
Electron		0%	10.3 MB	0 MB/秒
Electron		0%	10.5 MB	0 MB/秒
Hello World!		0%	12.6 MB	0 MB/秒

图 7-6　Electron 启动的进程

在 Electron 后台运行的 Node 进程（即 main.js）被称为主进程。 在主进程中运行的脚本通过创建 Web 页面来展示用户界面。一个 Electron 应用有且只有一个主进程。

由于 Electron 使用了 Chromium 来展示 Web 页面，因此 Chromium 的多进程架构也被使用到。Electron 展示的 Web 页面运行在它自己的渲染进程中。

render 进程有时会直接和 main 进程产生交互，如单击页面新建一个窗口等。读者可能已经想到了，只要在 render 进程中调用 createWindow 方法即可，但是，在 Electron 中这种做法是行不通的。

createWindow 方法中调用了 new BrowserWindow()来构造一个新的窗口，该方法只能被 main 进程调用。因为在 Electron 中，HTML 及其加载的脚本虽然可以调用 Node 相关的 API 来访问本地资源，却不能直接调用 GUI 相关的系统资源。

想象一下，如果渲染进程（HTML 页面及其加载的 JavaScript 脚本）可以自由地新建窗口，那么分散的代码很容易出现忘记回收 GUI 资源而导致内存泄漏。

因此，HTML 页面只负责信息的展示和发送，创建和回收 GUI 相关资源的任务全部由主进程来完成。这和之前提到的 HTML 和 renderer.js 中无法访问后台逻辑的设计是一致的，因此在渲染进程和 main 进程之间需要某种通信机制。

3. IPC 通信

Electron 定义了 ipcMain 和 ipcRender 两个 API，用来实现渲染进程和主进程之间的通信。

```
// 在preload.js 中增加如下代码
const {ipcRenderer} = require('electron');
ipcRenderer.send('login',{name:'lear'})

// 在main.js 增加以下代码
// 即可通过下面的代码接收到 ipcRender 发来的消息
const {ipcRenderer} = require('electron');

ipcMain.on('login',(event,args)=>{
  // event 包含了消息发送者的信息
  console.log(event);

  // args 是由渲染进程传递的参数
  console.log(args);

  // 输出
  // {name:'lear'}
})
```

7.2.3　实现菜单栏

一个桌面应用通常会有一整排的菜单栏，如 Visual Studio 的菜单栏，如图 7-7 所示。

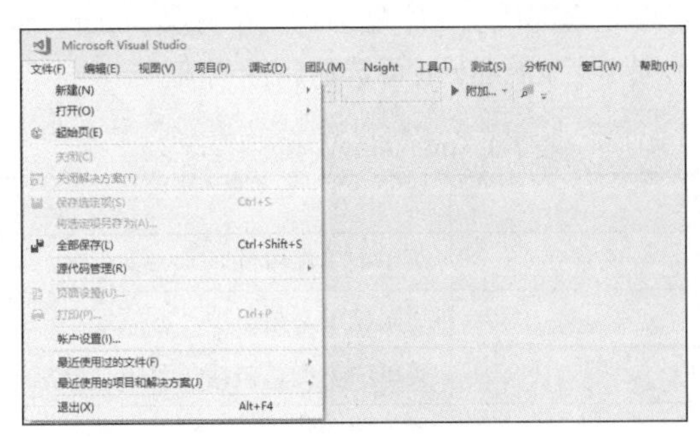

图 7-7　Visual Studio 菜单栏

一个菜单项下面可能还会对应很多子菜单选项，Electron 提供了 Menu 对象来控制桌面应用的菜单栏，如图 7-8 所示。

代码 7-1 Electron 中定义菜单栏

```
// 在main.js 中引入Menu类
const {app, BrowserWindow, Menu } = require('electron')

const menuTemplate = [
    {
        label: 'Electron',
        submenu: [
          { role: 'about'},
          { type: 'separator' },
          { role: 'services' },
          { type: 'separator' },
          { role: 'hide' },
          { role: 'hideothers' },
          { role: 'unhide' },
          { type: 'separator' },
          { role: 'quit' }
        ]
    }
  ];
  const menu = Menu.buildFromTemplate(menuTemplate);
  Menu.setApplicationMenu(menu);
```

图 7-8 Electron 菜单栏

代码 7-1 的运行结果如图 7-8 所示，其中涉及了几个比较重要的属性，下面一一进行介绍。

1. menuItem

menuTemplate 数组的每个元素都代表一个层顶的菜单分类，submenu 的每个元素对象都对应着一个 menuItem 对象。表 7-1 列出了 menuItem 可选的属性列表。

表 7-1 menuItem 可选值及含义

menuItem 属性	含义
click	菜单项单击事件
role	指定预定义菜单项
type	菜单项类型，包括子菜单、分割线、普通菜单项、选择框等
label	菜单项文本

续表

menuItem 属性	含义
toolTip	鼠标悬停的提示文字
icon	为菜单项设置图标
enabled	是否禁用
visible	是否可见

2. role

一个 role 即对应一个 Electron 预设值的常用菜单项，包括复制、删除、撤销、退出程序等。表 7-2 列出了一些常用的预设值 role。

表 7-2　role 可选值及含义

role 枚举值（部分）	含义
undo	撤销
redo	重做
cut	剪切
copy	复制
paste	粘贴
pasteAndMatchStyle	匹配目标格式的粘贴
selectAll	全选
delete	删除
minimize	最小化当前窗口
close	关闭当前窗口
quit	退出程序
reload	重新加载当前窗口
forcereload	强制重新加载当前窗口
toggledevtools	控制当前窗口开发者工具的显示和隐藏
togglefullscreen	全屏显示
resetzoom	初始化缩放级别
zoomin	页面放大 10%
zoomout	页面缩小 10%

3. type

菜单栏的预定义样式如表 7-3 所示。

表 7-3　菜单栏的预定义样式

Type 可选值	含义
normal	默认类型
separator	分割线
submenu	级联菜单
checkbox	选择框
radio	单选按钮

type 属性定义了菜单栏的预定义样式，下面的代码统一展示了 type 的用法，最终的效果如图 7-9 所示。

```
{ type: 'separator' },
{ label: 'checkbox', type: 'checkbox', checked: true },
{ label: 'radio', type: 'radio'},
{ label: 'submenu', type: 'submenu',submenu:[{label:'cascading menu'}]},
```

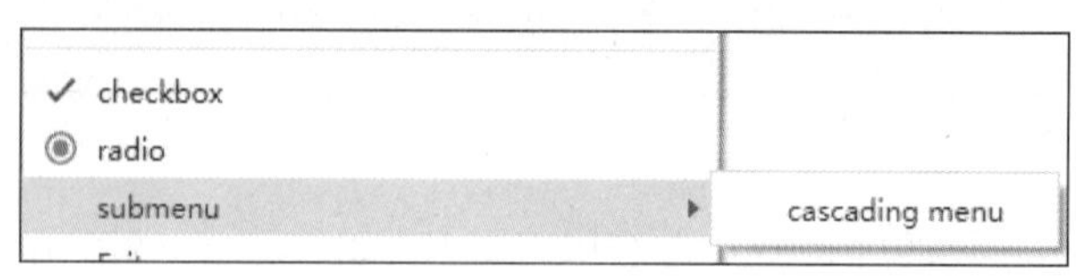

图 7-9　级联菜单

4. 菜单栏事件

下面以常见的打开文件为例来介绍菜单栏事件。在文本编辑器的菜单栏中，通常有打开文件的选项，单击之后就会弹出一个文件选择窗口，在其中选择了目标文件之后就可以在文本编辑器中显示文件内容。

```
// Electron 实现的菜单栏事件
// 修改 main.js

submenu:[
    { label: "open File", click : onClick}
    // 省略其他元素
]

// onClick 方法的实现
function onClick(menuItem, browserWindow, event){
     console.log(menuItem.label); //Open File
     console.log(browserWindow);
     console.log(event);
     // 弹出文件选择框
     dialog.showOpenDialog({  ❶
       defaultPath :__dirname,
       properties: [
          'openFile',
       ],
       filters: [
            { name: 'JSON File', extensions: ['json'] },
       ]
    }).then(result => {
       // 该属性用于判断是否在文件选择框中单击了“取消”
       console.log(result.canceled);

       // 包含选中文件路径列表的数组
       // 随后可以调用文件系统 API 读取文件内容
       console.log(result.filePaths);
    }).catch(err => {
       console.log(err)
    })
}
```

onclick 方法的 menuItem、browserWindow、event 3 个参数分别代表了当前的菜单项、窗口，以及触发的事件信息。标记❶处的 dialog.showOpenDialog()用来打开一个文件选择窗口，如图 7-10 所示。

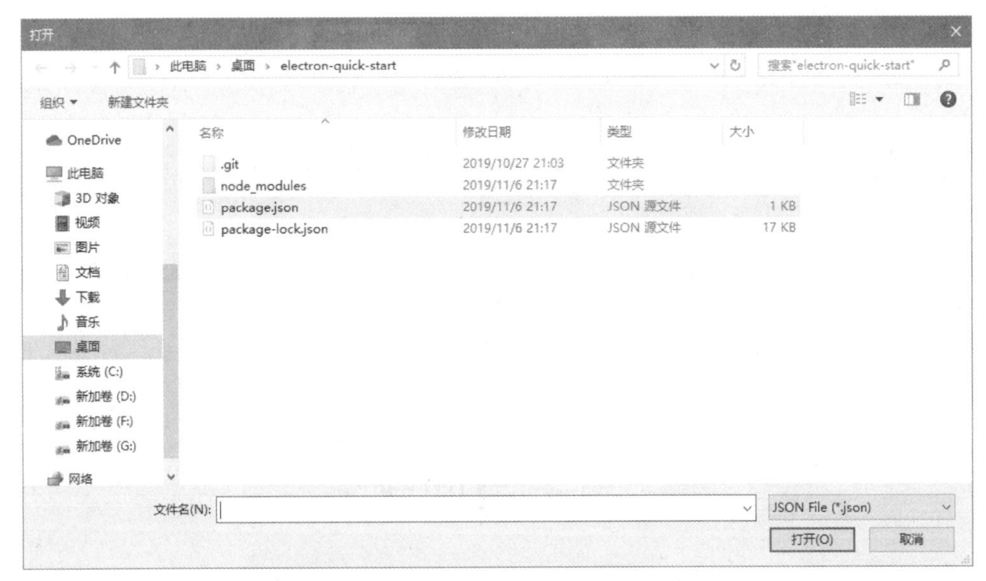

图 7-10　showOpenDialog()打开的文件选择窗口

dialog 是 Electron 的预定义对象，使用前同样需要引入。showOpenDialog 方法接收一个对象作为参数，该对象的属性如下。

- defaultPath：打开对话框时的文件夹位置。
- properties：定义动作，如打开文件。
- filters：用后缀名筛选文件。

showOpenDialog 方法返回一个 Promise 对象，在 then_callback 中获得 result 之后，可以通过 filePaths 属性获得选中的文件路径列表。接着就可以使用文件系统 API 来读取这个文件的内容了。

7.2.4　多窗口管理

关于多窗口的一个典型应用场景是：单击页面上的某个按钮，然后新建一个窗口。这个过程涉及了前端页面元素和后台逻辑的交互。为了便于说明，首先在 index.html 中增加元素。

```
<button id="github">打开 GitHub</button>
```

之前提到，同时操作页面元素和后台逻辑需要在 preload.js 中实现，接着在 preload.js 中增加以下代码。

```
document.getElementById("github").onclick = function(){
  ipcRenderer.send('newWindow',"https://github.com");
}
```

请注意，尽管可以访问 Electron 中的类和方法，但并不能在 preload.js 中创建窗口，和窗口有关的操作都需要放在 main.js 中进行，preload.js 只起到消息转发的作用。

```
ipcMain.on('newWindow',(event,args)=>{
  var githubWindow = new BrowserWindow({
    // 将 mainWindow 设置为父窗口
    parent:mainWindow,
    width:800,
    height:600
  });

  // 接收通过 IPC 传递的窗口 URL
  githubWindow.loadURL(args);
});
```

在实际的应用程序中通常有一个主窗口，代码中创建 githubWindow 的同时将 mainWindow 设置为父窗口，这样在 mainWindow 关闭的时候，githubWindow 也会随之关闭。

小　结

在 Web 应用大行其道的现在，Electron 的出现满足了前端开发者使用 JavaScript 来开发桌面应用的愿望。本章主要介绍了 Electron 中页面元素与后台的交互、菜单栏、主进程和渲染进程等。相比于其他解决方案，Electron 的缺点和优点都很明显，本章只做了一个简略的介绍，关于 Electron 的丰富功能和可能性，还要交给读者探索。

思考与问题

- 借助一些现有的前端解决方案，使用 Electron 实现一个代码编辑器。
- 阅读 Electron 的文档，给桌面应用增加通知功能。

第 8 章 测试与调试

本章的主题是两个不是那么受开发者喜欢的话题——测试与调试。首先会介绍一些在 JavaScript 中通用的测试方法，然后把它们用在 Node 中。接着是调试的话题，这部分不仅限于使用调试工具来寻找 bug，还包括更高级的性能问题。

当工程增加到一定的代码和人员规模，就不再由某个人控制。在分布式的开发中，每个开发者通常只负责系统一小部分模块的开发，那么在提交代码，合并到主分支之前，通常需要验证不会破坏现有代码的运行，在实践中通常采用的方式为运行系统的测试用例。如果全部的测试用例通过了，那么就可以进行正常的代码合并。

完善的单元测试也是技术栈升级的保障，对编程语言和框架进行定期的版本升级通常有助于解决安全性问题，提高性能及精简代码。但版本升级最大的阻碍是对升级有可能破坏现有功能的担心，如某个 API 的功能和参数发生了变化导致现有代码不能正常工作。在这种情况下，覆盖关键逻辑的测试用例是代码正常工作的保障。

8.1 测试框架

测试和第三方框架会给项目增加新的复杂度和维护成本，这是毋庸置疑的。开发者或者开发团队需要衡量的是项目代码的可控性和复杂度之间的关系。

8.1.1 断言系统

断言（assert）代表了一个动作，即判断一个变量是否和期望的值相同。

几乎所有的编程语言都会带有简单的断言库，它可以看作是简单的测试或者调试工具。通常测试程序最简单的方式是在程序中输出 log，利用输出的结果来观察某些中间结果是否符合自己的预期。而断言如果执行失败，通常会抛出一个错误。

Node 提供了原生的 assert 断言模块，该模块使用一系列方法来比较两个值或者对象之间是否满足开发者期望，如果不满足，就会抛出一个 AssertionError。

```
const assert = require('assert');

assert.strictEqual(1, 1);
// OK, 1 == 1

// 严格比较相等
assert.strictEqual(1, '1');
// AssertionError: 1 == '1'

assert.strictEqual(1, 2);
```

```
// AssertionError: 1 == 2

assert.strictEqual({ a: { b: 1 } }, { a: { b: 1 } });
// AssertionError: { a: { b: 1 } } == { a: { b: 1 } }
```

8.1.2 使用 jasmine

对于 Node 来说，要实现对代码文件的测试，首先要把目标方法使用 module.exports 暴露出来。对于 Node 来说，测试的最小粒度是对象（函数），这是 module.exports 的性质决定的。

assert 模块只适用在小规模的项目中做一些简单的值比较，对于复杂的项目需要更好的工具来实现单元测试。本节使用的工具是 jasmine，它是一个行为驱动的 JavaScript 测试框架。行为驱动（Behavior-Driven Development，BDD）是一种敏捷软件开发的技术，在某些方面它和测试驱动开发（Test-Driven Development，TDD）有相同之处。

行为驱动鼓励开发者和非技术人员之间的协作，这一点反映在测试代码上就是使用类似自然语言的方式来描述和运行测试用例，这样做的目的是让非技术人员（主要是产品经理或者项目的甲方）也能看明白测试用例，从而明白程序能够得到他们期望的结果。

1. 初始化

首先在控制台中进入项目所在的路径，运行以下命令。

```
$ npm install -g jasmine

// 初始化 jasmine，创建 spec 文件夹
$ jasmine init
// spec 文件夹结构
spec
I- support
    | - jasmine.json
```

上述代码中的核心文件是 jasmine.json，该文件是一个 jasmine 运行测试的描述文件，其内容如下。

```
{
  "spec_dir": "spec",
  "spec_files": [
    "**/*[sS]pec.js"
  ],
  "helpers": [
    "helpers/**/*.js"
  ],
  "stopSpecOnExpectationFailure": false,
  "random": true
}
```

jasmine.json 内容中各个字段的含义如表 8-1 所示。

表 8-1　jasmine.json 各个字段的含义

字段名	含义
spec_ dir	存放测试用例的文件夹
spec_ files	指定测试文件,测试文件通常以.spec.js 结尾
Helpers	测试文件运行时需要的一些辅助文件
stopSpecOnExpectationFailure	当某个测试用例失败时是否停止整个流程
random	是否随机运行测试用例

要熟悉 jasmine 最简单的方法还是看看实际的使用例子。

```
// 在命令行中运行
$ jasmine examples
// jasmine 会在当前目录下生成一些样例文件,
// 包括 spec 文件夹中的测试文件和新的 lib 文件夹
// 文件目录结构如下
lib
    |- jasmine_ examples
          |- Player.js
          |- Song.js
spec
    |- hellpers
          |- jasmine _examples
                |- SpecHelper.js
    |- jasmine_ examples
          |-  PlayerSpec.js
```

jasmine examples 命令生成的各文件的内容如下。

```
// lib/ jasmine_ examples/player.js
// Player 是一个简单的模拟播放器
// 实现了播放、暂停、恢复、喜欢 4 种功能
function Player() {
}
Player.prototype.play = function(song) {
  this.currentlyPlayingSong = song;
  this.isPlaying = true;
};

Player.prototype.pause = function() {
  this.isPlaying = false;
};

Player.prototype.resume = function() {
  if (this.isPlaying) {
     throw new Error("song is already playing");
  }

  this.isPlaying = true;
};

Player.prototype.makeFavorite = function() {
  this.currentlyPlayingSong.persistFavoriteStatus(true);
};

module.exports = Player;

// lib/ jasmine_ examples/Song.js
function Song() {
}

Song.prototype.persistFavoriteStatus = function(value) {
  // something complicated
  throw new Error("not yet implemented");
};

module.exports = Song;
```

下面利用前面的内容着手编写测试文件。

```
describe("Player", function() {
```

```
  var Player = require('../../lib/jasmine_examples/Player');
  var Song = require('../../lib/jasmine_examples/Song');
  var player;
  var song;

  beforeEach(function() {
    player = new Player();
    song = new Song();
  });
});
```

describe 方法定义了测试集并且加载了目标文件，因为每个测试用例都要访问 player 和 song 对象，因此使用 bforEach 中初始化了这两个对象，具体的测试用例如下。

```
  it("should be able to play a Song", function() {
    player.play(song);
    expect(player.currentlyPlayingSong).toEqual(song);

    // demonstrates use of custom matcher
    expect(player).toBePlaying(song);
});

    it("should indicate that the song is currently paused", function() {
     expect(player.isPlaying).toBeFalsy();

     // .not 表示取反
     expect(player).not.toBePlaying(song);
    });

// demonstrates use of spies to intercept and test method calls
it("tells the current song if the user has made it a favorite", function() {
      spyOn(song, 'persistFavoriteStatus');

      player.play(song);
      player.makeFavorite();

      expect(song.persistFavoriteStatus).toHaveBeenCalledWith(true);
});
```

上面代码使用了一个 toBePlaying()的断言方法，它不是 jasmine 提供的断言库的一部分，而是自定义的断言方法，其代码位于 SpecHelper.js 中。根据配置文件的规则，helper.js 的内容会在测试用例运行前加载，从而可以被调用，toBePlaying 方法的定义如下。

```
jasmine.addMatchers({
    toBePlaying: function () {
      return {
        compare: function (actual, expected) {
          var player = actual;

          return {
            pass: player.currentlyPlayingSong === expected && player.isPlaying
          }
        }
      };
    }
});
```

2. 运行

```
// 运行 jasmine 命令就会运行所有的测试用例
```

```
$ jasmine
// 这里运行的是使用jasmine examples生成的测试用例
// 输出
Randomized with seed 29948
Started
...


5 specs, 0 failures
Finished in 0.015 seconds
```

在测试用例的输出结果中的 6 个“.”代表了测试用例，在控制台中，顺利通过的测试用例会显示为绿色，失败的用例则显示为红色。

3. 基本概念

上面的 spec 文件中，一共涉及了下面几个方法，如表 8-2 所示。

表 8-2 jasmine 提供的测试方法

方法	含义
describe()	用于描述一类测试用例的集合，其中可能包括多个测试方法（it），它的作用是将测试用例进行分类
beforeEach()	该方法不是必选，如果定义了该方法，它的作用就和名称一样,会在每个测试用例方法前执行
it()	it 方法是测试文件的最小单元，一个 it 方法通常就是一个测试用例
spyOn()	用于追踪方法的调用
expect()	jasmine 提供的断言 API

4. 断言 API

在测试用例中使用的 expect().equal()是 jasmine 提供的断言 API，用于比较两个对象是否相等。该方法使用的是深度比较，即逐个属性递归式的比较。jasmine 提供的断言 API 列表如下。

- nothing()
- toBe(expected)
- toBeCloseTo(expected, precisionopt)
- toBeDefined()/toBeUndefined()
- toBeFalse()/toBeFalsy()
- toBeTrue()/toBeTruthy()
- toBeGreaterThan(expected)/toBeGreaterThanOrEqual(expected)
- toBeNegativeInfinity()/toBePositiveInfinity()
- toBeLessThan(expected)/toBeLessThanOrEqual(expected)
- toBeNaN()
- toBeInstanceOf(expected)
- toBeNull()
- toContain(expected)
- toEqual(expected)
- toHaveBeenCalled()
- toHaveBeenCalledBefore(expected)
- toHaveBeenCalledTimes(expected)
- toHaveBeenCalledWith()

- toHaveClass(expected)
- toMatch(expected)
- toThrow(expectedopt)
- toThrowError(expectedopt, messageopt)
- toThrowMatching(predicate)

绝大部分的 API 都能从名字上看出含义，因此这里不再一一介绍。唯一一个可能会造成困惑的是 nothing，该断言会无条件返回 true，该方法在源码中的定义如下所示。

```
function nothing() {
  return{
    compare: function() {
      return {
        pass: true
      };
    }
  };
}
```

如果 nothing 断言方法真的有什么用的话，就是放在测试用例中当占位符，提醒开发者这里有个断言方法需要修改。还有需要注意的是 toBeTrue/toBeTruthy 两个方法的区别。

```
// toBeTrue()使用===来比较传入的值是否和 true 严格相等
function toBeTrue() {
  return{
    compare: function(actual) {
      return {
        pass: actual=== true
      };
    }
  };
}

// tobeTruthy()定义如下
function toBeTruthy() {
  return {
    compare: function(actual) {
      return {
        pass:! !lactual
      }
    }
  }
}

// 使用!!可以用来比较一些其他对象
!! "hello" // true
!! " " // false
!! [1, 2, 3]// true
!! 0// true
!! [] // true
```

5. 自定义断言方法

从形式上看，jasmine 中的断言 API 和第 3 章提到的 Sort 方法很相似，其内部需要定义一个用于比较的 compare 方法，并且返回一个布尔类型的值。假设现在要实现一个自定义断言方法，用来测试一个字符串是否是另一个字符串的回文形式，代码如下。

```
// 自定义断言方法
function toBePalindrome() {
```

```
    return{
      compare: function(actual,expected) {
        return {
          pass:  typeof(expected)  ==  'string'  &&  actual  ===  expected.split("").
reverse().join("")
        };
      }
    };
  }
  // 使用
  expect("abc"). toBePalindrome("cba");
```

6. 跟踪方法调用

有些方法开发者并不关心其返回值，或者有些方法处在一个系统和其他系统交互的边缘。针对这些不方便使用真实数据或者模拟数据进行断言测试的方法，在编写测试时，可以仅追踪方法的调用而不必使用断言 API。

在 jasmine 中，跟踪方法调用分为如下两步。

（1）调用 spyOn()。

（2）调用相关的断言 API 进行判断。

```
  it("tells the current song if the user has made it a favorite", function() {
        // 将 song.persistFavoriteStatus 方法加入监听列表
        spyOn(song, 'persistFavoriteStatus');
        player.play(song);
        player.makeFavorite();
        expect(song.persistFavoriteStatus).toHaveBeenCalledWith(true);
  });
```

7. 异步方法测试

对 Node，或者对 JavaScript 单元测试而言，一个重要话题就是异步方法的测试。jasmine 在早期版本中不支持对异步方法进行测试。

```
  // 为 fs.readFile()编写测试用例
  it('test function', function() {
    readFile(__filename,(err,result)=>{
      if(err){ throw err;}
      expect(result).toEqual("");
    });
  })
```

上面的代码中，位于回调函数中的断言 API 执行时已经脱离了 it 函数的上下文，即使 toEqual 最终返回了 false，jasmine 仍然认为测试用例运行成功了。

如果换个角度看，it 函数也是一个状态机。在不考虑异步调用的情况下，它的状态会被内部的断言方法改变。介绍到这里，读者应该发现了它和 Promise 的相似性。

Promise 对象状态的改变是由其内部的 resolve 和 reject 方法控制的。那么同样地，it 方法内部增加一个类似 resolve 的方法，等到回调函数执行时再去执行这个方法即可。

```
  // 2.8 及以上版本的 jasmine 对 it 方法做了修改，实现了对异步方法测试的支持
  // 具体的做法是增加了 done 方法

  it('test function', function(done) {
    readFile("./html/index.htm",(err,result)=>{
      if(err){ throw err;}
      expect(result).toEqual("");
      done();
    });
  });
```

done 方法其实就相当于 Promise 中的 resolve 方法。除了回调函数外，jasmine 同样支持了 promise 及 async/await 方法的测试。

```
it('test readFile promise' , function(){
  return readFile_promise('index.html').then(function (result) {
    expect(result).toEqual(someExpectedValue);
  });
});

it('test readFile async/await', async function() {
  const result = await readFile_promise('index.html');
  expect(result).toEqual(someExpectedValue);
});
```

8.1.3 覆盖率测试

另一个重要的话题是代码覆盖率。Istanbul.js 曾经是一个流行的覆盖率工具，但现在已经停止维护。由同一个团队开发，在 istanbul.js 的基础上发展出的新工具被称为 nyc （大概是 not yet another coverage tool 的缩写），其特点是可以方便地和各种测试框架集成在一起。

```
// 安装
$ npm install -g nyc

// 使用
// 将 nyc 和 jasmine 搭配使用
$ nyc jasmine

// 或者修改 package.json
"scripts":{
  "test":"jasmine",
  "coverage":"nyc npm run test"
}
```

下面使用 8.1.2 小节使用 jasmine example 命令生成的测试用例来进行覆盖率测试，结果如图 8-1 所示。

```
// 如果读者全局安装了 nyc 或者 jasmine，也可以直接在命令行里运行 nyc jasmine
$ npm run coverage
```

```
PS C:\Users\likaiboy\OneDrive\文档\Node.js指南书\example\c8> nyc jasmine
Randomized with seed 99744
Started
.....


5 specs, 0 failures
Finished in 0.014 seconds
Randomized with seed 99744 (jasmine --random=true --seed=99744)
-------------------------------|---------|----------|---------|---------|-------------------
File                           | % Stmts | % Branch | % Funcs | % Lines | Uncovered Line #s
-------------------------------|---------|----------|---------|---------|-------------------
All files                      |   98.04 |      100 |   95.24 |   98.04 |
 lib/jasmine_examples          |   93.33 |      100 |   85.71 |   93.33 |
  Player.js                    |     100 |      100 |     100 |     100 |
  Song.js                      |   66.67 |      100 |      50 |   66.67 | 6
 spec/helpers/jasmine_examples |     100 |      100 |     100 |     100 |
  SpecHelper.js                |     100 |      100 |     100 |     100 |
 spec/jasmine_examples         |     100 |      100 |     100 |     100 |
  PlayerSpec.js                |     100 |      100 |     100 |     100 |
-------------------------------|---------|----------|---------|---------|-------------------
```

图 8-1　覆盖率测试

8.1.4 压力测试

压力测试和 Web 性能话题有关，现在开源社区里有很多压力测试工具，比较常见的工具有 http_load、apache jmeter、ab、load runner 等。这里使用了 vegeta（取名自某个漫画人物，中文名贝吉塔），它是一款用 go 语言实现的压力测试工具。

压力测试工具的原理和使用方式都大同小异，都是在配置好的时间内发起定量的 HTTP 请求来验证服务器的可靠性。这里不会对 vegeta 的使用做过多介绍，仅介绍用于测试的命令。

```
// 使用vegeta，对定义在target.txt中的URL及动作，每秒发起10000个请求，持续5s
$ vegeta attack -targets="target.txt" -rate=50000 -duration=5s > spring.bin

// target.txt内容
$ cat target.txt
GET http://localhost:8080

// 运行vegeta attack 命令会生成一个bin文件，可以从中得出分析数据
// 假设生成的bin文件名为spring.bin
// 运行vegeta report会在当前目录下生成详细报告
$ cat spring.bin | vegeta report
```

首先对结果包含的字段稍微做一下解释。

- Request[total rate]：请求的总数和每秒请求的测试。
- Duration：三个数字分别代表总时间、请求的时间及最后一次获得响应耗费的时间。
- Latencies：延迟时间，五个数字分别代表了平均、排序 50%、95%、99%的延迟时间及最大的延迟时间。
- Bytes in vegeta：接收到的总字节数和平均字节数。
- Bytes out vegeta：发送的字节数。
- Success：请求成功率，成功的标准是 status code 为 200。
- Status Codes：列举了所有响应的状态码及数量。

为了便于比较，笔者测试了好几种服务器产品，包括 Nginx、express（production 模式）及 Spring Boot（背后是 Tomcat），测试用例为返回一个静态文件。

下面的测试结果展示了不同的服务器框架面对静态文件请求，对于 1000 RPS * 5（每秒 1000 并发，持续 5s）的表现情况，如图 8-2～图 8-4 所示。

```
Requests      [total, rate]              5000, 1000.18
Duration      [total, attack, wait]      4.999344865s, 4.999105825s, 239.04µs
Latencies     [mean, 50, 95, 99, max]    334.631µs, 257.525µs, 368.492µs, 804.531µs, 18.927075ms
Bytes In      [total, mean]              3965000, 793.00
Bytes Out     [total, mean]              0, 0.00
Success       [ratio]                    100.00%
Status Codes  [code:count]               200:5000
```

图 8-2 Nginx 面对 1000 RPS * 5

```
Requests      [total, rate]              5000, 999.92
Duration      [total, attack, wait]      5.013971203s, 5.000402902s, 13.568301ms
Latencies     [mean, 50, 95, 99, max]    49.404626ms, 1.898098ms, 241.935794ms, 389.753624ms, 702.554463ms
Bytes In      [total, mean]              3961828, 792.37
Bytes Out     [total, mean]              0, 0.00
Success       [ratio]                    99.92%
Status Codes  [code:count]               0:4  200:4996
Error Set:
Get http://localhost:8080: dial tcp 0.0.0.0:0->[::1]:8080: socket: too many open files
Get http://localhost:8080: dial tcp 0.0.0.0:0->127.0.0.1:8080: socket: too many open files
```

图 8-3 Spring Boot 面对 1000 RPS * 5

```
Requests      [total, rate]             5000, 1000.21
Duration      [total, attack, wait]     4.999450797s, 4.998937588s, 513.209µs
Latencies     [mean, 50, 95, 99, max]   1.234167ms, 513.675µs, 2.8488ms, 22.483521ms, 57.064521ms
Bytes In      [total, mean]             3965000, 793.00
Bytes Out     [total, mean]             0, 0.00
Success       [ratio]                   100.00%
Status Codes  [code:count]              200:5000
Error Set:
```

图 8-4　express 面对 1000 RPS * 5

面对每秒 1000 的并发量，三者都能很好地处理（尽管 Spring Boot 成功率没到 100%，延迟相比其他两者也有点高）。接下来加大力度，把 RPS 增加到 10 000，并持续 5 秒，看看各个服务器的响应结果，如图 8-5～图 8-7 所示。

```
Requests      [total, rate]            50000, 10000.10
Duration      [total, attack, wait]    5.003836395s, 4.99995101s, 3.885385ms
Latencies     [mean, 50, 95, 99, max]  8.119655ms, 4.685318ms, 23.21329ms, 59.537869ms, 559.772114ms
Bytes In      [total, mean]            37707504, 754.15
Bytes Out     [total, mean]            0, 0.00
Success       [ratio]                  95.10%
Status Codes  [code:count]             0:2448  200:47550  500:2
Error Set:
Get http://localhost:9000: dial tcp 0.0.0.0:0->[::1]:9000: connect: connection refused
Get http://localhost:9000: dial tcp 0.0.0.0:0->[::1]:9000: socket: too many open files
Get http://localhost:9000: dial tcp 0.0.0.0:0->127.0.0.1:9000: socket: too many open files
500 Internal Server Error
```

图 8-5　Nginx 面对 10000 RPS * 5

```
Requests      [total, rate]            49120, 9489.90
Duration      [total, attack, wait]    5.300184034s, 5.176026813s, 124.157221ms
Latencies     [mean, 50, 95, 99, max]  222.84918ms, 220.510924ms, 462.67419ms, 543.303193ms, 859.642911ms
Bytes In      [total, mean]            7125105, 145.06
Bytes Out     [total, mean]            0, 0.00
Success       [ratio]                  18.29%
Status Codes  [code:count]             0:40135  200:8985
Error Set:
Get http://localhost:8080: dial tcp 0.0.0.0:0->[::1]:8080: socket: too many open files
Get http://localhost:8080: dial tcp 0.0.0.0:0->127.0.0.1:8080: socket: too many open files
```

图 8-6　Spring Boot 面对 10000 RPS * 5

```
Requests      [total, rate]            50000, 10000.19
Duration      [total, attack, wait]    5.03737196s, 4.999903242s, 37.468718ms
Latencies     [mean, 50, 95, 99, max]  26.62135ms, 507.498µs, 110.920786ms, 144.410197ms, 338.599137ms
Bytes In      [total, mean]            11736400, 234.73
Bytes Out     [total, mean]            0, 0.00
Success       [ratio]                  29.60%
Status Codes  [code:count]             0:35200  200:14800
Error Set:
Get http://localhost:3000: dial tcp 0.0.0.0:0->[::1]:3000: socket: too many open files
Get http://localhost:3000: dial tcp 0.0.0.0:0->127.0.0.1:3000: socket: too many open files
```

图 8-7　express 面对 10000 RPS * 5

Nginx 的表现依然优秀，Spring Boot 和 express 的表现就不如人意了。Spring Boot 的平均响应时间达到了 222ms，相比之下 express 是 26ms，Nginx 是 8ms。

8.2　调试

大多数开发者已经习惯了直接使用 IDE 或者代码编辑器来进行调试，但可视化的调试工具通常依赖于底层的一些基础工具，如 GDB。

GDB（GNU Debugger）是在*nix 系统下广泛使用的调试工具，macOS 环境下则是默认安装了

LLDB 作为替代，它们的底层都是通过 ptrace 这一系统调用（Linux 环境）来实现的。

GDB 调试的基本原理是：首先创建一个子进程，在子进程中执行 ptrace 调用后，再通过 execv() 来调用准备调试程序。

当一个进程由于 ptrace 调用和调试进程产生关联之后，操作系统内核发送给目标进程的所有消息都会被调试进程预先捕获，再由调试进程判断是否将对应的信号发送给目标进程，这也是调试功能，如单步执行，以及断点的实现基础。

8.2.1　调试 Node 代码

调试 Node 源码可以分为两个部分，一是 JavaScript 部分的调试，二是 C++部分的调试。JavaScript 部分的核心位于 lib/internal/bootstrap/node.js，在低版本的 Node 中，该文件直接位于 src/目录下。

JavaScript 部分的调试比较简单，主要有两种方式。

- 使用 IDE。
- 使用 Chrome DevTools。

最方便的方法是使用 IDE，如 VS Code，可以直接在代码中打断点，这里不详细介绍。而使用 Chrome DevTools 调试需要在控制台中运行命令时增加参数。

```
$ node --inspect .\server.js
Debugger listening on ws://127.0.0.1:9229/6249b0dc-5c43-4268-913e-0e751432ac07
For help, see: https://nodejs.org/en/docs/inspector
Listening on 8080.
```

这时候只要在任意一个 Chrome 浏览器的网页中打开控制台，就会在左上角发现绿色图标，如图 8-8 所示。单击这个图标就可以打开调试控制台，发现代码已经显示在其中，如图 8-9 所示。

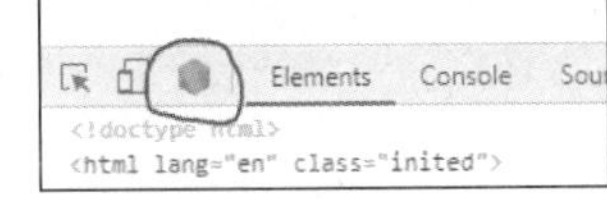

图 8-8　Chrome 控制台中的调试按钮

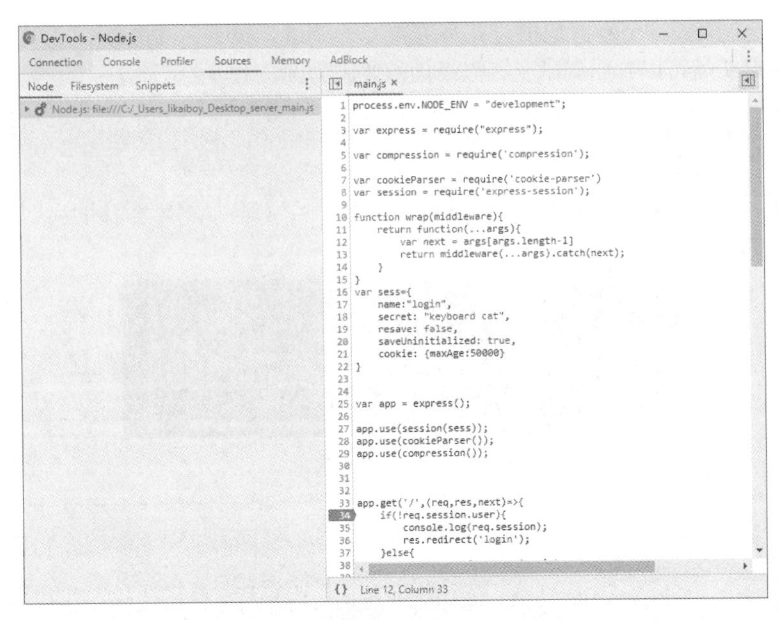

图 8-9　使用 Chrome DevTools 调试

8.2.2　调试 C++源代码

通常情况下读者很少会遇到 C++层面的代码调试，但在有些情况下，如读者想了解 Node 底层的工作方式，或者准备对源代码进行改动以更加适应业务需求，那么就需要进入 C++的世界。

目前，很少有开发者愿意直接通过控制台的黑色窗口对代码进行调试了，图形化的调试工具更适合开发者工作。长久以来，C++代码的图形化调试都只能通过微软的 Visual Studio 或者 JetBrains 出品的 Clion，而 VS Code 提供了一个更轻量级的选择。

要进行 C++源代码的调试，必须要使用从源代码中编译出的可执行文件，关于编译源代码的详细内容可以参考附录 A。在编译成功后，在根目录下的 out/Release 目录下会生成 Node 的可执行文件，即调试的目标文件。

在调试开始之前需要对 VS Code 进行配置，首先在应用商店里安装 C/C++的扩展插件，如图 8-10 所示。

图 8-10　VS Code C++插件

安装之后修改 launch.json 的内容（这里使用的是 macOS 系统下的版本，Windows 下的文件内容稍有差异），请读者按要求修改。

```
"configurations": [
    {
        "name": "(lldb) Launch",
        "type": "cppdbg",
        "request": "launch",
        "program": "${workspaceFolder}/out/Release/node",
        "args": ["${workspaceFolder}/test.js"],
        "stopAtEntry": false,
        "cwd": "${workspaceFolder}",
        "environment": [],
        "externalConsole": true,
        "MIMode": "lldb"
    }
]
```

如果想通过运行 JavaScript 代码的方式来进入 C++调试，args 字段是必填的。配置完成之后单击左上角的绿色箭头就可以开始调试了，以下面的代码为例。

```
require("fs").readFile("README.md",(err,data)=>{

})
```

文件系统相关的 C++代码位于 node_file.cc，开始调试之后，程序就会停在断点的位置，如图 8-11 所示。

```
1897  static void Read(const FunctionCallbackInfo<Value>& args) {
1898    Environment* env = Environment::GetCurrent(args);
1899
1900    const int argc = args.Length();
1901    CHECK_GE(argc, 5);
1902
1903    CHECK(args[0]->IsInt32());
1904    const int fd = args[0].As<Int32>()->Value();
```

图 8-11　C++断点

8.2.3　CPU profile

很多语言都提供了 CPU profile 功能，该功能通过运行时采样，分析代码在执行过程中在哪些步骤花费了更多的时间，有助于开发者对代码的性能有更直观的认识。以 Linux 系统为例，该功能是通过底层的 perf 调用来实现的。

下面以两段代码为例来介绍 CPU profile 功能的使用及得出的分析文件。一个是第 4 章中计算斐波那契函数的 Worker 线程代码，另一个是第 6 章使用 express 实现的 Web 服务器代码。它们代表了 CPU 密集型和 I/O 密集型的应用。

在 Node 命令运行时增加--prof 参数，即可开启 CPU profile 功能，Node 会在当前目录下生成 log 文件记录进程运行的细节。

1. CPU 密集型代码的 profile

因为代码中一共启动了两个线程，所以也会输出两个 log 文件。一个是运行 setInterval 方法的主线程，另一个是执行 fib 函数的 worker 线程。

```
$ node --prof .\worker.js
// 运行上面的代码，在当前目录下生成了两个文件
Mode        LastWriteTime          Length      Name
----        -------------          ------      ----
-a---l      2019/11/4 20:04        508288      isolate-0000019887BA7930-30548-v8.log
-a---l      2019/11/4 20:04        2428191     isolate-000001988ACAD6E0-30548-v8.log
```

如图 8-12 所示，log 文件是 V8 在运行时采样的结果，该文件内容很长，直接阅读基本没什么头绪，Node 提供了将 log 文件转换成易于阅读格式的工具。

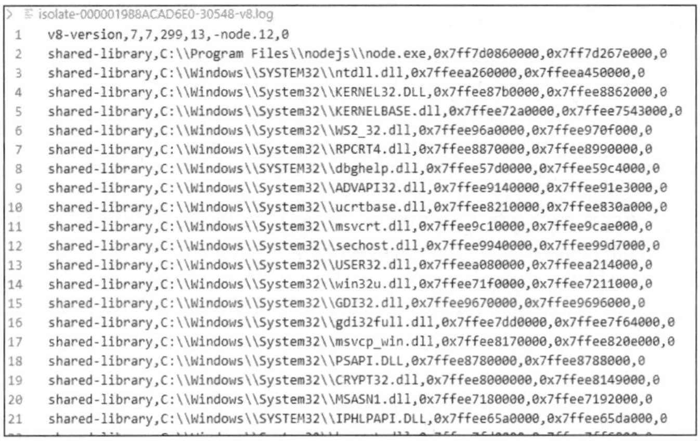

```
isolate-000001988ACAD6E0-30548-v8.log
1   v8-version,7,7,299,13,-node.12,0
2   shared-library,C:\\Program Files\\nodejs\\node.exe,0x7ff7d0860000,0x7ff7d267e000,0
3   shared-library,C:\\Windows\\SYSTEM32\\ntdll.dll,0x7ffeea260000,0x7ffeea450000,0
4   shared-library,C:\\Windows\\System32\\KERNEL32.DLL,0x7ffee87b0000,0x7ffee8862000,0
5   shared-library,C:\\Windows\\System32\\KERNELBASE.dll,0x7ffee72a0000,0x7ffee7543000,0
6   shared-library,C:\\Windows\\System32\\WS2_32.dll,0x7ffee96a0000,0x7ffee970f000,0
7   shared-library,C:\\Windows\\System32\\RPCRT4.dll,0x7ffee8870000,0x7ffee8990000,0
8   shared-library,C:\\Windows\\SYSTEM32\\dbghelp.dll,0x7ffee57d0000,0x7ffee59c4000,0
9   shared-library,C:\\Windows\\System32\\ADVAPI32.dll,0x7ffee9140000,0x7ffee91e3000,0
10  shared-library,C:\\Windows\\System32\\ucrtbase.dll,0x7ffee8210000,0x7ffee830a000,0
11  shared-library,C:\\Windows\\System32\\msvcrt.dll,0x7ffee9c10000,0x7ffee9cae000,0
12  shared-library,C:\\Windows\\System32\\sechost.dll,0x7ffee9940000,0x7ffee99d7000,0
13  shared-library,C:\\Windows\\System32\\USER32.dll,0x7ffeea080000,0x7ffeea214000,0
14  shared-library,C:\\Windows\\System32\\win32u.dll,0x7ffee71f0000,0x7ffee7211000,0
15  shared-library,C:\\Windows\\System32\\GDI32.dll,0x7ffee9670000,0x7ffee9696000,0
16  shared-library,C:\\Windows\\System32\\gdi32full.dll,0x7ffee7dd0000,0x7ffee7f64000,0
17  shared-library,C:\\Windows\\System32\\msvcp_win.dll,0x7ffee8170000,0x7ffee820e000,0
18  shared-library,C:\\Windows\\System32\\PSAPI.DLL,0x7ffee8780000,0x7ffee8788000,0
19  shared-library,C:\\Windows\\System32\\CRYPT32.dll,0x7ffee8000000,0x7ffee8149000,0
20  shared-library,C:\\Windows\\System32\\MSASN1.dll,0x7ffee7180000,0x7ffee7192000,0
21  shared-library,C:\\Windows\\SYSTEM32\\IPHLPAPI.DLL,0x7ffee65a0000,0x7ffee65da000,0
```

图 8-12　log 文件示例

```
$ node --prof-process .\isolate-0000019887BA7930-30548-v8.log > p1.txt
$ node --prof-process .\isolate-000001988ACAD6E0-30548-v8.log > p2.txt
```

p1.txt 与 p2.txt 的内容分别如图 8-13 和图 8-14 所示。

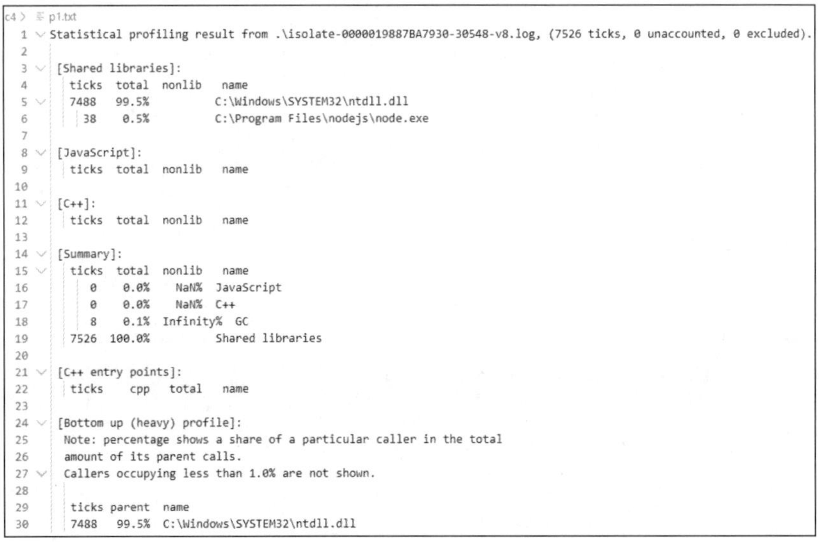

```
c4 > p1.txt
1   Statistical profiling result from .\isolate-0000019887BA7930-30548-v8.log, (7526 ticks, 0 unaccounted, 0 excluded).
2
3    [Shared libraries]:
4      ticks  total  nonlib   name
5      7488   99.5%          C:\Windows\SYSTEM32\ntdll.dll
6        38    0.5%          C:\Program Files\nodejs\node.exe
7
8    [JavaScript]:
9      ticks  total  nonlib   name
10
11   [C++]:
12     ticks  total  nonlib   name
13
14   [Summary]:
15     ticks  total  nonlib   name
16        0    0.0%    NaN%  JavaScript
17        0    0.0%    NaN%  C++
18        8    0.1%  Infinity%  GC
19     7526  100.0%          Shared libraries
20
21   [C++ entry points]:
22     ticks    cpp   total   name
23
24   [Bottom up (heavy) profile]:
25    Note: percentage shows a share of a particular caller in the total
26    amount of its parent calls.
27    Callers occupying less than 1.0% are not shown.
28
29     ticks parent  name
30     7488   99.5%  C:\Windows\SYSTEM32\ntdll.dll
```

图 8-13　p1.txt，主线程的 profile

```
c4 > ≡ p2.txt
1   Statistical profiling result from .\isolate-000001988ACAD6E0-30548-v8.log, (4396 ticks, 441 unaccounted, 0 excluded).
2
3    [Shared libraries]:
4     ticks  total  nonlib   name
5       23    0.5%          C:\Program Files\nodejs\node.exe
6       12    0.3%          C:\Windows\SYSTEM32\ntdll.dll
7
8    [JavaScript]:
9     ticks  total  nonlib   name
10    3920   89.2%   89.9%  LazyCompile: *fib C:\Users\likaiboy\example\c4\worker.js:5:15
11
12   [C++]:
13    ticks  total  nonlib   name
14
15   [Summary]:
16    ticks  total  nonlib   name
17    3920   89.2%   89.9%  JavaScript
18       0    0.0%    0.0%  C++
19       2    0.0%    0.0%  GC
20      35    0.8%          Shared libraries
21     441   10.0%          Unaccounted
22
23   [C++ entry points]:
24    ticks    cpp   total   name
25
26   [Bottom up (heavy) profile]:
27    Note: percentage shows a share of a particular caller in the total
28    amount of its parent calls.
29    Callers occupying less than 1.0% are not shown.
30
31    ticks parent  name
32    3920   89.2%  LazyCompile: *fib C:\Users\likaiboy\example\c4\worker.js:5:15
33    3920  100.0%    LazyCompile: *fib C:\Users\likaiboy\example\c4\worker.js:5:15
34    3920  100.0%      LazyCompile: *fib C:\Users\likaiboy\example\c4\worker.js:5:15
35    3920  100.0%        LazyCompile: *fib C:\Users\likaiboy\example\c4\worker.js:5:15
36    3920  100.0%          LazyCompile: *fib C:\Users\likaiboy\example\c4\worker.js:5:15
37    3920  100.0%            LazyCompile: *fib C:\Users\likaiboy\example\c4\worker.js:5:15
38
39     441   10.0%  UNKNOWN
```

图 8-14　p2.txt，worker 线程执行的 profile

很容易就能看出p1.txt是主线程运行的分析文件。因为主线程除了setInterval之外没有别的操作，所以绝大部分时间都在调用系统 API。图 8-13 中的 ntdll.dll 就是 Windows 环境下负责底层调用的链接库之一。

p2.txt 显示了 worker 线程执行的采样情况，因为 worker 线程是典型的 CPU 密集型任务，可以看出绝大部分时间都消耗在 JavaScript 计算上。

2. I/O 密集型代码的 profile

这里使用的是 8.2.3 小节的静态文件服务器，并且使用 vegeta 进行 1000RPS * 5 的压力测试来模拟真实场景下的采样结果。因为文件比较长，这里只截取了一部分内容，如图 8-15 所示。

```
3    [Shared libraries]:
4     ticks  total  nonlib   name
5    10380   86.4%          C:\Windows\SYSTEM32\ntdll.dll
6     1448   12.1%          C:\Program Files\nodejs\node.exe
7        7    0.1%          C:\Windows\System32\KERNELBASE.dll
8        4    0.0%          C:\Windows\system32\mswsock.dll
9        4    0.0%          C:\Windows\System32\KERNEL32.DLL
10       2    0.0%          C:\Windows\System32\WS2_32.dll
11
12 > [JavaScript]:…
107
108  [C++]:
109   ticks  total  nonlib   name
110
111  [Summary]:
112   ticks  total  nonlib   name
113     162    1.3%   97.0%  JavaScript
114       0    0.0%    0.0%  C++
115      46    0.4%   27.5%  GC
116   11845   98.6%          Shared libraries
117       5    0.0%          Unaccounted
118
```

图 8-15　profile 文件

可以看出，依旧是底层调用耗费了绝大多数时间，而在 shared library 中依旧是 ntdll.dll 占了主流。而在 JavaScript 调用中与路由和文件路径相关的操作占了大部分比例，如图 8-16 所示。

```
12  [JavaScript]:
13    ticks  total  nonlib   name
14     12    0.1%    7.2%  LazyCompile: *normalize path.js:265:12
15      7    0.1%    4.2%  LazyCompile: *_storeHeader _http_outgoing.js:306:22
16      6    0.0%    3.6%  LazyCompile: *next C:\Users\likaiboy\Desktop\express\node_modules\express\lib\router\index.js:176:16
17      5    0.0%    3.0%  LazyCompile: *resolve path.js:130:10
18      5    0.0%    3.0%  LazyCompile: *processTicksAndRejections internal/process/task_queues.js:65:35
19      5    0.0%    3.0%  LazyCompile: *<anonymous> C:\Users\likaiboy\Desktop\express\node_modules\bowser\es5.js:1:9106
20      4    0.0%    2.4%  LazyCompile: *send C:\Users\likaiboy\Desktop\express\node_modules\send\index.js:606:43
21      4    0.0%    2.4%  LazyCompile: *Readable.read _stream_readable.js:399:35
22      3    0.0%    1.8%  LazyCompile: *trim_prefix C:\Users\likaiboy\Desktop\express\node_modules\express\lib\router\index.js:288:23
23      3    0.0%    1.8%  LazyCompile: *socketListenerWrap _http_server.js:794:37
24      3    0.0%    1.8%  LazyCompile: *setHeader _http_outgoing.js:483:57
25      3    0.0%    1.8%  LazyCompile: *resOnFinish _http_server.js:630:21
26      3    0.0%    1.8%  LazyCompile: *readableAddChunk _stream_readable.js:231:26
27      3    0.0%    1.8%  LazyCompile: *onceWrapper events.js:294:21
28      2    0.0%    1.2%  RegExp: tizen
29      2    0.0%    1.2%  RegExp: safari|applewebkit
30      2    0.0%    1.2%  RegExp: opera
```

图 8-16　测试结果

对于 Node 应用，尤其是 Web 服务器来说，这样的分析结果是健康的。因为编写 Node 代码的原则是不阻塞事件循环，主线程应该只起到请求转发的作用。如果一个 Web 服务器在 JavaScript 或者 C++调用上占用了大量时间，说明开发者需要审视代码本身的结构了。

小　　结

本章主要介绍了测试和调试相关的内容，测试部分的重点放在 jasmine 的使用，jasmine 作为最流行的测试框架，希望读者能够了解其基本使用方式，并对其中的断言 API 有一个比较清晰的认识。

剩下的内容介绍了调试相关的内容，包括 JavaScript 代码和 C++代码的调试，最后的篇幅介绍了 CPU profile 相关的内容。

思考与问题

- 了解 Linux 环境下 perf 调用的原理，并查找 Windows 环境下的实现方式。
- 运行第 4 章的 C++ addon，查看其运行时的 CPU profile。

附录 A 基础概念

本章的内容作为附录存在，代表着即使完全忽略这部分内容，只关注正文的 8 个章节，读者也可以完成相当规模的代码。本章的主要目的是介绍一些关于 Node 底层的知识，在学会了“怎么做”之后，接下来就是探究“为什么”。

假设读者在面试一个 Node 相关的开发职位，此时面试官要求介绍 Node 的基本原理，要如何回答？

Node 是一个基于 Google V8 引擎的 JavaScript 运行时，使用 V8 解释 JavaScript 代码和内存管理。虽然用户代码运行在单进程单线程环境下，但使用非阻塞 I/O 并借助底层的 libuv 可以实现对高并发的支持。Node 最大的特点如下所示。

（1）JavaScript 语法。

（2）非阻塞 I/O。

如果读者觉得上面的回答有很多不明白的术语，没有关系，本章会对它们进行比较全面的介绍。

A.1 编程语言和运行时

打开 ECMAScript 的官方网址，Standard ECMA-262，即 ECMAScript 的语言规范，是一个包含了所有语法细节，并详细标注了所有输入输出格式的文档，如图 A-1 所示。

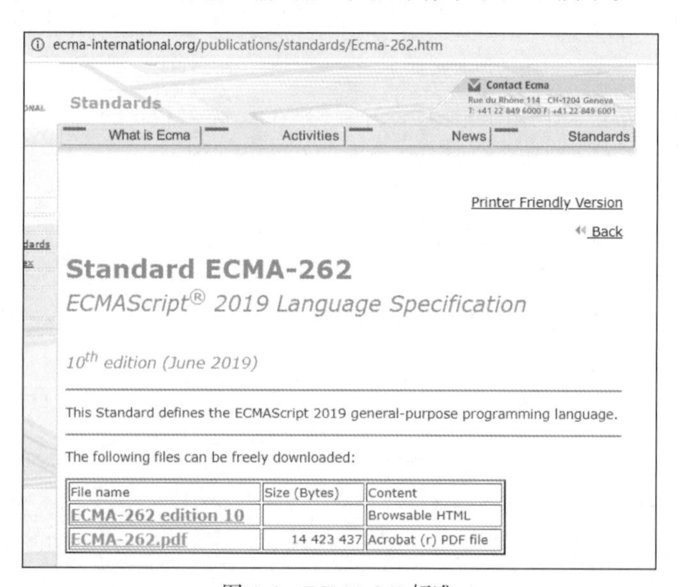

图 A-1　ECMA-262 标准

A.1.1　编程语言的产生

编程语言的开发过程也符合软件工程的模型，一种方式是先协商标准，然后进行开发。例如，Ada 语言由美国国防部主导，花了 20 年才开发完成。

另外一种方式是由某个开发者或者某个小团队率先开发出编程语言的原型，然后在迭代过程中不断发布新版本。例如，Brendan Eich 只花了两周时间就开发出了 JavaScript 的第一个版本。等到语言的使用变得成熟之后，通常会有一个行业组织为它设计统一标准，ECMAScript 就是这样来的。

A.1.2　什么是运行时

如何将编程语言从文本文件变成可以执行的程序，有一个专门的计算机学科来研究它，称为编译原理。编程语言分为两种，编译型和解释型。编译型语言的源代码经过编译后生成对应操作系统上的可执行文件，即“一次编译，到处运行”（仅限于同一类操作系统）。

运行时是为编程语言提供运行环境的特殊程序，如果读者自行开发出一个软件，可以在其中运行 JavaScript 代码，那么它就可以被称为一个 JavaScript 运行时。市面上常见的浏览器，如 Chrome、Firefox 及 Node 都符合运行时的定义。

通常在谈论一门语言时，提到的是它的语法而非运行时。例如，谈到 Java，可能会提到各种 List、类和接口；谈论 C#，可能会提到多线程的设计。这些都是由语言标准明确定义的语法特性。

任何开发者都可以依据语言规范来开发出对应的运行时。例如，JVM 就有很多不同的产品，HotSpot、JRockit 等。编译型语言，如 C/C++，也有很多不同的编译器产品，GCC、Clang、Borland C++ 等。以第 3 章提到的自定义语言 Lear 为例，在最后一节编写的执行器也可以看作是一个运行时。

除了性能上的差异之外，对于语言标准的支持，不同的编译器/运行时可能会有细微的区别，如 ++i +++i，有些编译器会认为这是一个语法错误，而有的编译器会尝试给出结果。

还有一些特殊的例子，由于 JVM 跨平台的特性和优秀的性能，很多语言从设计之初就选择运行在 JVM 上，如 Scala、Kotlin、Clojure、Groovy 等。这些语言只需要生成在 JVM 上运行的字节码（就像第 3 章使用的字节码），屏蔽操作系统和硬件差异的工作交给 JVM 完成。更极端的例子还有 JPython、JRuby 等，虽然 Python 和 Ruby 都有自己的解释器，但将其代码编译成 JVM 字节码也是完全可行的。

假设有一名开发者不满现在 JavaScript 目前的运行时，他也可以在实现 JavaScript 语法的同时将 JavaScript 设计成支持多线程的编程语言。换言之，即设计一个全新的运行时。

A.1.3　为什么是 JavaScript

在目前流行的编程语言中，JavaScript 是对运行环境要求最低的。因为每台计算机上都一定安装了浏览器，打开一个浏览器控制台就可以在里面编写和运行 JavaScript 代码。另外，动态类型及解释型语言的特点让 JavaScript 非常容易上手。正是基于这些原因，Node 选择了 JavaScript 语法和解释器（V8），并在此之上封装了 I/O 操作，所以 Node 受到开发者的青睐。

A.1.4　编译 Node 源码

如果读者想要更清楚地了解 Node 在源码级别的调用，可以尝试独立编译源码，这里选择了比较新的 11.0 版本。

1. 准备工作

使用 gcc -v 命令来检测 gcc 是否安装。如果读者在 macOS 环境下工作，由于 macOS 默认会将 gcc 链接到 Clang，因此如果产生以下的输出，则依旧需要安装 gcc。

```
$ gcc -v

Configured with: --prefix=/Applications/Xcode.app/Contents/Developer/usr --with-gxx-include-dir=/usr/include/C++/4.2.1
Apple clang version 11.0.0 (clang-1100.0.33.16)
Target: x86_64-apple-darwin18.6.0
Thread model: posix
InstalledDir:   /Applications/Xcode.app/Contents/Developer/Toolchains/XcodeDefault.xctoolchain/usr/bin
```

2. 编译

以 macOS 和 Linux 系统为例，只要在源码目录下运行如下命令即可完成编译过程。

```
$ ./configure
$ make
$ make install
```

完整地编译一份 C++源代码对初学者来说是一个挑战。如果编译过程出错了，通常是系统环境缺少某个依赖或者文件导致的，可以借助搜索引擎来找到答案。

编译过程通常需要 30 分钟左右，具体的时间取决于读者的计算机配置，编译的 3 个步骤最终会在当前目录下生成可执行文件。由于 Windows 环境下的编译过程比较复杂，读者可以参考 Node 提供的编译文档。

A.1.5 Node 架构

Node 本身在技术上并没有大的创新，它的创意在于把现有的软件功能结合起来创造出新的产品。表 A-1 列出了所有 Node 使用的第三方依赖，其中最重要的两个模块为 V8 和 libuv。

表 A-1 Node 使用的第三方依赖

第三方依赖	作用
libuv/ 早期使用 libev	提供事件循环，向下屏蔽操作系统细节以提供统一接口
http-parser	C 语言编写的轻量级 HTTP 解析库
c-ares	处理 DNS 的 C 语言库
OpenSSL	提供加密解密的底层功能
zlib	提供快速压缩解压的类库
gyp	基于 Python 的项目生成工具，用于生成不同平台的项目文件
gtest	C/C++测试工具
V8	使用 C++实现的高性能 JavaScript 引擎

1. 认识 V8

不同的浏览器使用的往往是不同的解释器（引擎），如 Chrome 使用 V8、Firefox 使用 SpiderMonkey、Edge 使用 Chakra 等，它们也都依照 ECMAScript 标准解释 JavaScript 代码。

V8 是 Google 为了 Chrome 浏览器开发的 JavaScript 引擎，其优秀的性能是 Chrome 大获成功的重要原因。V8 开源后也被用在许多需要 JavaScript 运行环境的开源项目中，Node 就是其中之一。

V8 会编译 JavaScript 源码并生成抽象语法树（AbstractSyntax Tree，AST），然后生成字节码并执行。早期的 V8 将语法树直接翻译成对应的机器码并执行，这样虽然能够达到更高的性能，但会消耗更多内存并且给维护带来一定困难。因此，在 5.8 的版本中 V8 引入了字节码解释器 ignition（其原理类似第 3 章最后实现的解释器），使用字节码虽然会一定程度上增加编译和运行时间，但 V8 对于通常会缓存热门网站的 JavaScript 代码并预先将其编译，一定程度上弥补了字节码带来的性能下降。

读者可能会对语法树直接翻译成机器码感到难以理解，其实就是向对应的内存里写入二进制数据并执行。以 C 语言中的函数指针为例，创建一个函数指针然后用内存地址来赋值，就可以用执行函数的方式来执行这块内存中的内容，V8 则是使用了 macroAssembler 库来实现类似的功能。

读者可能产生的另一个疑问是，为什么使用机器码会造成更高的内存占用？这其实很好理解，因为抽象程度更高的语言书写的代码会更加简练。

```
// 使用高级语言实现加法
1+2;
// 使用类似汇编语言的表达
// 汇编指令操作符本身也要占用空间
// 因此同样的表达，内存占用要超过高级语言
mov eax 1
mov ebx 2
add eax ,ebx
```

尽管直接生成二进制字节码会获得更高的速度，但比起易读性和内存占用带来的劣势，V8 还是抛弃了这种方式。

2. 内存分配

V8 规定了 Node 进程能够使用的最大内存，在 32 位系统下大约为 1GB，在 64 位系统下大约为 1.7GB，而 Buffer 的使用基本不受限制。Buffer 不受限制的一个重要原因是某些 I/O 操作的数据量可以很轻松地超过 V8 的内存限制，如大文件读取或者处理 HTTP 内存数据等。

```
// process.memoryUsage 方法可以返回 Node 进程当前的内存使用状况

function format(obj){
    Object.keys(obj).map((key)=>{
        // 返回的数值以 Byte 为单位，将其转换成 MB
        obj[key] = obj[key]/(1024*1024);
    });
    return obj;
}

console.log(format(process.memoryUsage()));
// 输出
{
  rss: 16.87890625,
  heapTotal: 4.77734375,
  heapUsed: 2.1522369384765625,
  external: 0.6199674606323242
}

var buffer = Buffer.alloc(1024*1024*1024);
console.log(format(process.memoryUsage()));
// 输出
{
  rss: 18.66796875,
  heapTotal: 4.53125,
  heapUsed: 2.041900634765625,
  external: 1024.7723512649536
}
```

Node 中的内存分配有两种方式，一种是经过 V8 来申请和回收内存，它们都是在 V8 的堆内存区域完成的，即上面的 heapTotal 和 heapused。而 external 则是 Buffer 对象使用的内存，虽然它的内存不是由 V8 分配的，但它绑定的 JavaScript 对象依旧由 V8 管理并负责内存回收。而 rss(Resident Set

Size），则是堆区域、代码区和栈区的内存之和。

3. libuv

V8 仅按照 ECMAScript 的标准来解释和翻译 Node 源代码，并不关心这些代码是以什么样的方式被调用的。

Node 采用非阻塞 I/O 的方式运行，但 ECMAScript 没有规定 JavaScript 使用阻塞或者是非阻塞的方式来处理 I/O，这部分的功能由 libuv 实现。

libuv 是专门为 Node 开发出的一套跨平台事件处理框架，如图 A-2 所示。低版本的 Node 仅能在 Linux 平台下运行，其中一个原因是当时 Node 依赖的事件处理框架 libev 仅支持 Linux 平台。后来 Node 社区开发者对 libev 及 Windows 环境下的 IOCP 进行统一封装，最后的结果就是 libuv。

libuv 向下屏蔽了操作系统细节，让 Node 代码可以在不同操作系统下运行，即实现了跨平台特性。以文件 I/O 为例，Node 文件系统 API 调用的是 libuv（低版本的 Node 使用的是 libev）提供的接口，然后再由 libuv 来调用底层的系统调用。

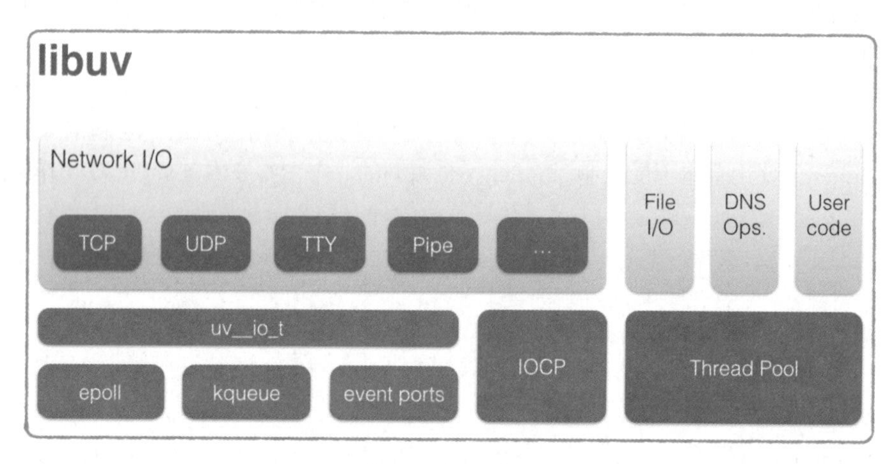

图 A-2　libuv 架构

> IOCP 是 Windows 环境下的异步 I/O 处理方式，而在 Linux 环境下，libuv 通过底层的线程池来模拟异步 I/O。libev 是 libuv 的前身，它是一个 Linux 平台下的事件循环处理库，存在于早期的 Node 版本之中，在 0.5.0 之后的版本中逐步被 libuv 取代。在低版本中 libev 的源代码总数不超过 5 000 行，有兴趣的读者可以考虑阅读源码。

A.1.6　js2c

Node 没有将 JavaScript 源文件直接交给 V8，而是先使用 js2c.py 工具将 JavaScript 源代码转换成 C++文件，该文件位于源代码根目录下的 tools 目录中。

从扩展名可以看出这是一个 Python 文件，该文件的最初版本的代码只有不到 300 行（0.1.4 版本）。这里不介绍该文件的内容，而是实际运行一下看看它到底做了什么。首先在 tools 目录下新建 convert.py 和用于转换的 source.js。

```
// source.js
console.log('Hello world');

// convert.py
import js2c
js2c.JS2C(['./source.js'],['./native.h'])
```

运行 python convert.py 之后会在当前目录下生成 native.cc，内容如下。

```
// native.cc
#ifndef node_natives_h
#define node_natives_h
namespace node {
// 生成 native_test 数组
static const char native_test[] = { 99, 111, 110, 115, 111, 108, 101, 46, 108, 111, 103, 40, 39, 72, 101, 108, 108, 111, 32, 119, 111, 114, 108, 100, 39, 41, 59, 0 };
}
#endif
```

可以看出，js2c 的最终结果就是将源文件转换成 ASCII 数组，数组的命名方式为 native_[文件名]。Node 源代码中包含了一些 JavaScript 源文件，如 util.js、file.js、node.js 等，最后都会生成对应的 native_util、native_file 及 native_node 数组，最终在 src/node.cc 中引入。

```
// src/node.cc
ExecuteNativeJS("util.js", native_util);
ExecuteNativeJS("events.js", native_events);
ExecuteNativeJS("file.js", native_file);
```

A.2　关于操作系统

本节稍微偏向于操作系统底层的概念，当然仅限于一些简单的论述，包括少数笔者认为比较关键的知识点。如果读者想要了解更加详细的细节，可以参考《现代操作系统》或者《操作系统——精髓与设计原理》。

A.2.1　进程和线程

进程是为了计算机能够同时处理多个任务而发展出的概念，在操作系统的调度下，进程可能会出现不同的状态，如图 A-3 所示。

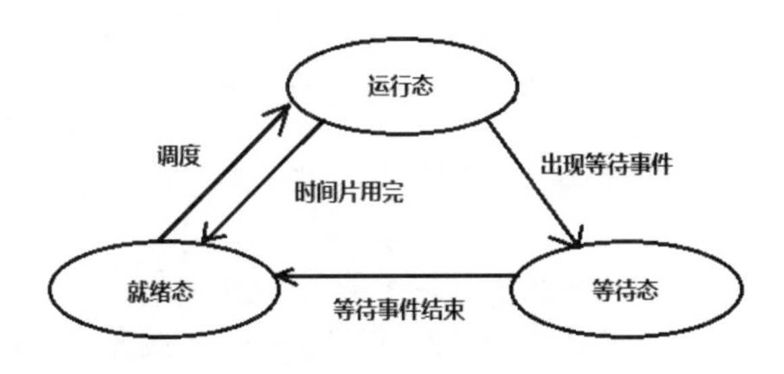

图 A-3　分片操作系统进程状态转换图

当一个进程的状态处于不活跃时，操作系统会将其挂起并转而执行其他进程。开发者总是希望自己运行的进程能够占用尽可能多的 CPU 时间，这样就能尽早获得程序运行的结果，但等待事件，如 I/O 事件，通常是不可避免的。

例如，进程 A 有一个文本读取操作需要 100ms 来完成，尽管从开发者视角来看这段时间很短，但 CPU 看来就是很长的一段空闲时间，因此操作系统会把 CPU 的控制权交给另一个进程 B。在 I/O 事件结束之后，进程 A 状态转换成就绪态，等待操作系统的调度。尽管 I/O 操作耗时 100ms，但进程从挂起到重新被调度运行的这段时间可能远远超过 100ms。

如果开发者希望自己的进程能够尽快地执行完毕，或者在一定的时间内执行尽可能多的任务，就要避免进程因为等待事件而被操作系统调度。为此，进程内部又抽象出线程的概念，线程也是现代 CPU 执行的最小单元。只要一个进程中有线程是活跃的，那么这个进程在时间片用完之前就不会被切换。

以文件读取为例，进程在遇到 I/O 事件时分成两个线程，一个线程等待结果返回，另一个线程继续执行。线程的调度同样由操作系统完成，以 JVM 为例，JVM 会将 Java 代码中创建的线程和操作系统提供的底层线程绑定。

这里有一个问题需要注意，一个进程的多个线程能不能在多个 CPU 核心上运行？答案是肯定的，如果一个进程的多个线程只能在一个核心上运行，那就没有真正意义上的多线程并行。

A.2.2 理解高并发

Node 在刚诞生的时候，一个重要的宣传点就是“支持高并发”，这是当时很多 Web 服务器都不具备的能力。在 epoll 得到广泛使用之前，一些使用多线程的 Web 服务器在并发请求数达到一定程度之后会导致进程崩溃，而 Node 使用单线程加事件队列的方式巧妙地避免了这一点。

请注意并发和并行的区别：并行指的是同一时刻有多个线程/进程在运行，需要多核支持；而并发指的是在一定时间内处理多任务的能力。

支持高并发仅代表 Node 服务器可以处理大量的请求，但不能缩短整体的响应时间。多个请求仍然需要在事件队列中排队，有的请求可能会陷入长时间等待，但总要比服务器进程崩溃，拒绝所有服务要好多了。如果开发者的目标不仅是支持高并发，还要缩短平均响应时间，就需要借助集群实现。

目前的服务器软件都普遍改进了架构，高并发对于绝大多数服务器来说都不再是问题，但根据具体的应用场景不同，表现会有差异（如第 7 章的静态服务压力测试）。

A.2.3 理解非阻塞

虽然 JavaScript/Node 常常被称为是异步语言，虽然开发者口中的“异步”，通常是指调用之后不能立刻获得结果，但更加准确的称呼是“非阻塞”。

阻塞/非阻塞和同步/异步是针对同一个应用场景（如 I/O）站在不同角度的描述，它们之间没有必然联系。

开发者在编写代码时，只关心最终结果，不关心底层的系统调用是如何执行的。如果用户线程在发起一个系统调用（如 read）后，直到数据返回为止都在原地等待（如 fs.readFileSync），就称之为阻塞 I/O，相反就是非阻塞 I/O。

同步和异步 I/O 描述的是操作系统内核对系统调用的处理方式，它和用户代码是无关的。内核在处理 I/O 完成之前的这段时间，如果内核线程一直在原地等待或者使用轮询（select 和 poll），这种方式就称为同步。相反地，I/O 调用完成后以某种方式通知内核线程，这种处理方式称为异步。

开发者在讨论编程语言以何种方式处理 I/O 时，通常讨论的是阻塞/非阻塞，而不关心操作系统内核如何处理系统调用。Node 使用非阻塞的方式处理用户代码中的 I/O 请求，同时在 Linux 系统使用 epoll，Windows 环境下使用 IOCP，它们可以认为是操作系统对异步 I/O 的实现。

A.3 事件循环

思考下面一个问题，面对多个已经就绪的回调函数，如何管理它们的执行顺序？

假设现在有一个定时器回调，一个文件 I/O 系统的回调，和一个 HTTP 请求的回调都处于就绪状态，要先执行哪一个？

稍微思索一下就能得到结论。当 I/O 就绪时，把对应的回调函数加入一个队列中，然后按照顺序来取出事件执行即可。事件循环对不同类型的回调进行分类，并且对每个分类都维护一个队列进行管理，然后运行一个循环按顺序取出队列中的事件进行处理。

这个操作放在一个循环中，在 Node 进程的运行过程中保持运行，因此叫作事件循环（Event Loop）。事件循环是 Node 能够以非阻塞方式运行用户代码的关键，不同于许多语言依靠多线程来处理并发的方式，尽管事件循环运行在单线程环境下，但是借助 epoll，在面对大量 I/O 请求时，单线程只被用作请求转发和处理结果。

事件循环启动以后，会将就绪的回调函数加入对应的队列中。图 A-4 展示了事件循环及其内部队列的情况。事件循环在内部维护了 6 个队列，每个队列在执行上都代表了一个阶段（Phase）。

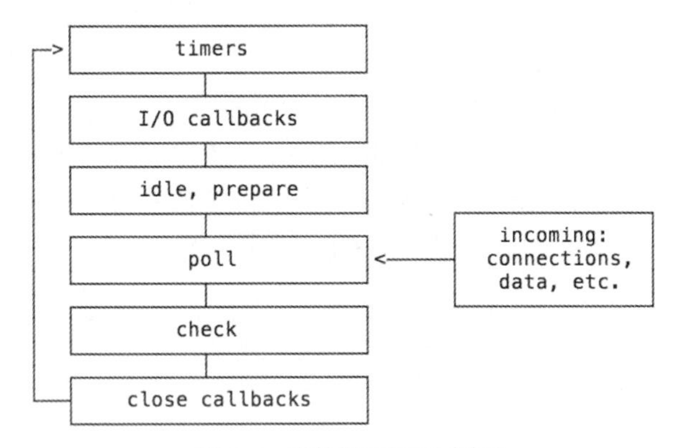

图 A-4　事件循环的不同阶段

A.3.1　各阶段概述

JavaScript 的事件循环依靠浏览器实现。而 Node 作为另一种运行时，事件循环由底层的 libuv 实现。核心代码位于 deps/uv/src/unix/core.c 下的 uv_run 方法中。

在不同的阶段，事件循环会处理不同类型的事件，其代表的含义如下。

- timers：用来处理定时器方法的回调，包括 setTimeOut 和 setInterval。
- I/O callbacks：大多数的回调方法在这个阶段执行，除了 timers、close 和 setImmediate 事件的回调。
- idle，prepare：仅在内部使用，本节将其忽略。
- poll：轮询，不断检查有没有新的 I/O 事件，在没有其他事件时，事件循环会在这里阻塞。
- check：处理 setImmediate 事件的回调。
- close callbacks：处理一些 close 相关的事件，如 socket.on('close', ...)。

尽管上面使用“阶段”（Phase）来描述事件循环，但它并没有任何特别之处，本质上就是不同方法的顺序调用，用代码描述一下大约就是下面这种结构。

```
// 下面的代码中，每个方法代表阶段，同时每个方法都有属于自己的事件队列
while(1){
        //......
        uv_run_timers();
        uv_run_pending(loop)
        uv_run_idle();
        uv_io_poll();
        uv_run_check();
```

```
        uv_run_closing_handles();
        //...
}
```

假设事件循环现在进入了某个阶段，即使在这期间有其他队列中的事件就绪，也会先将当前阶段队列里的全部回调方法执行完毕后，再进入下个阶段。结合上面的代码这也是易于理解的。

1. timers 阶段

从名字就可以看出来，这个阶段主要用来处理定时器相关的回调。当一个定时器到达规定时间后，一个事件就会加入队列中，事件循环会跳转至这个阶段执行对应的回调函数。

定时器的回调会尽可能早（as early as they can）地被调用，这表示可能会被定时器规定的时间要长。如果事件循环此时正在执行一个比较耗时的回调，如对一个大文件的数据进行操作，那么定时器的回调只能等当前执行结束了才能被执行，即被阻塞。

2. I/O callback

从名称上看，读者可能会认为和 I/O 相关的回调会放到这个阶段执行，官方文档对这个阶段的描述除了定时器、setImmediate，以及 close 操作之外的大多数回调方法都位于这个阶段执行。

事实上该阶段只是用来执行 pending callback，例如，一个 TCP socket 执行出现了错误，在一些 *nix 系统下可能希望稍后再处理这里错误，那么这个回调就会放在 I/O callback 阶段来执行。一些常见 I/O 操作的回调，例如，fs.readFile()的回调放在 poll 阶段执行。

3. poll

poll 阶段的主要任务是等待新的事件出现，如果事件队列里没有其他就绪事件，事件循环可能会在此阻塞。至于事件阻塞的判定方法和具体阻塞多长由 libuv 决定。

当事件循环到达 poll 阶段时，会进行下面的判断。

- 如果 poll 队列不为空，则事件循环会按照顺序遍历执行队列中的回调函数，这个过程是同步的。
- 如果 poll 队列为空，会接着进行如下判断。
- 如果当前代码定义了 setImmediate 方法，事件循环会离开 poll 阶段，然后进入 check 阶段去执行 setImmediate 方法定义的回调方法。
- 如果当前代码没有定义 setImmediate 方法，那么事件循环可能会进入等待状态，并等待新的事件出现，这也是该阶段为什么会被命名为 poll（轮询）的原因。此外，还会不断检查是否有相关的定时器超时，如果有，就会跳转到 timers 阶段执行对应的回调。

4. check

setImmediate 是一个特殊的定时器方法，事件循环的 check 阶段就是为 setImmediate 方法而设置的。一般情况下，当事件循环到达 poll 阶段后，就会检查当前代码是否调用了 setImmediate。如果是，事件循环就会跳出 poll 阶段进入 check 阶段。

5. close

如果一个 socket 或者一个句柄被关闭，那么就会产生一个 close 事件，该事件会被加入对应的队列中。close 阶段执行完毕后，本轮循环结束，事件循环进入下一轮。

A.3.2 阻塞事件循环

在之前章节的叙述中频繁提到了“阻塞事件循环”，下面详细讨论下这个话题。

事件循环运行在单线程环境下，单线程本身的特点决定一旦代码开始运行某个耗时的任务，那么只有该任务结束之后，下面的代码才能继续执行。在 Node 代码中这样的任务就会阻塞事件循环，如 fs.readFileSync()、fib（50）等。

Node 设计的初衷是支撑服务器的高并发，事件循环设计的原则就是转发而不是处理全部的请求。一些耗时的任务，如文件读写，应该由事件循环转发后交给背后的 libuv 处理，而不是在事件循环中完成。

除了 I/O 操作之外，代码中一些其他的耗时操作也需要注意，有些 CPU 密集型的计算任务，如 Fibonacci 函数的计算等，也要避免在事件循环内完成。

但值得注意的是，上面提到的通常仅限于 Web 服务的场景，如果只是运行在本地计算机的一些脚本，通常不需要考虑阻塞事件循环的问题。

A.3.3　process.nextTick

process.nextTick 的意思是定义出一个异步动作，并且让这个动作在事件循环当前阶段结束后执行。该方法并不是事件循环 6 个阶段的一部分，但它的回调方法也是由事件循环调用的，process.nextTick 定义的回调方法会被加入名为 nextTickQueue 的队列中。

在事件循环的任何阶段，如果 nextTickQueue 不为空，都会在当前阶段操作结束后优先执行 nextTickQueue 中的回调函数，当 nextTickQueue 中的回调方法被执行完毕后，事件循环才会继续向下执行。

```
// nextTick()的使用
process.nextTick(function(){
   console.log('nextTick');
});
console.log('continue');
// 输出
continue
nextTick

// 定义两个 nextTick()，它们的回调函数会按照在代码中的顺序执行
process.nextTick(function(){
   console.log('first tick');
});
process.nextTick(function(){
   console.log('second tick');
});
console.log('next');
// 输出
next
first tick
second tick
```

和其他回调函数一样，如果 process.nextTick 定义的回调方法内部出现了死循环或者其他耗时操作，就会阻塞事件循环的运行。

```
process.nextTick(function(){
   console.log('first tick');
   // 阻塞事件循环
   while(true){}
});
setTimeout (function(){
    console.log('1s passed');
},1000);
console.log('next');
// 输出
next
first tick
// 定时器回调不会执行
```

Node 限制了 nextTickQueue 的大小，如果递归调用了 process.nextTick()，那么当 nextTickQueue 达到最大限制后会抛出一个错误。

```
function recurse(i){
    while(i)
    {
        process.nextTick(recurse(i++));
    }
}
recurse(0);
// 输出
RangeError: Maximum call stack size exceeded
```

1. nextTick 与 setImmediate

setImmediate 方法是 Node 对 JavaScript 的扩展，它同样将一个回调函数加入事件队列中。不同于 setTimeout 和 setInterval，setImmediate 并不接受一个时间作为参数，setImmediate 定义的回调函数会在当前事件循环末尾（check 阶段）执行。

```
// 比较 nextTick 和 setImmediate 的执行顺序
setImmediate(function() {
    console.log("immediate");
});

process.nextTick(function(){
   console.log("next Tick");
});
// 输出
next Tick
immediate
```

2. setImmediate 和 setTimeout

setImmediate 方法会在 poll 阶段结束后，即 check 阶段执行，而 setTimeout()会在规定的时间到期后执行，由于无法预测执行代码时事件循环当前处于哪个阶段，因此当代码中同时存在这两个方法时，回调函数的执行顺序是不确定的。

```
// 不确定哪个回调函数会先执行
setTimeout(function () {
    console.log('timeout');
},0);

setImmediate(function () {
    console.log('immediate');
});
```

但如果将二者放在一个 I/O 操作的回调中，则永远是 setImmediate()先执行。

```
require("fs").readFile(__filename,function(){
    setTimeout(function () {
        console.log('timeout');
    },0);

        setImmediate(function () {
        console.log('immediate');
    });
})
// 输出
'immediate'
'timeout'
```

这是因为 readFile 的回调执行时，事件循环位于 poll 阶段，因此事件循环会先进入 check 阶段执行 setImmediate 的回调，然后再进入 timers 阶段执行 setTimeout 的回调。

A.3.4　模拟事件循环

为了更好地说明事件循环的工作原理，下面用一段代码来模拟事件循环的功能。

```
// 声明 3 个栈，每个栈表示事件循环的一个阶段，也包含所有回调函数的数组
var stack1 = [];
var stack2 = [];
var stack3 = [];

// run 方法模拟 Node 运行中产生的各种事件
// 使用随机数向不同的事件队列里塞入回调函数
function run(){
  var random = Math.floor(Math.random()*100);
  var num = random % 3;

  switch(num){
    case 0:
      stack1.push({
        err:undefined,
        data:random,
        callback:(err,data)=>{console.log('Execute stack1 '+data);}
      });
      break;
    case 1:
      stack2.push({
        err:undefined,
        data:random,
        callback:(err,data)=>{console.log('Execute stack2 '+data);}
      });
      break;
    case 2:
      stack3.push({
        err:new Error('error occurred'),
        data:undefined,
        callback:(err,data)=>{
          if(err) {
             console.log('Execute stack3 ' +err);
             return;
          }
          console.log('Execute stack3 '+data);
        }
      });
      break;
  }


}

function check(){
  var random = Math.floor(Math.random()*100);
  return random < 95;
}
// 对应阶段的处理函数
function run_stack1(){
  while(stack1.length>0){
```

```
    var obj = stack1.pop();
    obj.callback(obj.err,obj.data);
  }
}

// 对应阶段的处理函数
function run_stack2(){
  while(stack2.length>0){
    var obj = stack2.pop();
    obj.callback(obj.err,obj.data);
  }
}
// 对应阶段的处理函数
function run_stack3(){
  while(stack3.length>0){
    var obj = stack3.pop();
    obj.callback(obj.err,obj.data);
  }
}
// 模拟的事件循环主方法
while(true && check()){
  run();
  run_stack1();
  run_stack2();
  run_stack3();
}
```

上面的代码可以看作是一个事件循环的简易版。首先使用 3 个数组来模拟 3 个不同阶段的事件队列，而 run 方法使用随机的方式向事件队列内塞入数据和回调函数。在真实的场景下数据（err 和 data）和回调函数（callback）并不是同时加入队列中，并且是由多线程完成的。此处出于模拟的考虑，对场景进行了简化。

run_stack 方法从事件队列中取出相应的回调函数并加以执行，为了更接近真实的回调函数，设置了 err 和 data 两个参数。

最后的 while 循环则是事件循环的核心部分，它依次执行 run_stack 方法，可以看作处理不同阶段的事件。出于运行的考虑，这里增加了 check 方法来退出循环。

上面的代码可以解释事件循环的一些性质，如为什么定时器不能保证按时执行，因为如果其他阶段事件队列的回调函数中有一个耗时的操作，那么其他就绪的回调函数只能等到这个操作完成之后才能继续。

```
// 一个极端的例子
// 在运行 run_stack1()时，由于回调函数中包含了一个死循环，后面的 run_stack2 和 run_stack3 就永远得
// 不到执行
stack1.push({
    err:undefined,
    data:random,
    callback:(err,data)=>{while(1);}
});
```

A.3.5 microTask 和 macroTask/task

microtask 和 macroTask（或者简称为 task），在中文中被翻译为微任务和（宏）任务。它们原本是 JavaScript 中的概念，但有不少文章把这两个概念在两个运行时（浏览器和 Node）中的特性混淆在一起。

首先明确的是，microTask 的确存在于 Node 中，但 macroTask 的概念在 Node 中并不存在，或

者说浏览器中 macroTask 的概念不适用于 Node。

MicroTask 是一个事件队列，在 JavaScript 执行的过程中，一些任务会被加入这个队列中。Node 中最常见的两类 microtask，即 Promise 对象的 then_callback 和前面提到的 process.nextTick()。

```
//then_callback 在执行过程中就会被加入到 microTask 的队列中
var thenCallback = ()=>{ console.log("I am a callback");}
Promise.resolve().then((thenCallback))
```

所谓的 microTask 队列是一类队列的统称，并不代表所有的微任务都被加入同一个队列中，这取决于运行时的实现。

宏任务也是一样（官方文档不存在 macrotask 这个称呼，MDN 上称为 task），Node 也没有 macrotask 的概念。JavaScript 由于不能直接操作 I/O，实际上的异步任务很少，因此 task 队列中主要是定时器相关的任务。

而 Node 的事件循环因为增加了更多系统 I/O 的处理机制，并不能用所谓的 Task 队列来概括事件循环。把浏览器（一种运行时）中的设计概念搬到另一个运行时（Node）中是不正确的。一切未被官方文档确定下来的特性，其背后的机制都是不确定的（除非去检查源代码，但源代码随着版本更新也会发生变化）。例如，互联网上一些文章中有类似如下的论述。

> Node 在执行代码的时候遵循以下步骤。
> （1）首先从 macrotask 队列中取出一个 task 执行。
> （2）执行完后，再从 microtask 队列中依次取出所有的 task 顺序执行。
> （3）等这些 microtask 队列中的 task 都执行完，再从第（1）步开始循环执行。

上面的描述在浏览器中适用，但不适用于 Node，因为 Node 中不存在所谓的“macrotask”队列，事件循环队列可以近似看成 macrotask 队列，但要比它复杂得多。下面用代码执行结果来观察这个特性。

```
setTimeout(()=>{
    console.log('timeout1');
    Promise.resolve().then(()=>{
        console.log('resolved');
    });
},0);

setTimeout(()=>{
    console.log('timeout2');
},0);

// 在浏览器中运行
timeout1
resolved
timeout2
```

在浏览器中运行的结果符合上面的描述，但如果读者使用 11.0 以下版本的 Node（笔者用的是 10.0）运行上面的代码，结果如下所示。

```
// 使用 Node 10.0 来运行
timeout1
timeout2
resolved
```

如果从这样的程序输出来反推 Node 中 microtask 的运行原理，从而得出下面的结论的话，就犯了错误。

> Node 并不会一次只从 macrotask Queue 中取出一个 task 执行，而是和 microtask Queue 一样，取出所有的 task 依次执行。

这种推断并不成立，如果读者用 11.0 以上的版本（笔者用的是 12.11.0），再次运行上面的代码，得到的结果和浏览器中运行相同。下面是另一段更加复杂的代码。

代码 A-1　探索 Node 中的 microTask

```
console.log('script start');

setTimeout(function() {
  console.log('setTimeout');
}, 0);

new Promise((resolve,reject)=>{
    console.log('promise1');
    resolve();
})
.then(function() {
   console.log('promise2');
})
.then(function() {
   console.log('promise3');
});

console.log('script end');

// 在浏览器中运行的结果和 Node 运行的结果相同
script start
promise1
script end
promise2
promise3
setTimeout
```

判断顺序的关键在于 then 方法的回调函数在什么时候被执行，如果这里用的是第 5 章自定义的 myPromise 来实现，打印出的结果如下。

```
script start
promise1
promise2
promise3
script end
setTimeout
```

假设在代码 A-1 第一行之前增加如下的一行代码，结果如下。

```
var Promise = require('bluebird');
// 然后重新运行，打印出的结果如下。
script start
promise1
script end
setTimeout
promise2
promise3
```

为什么把原生 Promise 类换成了 bluebird 实现之后，结果变得不同了呢？这个问题只能从 bluebird 源代码里找答案了，这也从侧面表现出了这种“特性”的不确定性。因为通常认定 bluebird

提供的 Promise 类和原生的 Promise 类等价，如果出现混用的情况，只靠推断很难确定代码 A-1 最终的输出结果。

Node 在 11.0 版本中做了对 microtask 的机制做了一些改动（这也是为什么不同版本的 Node 运行代码结果不同的原因）。同时增加了 queueMicrotask 方法，它将一个动作加入微任务队列中，其作用和 process.nextTick 无异。

当同时定义了 nextTick 和 queueMicroTask 时，nextTick 总是会先得到执行。

```
var fs = require("fs");
fs.readFile(__filename, ()=> {
      setTimeout(()=> {
          console.log('timeout');
      },0);
      setImmediate(() => {
          console.log('immediate');
      });
      process.nextTick(()=>{
          console.log('nextTick');
      });
      queueMicrotask(()=>{
          console.log('microtask');
      });
});
// 总是输出
nextTick
microtask
immediate
timeout
```

queueMicrotask(fn)的效果和 Promise. resolve().then(fn)效果相同（仅限于原生 Promise 类），二者的执行顺序取决于调用的顺序。

附录B 网络通信基础

Web 服务器接收一个来自 Web 的参数，并且向 Web 返回数据。这中间涉及 Web 传输协议，要想收发 Web 消息，就要遵循网络传输的数据格式，使用 Web 编程接口。

B.1 发生了什么

互联网上有一个很热门的问题：从输入网址到显示网页，这个过程发生了什么？如果忽略其中硬件和浏览器渲染的部分，只关注网络部分的话，那么大概可以分成 3 个步骤。

- 寻址。
- 建立连接。
- 通信。

B.1.1 寻址

和计算机内存寻址类似，当计算机想要访问一个 URL 时，首先要找到这个 URL 对应的 IP 地址，计算机先从本地的 host 列表中查找，如果没有找到，就会访问 DNS 服务器并获得 IP 地址。以 Node 为例，原生的 DNS 模块可以用来解析域名并返回 IP 地址数组。

```
const dns = require('dns');

dns.resolve4('baidu.com', (err, addresses) => {
  if (err) throw err;
  console.log(`addresses: ${JSON.stringify(addresses)}`);
});
// 输出
addresses: ["220.181.38.148","39.156.69.79"]
```

B.1.2 建立连接

当确认 IP 地址之后，本地计算机就会尝试和远程计算机进行连接，建立连接的具体做法是三次握手，流程如下。

第一次握手：客户端发送 syn 包（syn=j）到服务器，并进入 SYN_SEND 状态，等待服务器确认。

第二次握手：服务器收到 syn 包，必须确认客户的 syn（ack=j+1），同时自己也发送一个 SYN 包（syn=k），即 SYN+ACK 包，此时服务器进入 SYN_RECV 状态。

第三次握手：客户端收到服务器的 SYN+ACK 包，向服务器发送确认包 ACK（ack=k+1），此包发送完毕，客户端和服务器进入 ESTABLISHED 状态，完成三次握手。连接建立后，客户端和服务器就可以开始进行数据传输了。

三次握手的过程并不难描述和记忆，只要读者理解为什么是三次握手，而不是两次或者四次。

原因很简单，三次是双方都能确保对方能顺利收到自己消息的最小次数。想象一下打电话的情况。

A：喂？（你能听到我吗？）

B：喂？（我能听到，你能听到我吗？）

A：能听到，你可以讲了。

如果是两次握手，并不能保证通信的双方都能收到对方的通信，而三次以上的握手则会造成冗余。

在 socket 接口中，三次握手发生在 connect 函数调用期间。

B.1.3　通信

建立连接之后，就开始实际的数据传输过程，即 HTTP(S)通信。1984 年，ISO 发布了著名的 ISO/IEC 7498 标准，也就是常说的 OSI 七层模型。

OSI 七层模型解决了如下的问题：一个进程的数据，如何转换为网线中的比特流传输到另一台计算机，并被解析回原来的数据。这个过程涉及光缆传输、计算机硬件、操作系统、最后变成应用程序的数据。对于实际应用，使用更多的是 TCP/IP 四层模型，四层模型与七层模型的对应如图 B-1 所示。

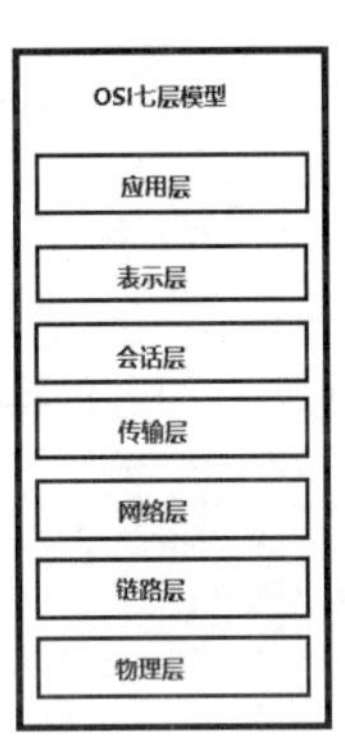

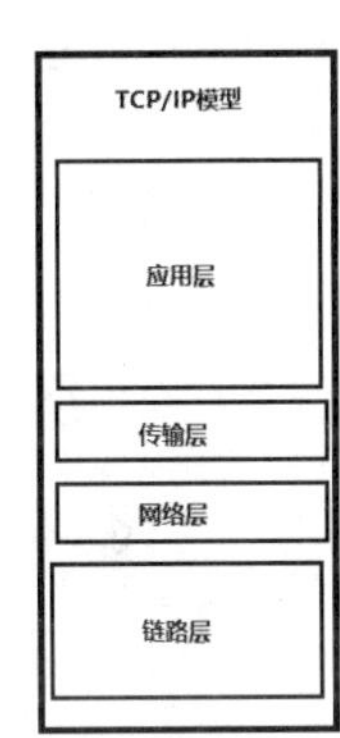

图 B-1　OSI 模型与 TCP/IP 模型

分层设计是计算机体系中最重要的思想，无论是从存储器层次结构，还是从低级语言到高级语言的递进，还是网络协议栈的设计，无一例外地体现了这种思想。

通过网线连通的两个主机之间可以发送消息，网线里面流动的无非是 010101 的高低电压，要给这些无序的数字赋予含义，首先面对的是编码和消息格式的问题。消息的格式好比汉字的写法，只有字的写法被统一之后，全国各地的书信交流才能畅通无阻。互联网消息格式（也被称为互联网协议）也遵循同样的思想，目前全世界最流行的通信协议即 HTTP， HTTP 消息也被称为 HTTP 报文，一个 HTTP 报文的格式如图 B-2 所示。

请求方法 (GET/POST/PUT...)	空格	URL	空格	协议版本	换行
头部字段名		Value1			换行
头部字段名		Value2			换行
......		......			换行
换行					
数据主体					

图 B-2　HTTP 报文格式

B.2　socket 接口

*nix 系统中，Web 调用与返回的本质是两个进程间通信，和本地进程间通信的区别在于两个进程位于不同的计算机上。当服务器进程和客户端进程建立起连接之后，它们中间就会打开一条虚拟的管道（流），服务器向其中塞的数据就可以传输到客户端。这个过程就像两个远隔大洋的人成为笔友之后，就可以依赖邮政系统进行通信了。

socket 接口最早是为 UNIX 系统开发的通信 API，后来 Windows 对其做了扩展，形成了 Windows socket，所有编程语言的网络 API 都是对系统底层 socket 的封装（C 语言除外，因为 UNIX socket

接口就是用 C 语言实现的）。

在 HTTP 协议中，客户端和服务器之间的通信是一次性的（不考虑 keep-alive），客户端发起请求，服务端进行响应，那么这次通信就结束，底层的 TCP 连接就会断开。但这只是 HTTP 协议的实现，对于底层的 TCP 连接和 socket 来说，既没有方向的限制（全双工），也没有时间的限制，只要开发者愿意，可以将连接永远保持下去。

B.2.1 创建 socket

所谓的七层或四层模型，从代码的角度看，就是高层次的 API 向下调用底层方法。对于*nix 系统来说，调用的终点就是 socket.h 中定义的 socket 函数，再往下就是与硬件相关的驱动程序。socket 函数的定义如下。

```
#include <sys/socket.h>
int socket(int domain ,int type, int protocol) // 返回一个 socket 描述符
```

B.2.2 建立连接

客户端会调用 connect 方法去连接一个服务器。客户端调用 connect 方法会试着将本地的一个 socket 描述符（socketfd）和远程 socket（addr）之间建立一个连接。

```
#include <sys/socket.h>
int connect(int socketfd ,const struct sockaddr * addr, socketlen_t len)
```

B.2.3 接收消息

socket 提供了 recv 方法来接收消息。

```
#include <unistd.h>

ssize_t read(int fd, void *buf, size_t count);

#include <sys/types.h>
#include <sys/socket.h>

ssize_t recv(int sockfd, void *buf, size_t len, int flags);

ssize_t recvfrom(int sockfd, void *buf, size_t len, int flags,struct sockaddr *src_addr,
socklen_t *addrlen);

ssize_t recvmsg(int sockfd, struct msghdr *msg, int flags);
```

读者可能已经习惯了本书前面内容介绍的事件回调的方式来接受对方发来的消息，但对于 socket 来说，需要接收方主动调用函数来接收消息。

早期的互联网，也被称为互联网 1.0，服务器的内容很匮乏，通常只有简单的静态 HTML，那时的互联网用户也少，一个网站最多可能也只有几十或者上百的并发量。

但随着网络功能的发展，JavaScript 功能的增加给网站带来了更多交互的可能性，同时用户量也急剧增长。一些流行的站点，如新闻网站，通常会在短时间内面对大量的并发请求，后来出现了著名的 C10K 问题，即 Web 服务器要如何解决平均每秒 10 000 个的并发请求？

前面内容也提到了，服务器会为每个 socket 连接新建一个线程，这在面对上万请求时显然不可能。C10K 问题现在已经得到了很好的解决，一方面是服务器 CPU 性能和核心数的提高，另一方面是操作系统在底层提供了更适合处理并发的系统调用。

B.3 socket 与并发

socket 在代码中和端口绑定，客户端还好说，而服务器通常要对多台客户端提供服务，而且经

常同时接到多条来自客户端的请求，这是怎么做到的？

这涉及一对多服务的问题，大致的思路是，服务器开启一个循环不断监听服务端口，当有客户端连接请求到达时，启动一个新线程，并由该线程提供对客户端的通信。

计算机的端口是有限的，也不可能创建成千上万个线程来处理并发场景，那么目前支撑数十万并发的服务器底层是如何实现的？

首先有一点要明确，虽然一个 socket 只能对应一个端口，但一个端口却可以被多个 socket 使用。从逻辑上看，一个 socket 可以看作一个四元组。

- 服务器 IP。
- 服务器端口号。
- 客户端 IP。
- 客户端端口号。

一个四元组可以明确地指定一个 socket，即使服务器的两个 socket 使用了同样的端口，只要对应的是不同的客户端，那么同样可以唯一确认一个 socket。在此基础上出现了 I/O 多路复用技术，多路指的是多个 I/O 流，放在 Web 场景下可以认为是多个 socket。复用的则是线程，即使用一个线程就可以处理多个 socket。对于 Linux 系统来说，socket 的数量仅由操作系统的最大文件描述符数量限制。

假设有 n 个 socket 同时监听了某个端口，那么当有一个来自某个客户端的请求时，服务器要如何知道该请求对应的是哪个服务器 socket 呢？

首先这 n 个 socket 都是以某种数据结构存储在服务器上的，那么只要在接收到客户端 socket 消息时遍历存储结构，依次对它们调用 recv 方法，就能找到对应的 socket，这个过程耗费的时间是 $O(n)$。为了改进这个过程的效率，Linux 系统陆续出现了一些 API。

B.3.1　select 和 poll

1. select

select 系统调用定义如下。

```
int select(int nfds, fd_set *readfds, fd_set *writefds,
                  fd_set *exceptfds, struct timeval *timeout);
```

- nfds：文件描述符的数量。
- readfds：监听可读事件的文件描述符集合。
- writefds：监听可写事件的文件描述符集合。
- exceptfds：监听异常事件的文件描述符集合。
- timeout：超时时间。

select 会监听多个文件描述符是否就绪，判断就绪的标准是该描述符是否可以直接进行读取或者写入。

select 方法传入了 3 个文件描述符的集合，分别是 readfds、writefds 和 exceptfds。当调用 select 方法时，查看这 3 个集合中的文件描述符是否发生了对应的事件（可读、可写、异常）。在执行过程中，这 3 个描述符集合的内容会原地修改。

timeout 指定了一个超时的时间，在这段时间内 select 函数会保持阻塞，有文件描述符就绪或者 select 执行达到了 timeout 的限制之后，select 就会返回。如果要持续监听文件描述符的变化，可以将 select 放在循环中。

select 的缺点有如下两个。

（1）nfds 限制了同时监听文件描述符的数量。

（2）select 对传入的描述符集合进行原地修改，那么想要知道是哪个文件描述符发生了变化，就只能通过遍历的方式来查找。

2. poll

相对于 select，poll 突破了描述符数量上的限制。

```
int poll(struct pollfd *fds, nfds_t nfds, int timeout);
```

调用 poll 方法后，当发现有就绪的描述符后就会返回，或者在 timeout 指定的时间内阻塞一段事件后返回。

```
// pollfd的结构如下所示
struct pollfd {
                int   fd;             // 文件描述符
                short events;         // 希望监听的事件
                short revents;        // 实际返回的事件
};
```

pollfd 可以指定一个文件描述符并且指明希望监听到的事件，当 poll 调用返回时，如果文件描述符上发生了事件，就会修改 revetns 的值。调用返回后调用者需要自行进行遍历，来确定一个文件描述符上是否发生了对应的事件。

select 和 poll 的缺点很明显，它们都需要额外的遍历来确定到底是哪个文件描述符已经就绪。在实际应用中，成百上千个描述符中可能只有一两个处于就绪，遍历描述符集合就很浪费时间，实践也证明了 poll 和 select 的性能会随着监听描述符总数量的上升而下降。

B.3.2 epoll

和 select 以及 poll 不同，epoll 不是一个单独的系统调用，而是一系列相关 API 的合体。它最早于 Linux 内核 2.5.44 中引入，相关 API 的完善则是在 2.6 中。epoll 调用需要 3 个 API 来完成。

```
// epoll_create  创建一个epoll描述符并返回引用
int epoll_create(int size);

// epoll_ctl 将一个文件描述符加入监听列表
int epoll_ctl(int epfd, int op, int fd, struct epoll_event *event);

// epoll_wait 等待监听列表中的描述符就绪
int epoll_wait(int epfd, struct epoll_event *events, int maxevents, int timeout);
```

其中最重要的是 epoll_event 结构体，其定义如下。

```
typedef union epoll_data {
   void        *ptr;
   int          fd;
   uint32_t     u32;
   uint64_t     u64;
} epoll_data_t;

struct epoll_event {
   uint32_t     events;      /* Epoll events */
   epoll_data_t data;         /* User data variable */
};
```

值得注意的是 epoll_data 中的 ptr 指针，在使用中通常将其指向一个函数，到这里读者应该已经明白 epoll 相比 select 和 poll 的最大优势是什么了。epoll 可以直接将一个文件描述符和一个回调函数关联起来，从而避免了遍历描述符集合，然后再去执行对应的操作。

关于 epoll 的更多细节这里不再详细介绍。实践证明，即使是面对大量的文件描述符，epoll 处理的能力也没有下降。epoll 是 Linux 作为服务器支撑大量并发的基础之一，libuv 的事件处理机制也是基于 epoll 调用实现的。

附录 C Node 和其他语言的比较

一门编程语言在发展过程中，往往会借鉴并吸收一些其他语言的特性。对编程语言进行横向的比较有助于加深对语言本身的理解。

C.1 面向对象

JavaScript 糅合了面向对象及函数式的思想，同时也是动态类型语言。这种设计优点与缺点并存：缺点是无法断定类型给代码执行带来的不确定性，有些错误只有在运行时才能被发现；优点是给代码编写带来了很高的自由度。

对于任何一门编程语言来说，良好的设计总是能给后续代码开发带来极大的便利，但事实上，问题总会从意想不到的地方出现。面向对象非常考验在实施系统前对抽象关系的设计能力，但对于大型项目来说很难做到。假设实际的代码中有下面这种继承关系。

```
// 使用箭头来表示继承关系，如 A->B 表示 A 继承自 B
A->B

C->D->B
```

还有一个方法名为 setName，它试图将一个传入的 document 对象转换为 A 的实例。

```
public void setName(Document document){
      var doc = document as A;
      doc.name = "Lear";
      // other 100 lines
}
```

假设过了一段时间，随着业务的变化 C 类也要支持同样的逻辑，直观的思路是通过 if 来判断。

```
public void setName(Document document){

if (document as A != null){
      var doc = document as A;
      // 100 lines business code
}
if (document as C != null){
      var doc = document as C;
      // 100 lines business code
}

}
```

但这种做法会增加许多冗余代码，如果是 JavaScript，很容易就写出这样的代码。

```
if (document is A){
      var doc = document as A;
}else if(document is c){
```

```
        var doc = document as c;
    }
    // 100 lines business code
```

上面的代码在 C#中无法通过编译，原因是 C#的作用域范围十分严格，在 if 中定义的变量在外部无法访问。通常的解决方法是将 doc 的定义放在 if 判断的外部，但由于无法断定 doc 的类型，同样无法通过编译。

要解决这个问题，最符合面向对象思想的方法是声明一个泛型方法，该方法可以接收 A 或者 C 的实例作为参数，这就意味着要为 A 和 C 增加新的公共父类，在继承关系复杂的系统中会带来巨量工作。

C.2 C 语言中的 Stream

C 语言统一使用逻辑数据流来实现和 I/O 的交互，C 语言标准 I/O 库（开发于 1975 年）中的 API 很多都是通过流来完成的，就拿简单的读写文件为例。

```
// 使用 fopen()打开文件，返回一个文件指针（I/O 流）
FILE *fopen(const char *filename, const char *mode)

// 通过返回的文件指针来读取数据
size_t fread(void *ptr, size_t size, size_t nmemb, FILE *stream)

// 通过返回的文件指针写入数据
size_t fwrite(const void *ptr, size_t size, size_t nmemb, FILE *stream)

// 关闭文件流
int fclose(FILE *stream)
```

下面来看一段使用 C 语言实现的文件复制代码。

```
// 为了突出主要概念，下面的代码省略了一些错误处理的逻辑
#include <stdio.h>
// 定义缓冲区大小
#define BUF_SIZE 256

int main(int argc,char *argv[])
{
    FILE *in_file, *out_file;
    char rec [BUF_SIZE];

    // 打开可读流
    in_file = fopen(argv[1],"rb");
    // 打开可写流
    out_file = fopen(argv[2],"wb");

    // 可读流将文件内容读入缓冲区，再写入可写流
    while( fread(rec,1,BUF_SIZE,in_file) > 0 ){
        fwrite(rec,1,BUF_SIZE,out_file);
    }
    // 关闭流
    fclose(in_file);
    fclose(out_file);
}
```

可以看出，在第 4 章介绍的关于流的基本概念，包括缓冲区、可读流和可写流的 read/write 方

法都已经具备。

C.3　关于 I/O 的处理

Java 中有两种 stream，一种是位于 java.io 包中的 InputStream/OutPutStream 以及在它们基础上扩展的其他子类，如 HttpInputStream/HttpOutputStream 和 FileInputStream/ FileOutputStream。

这些 stream 类是专门用来处理 I/O 的，和 Node 中的 stream 类似。此外，Java 8（jdk 1.8 中）还增加了 java.util.stream 包，新的 API 和 I/O 无关，主要用来处理集合，提供一些函数式的谓词，如 filter、map、limit 等。

下面以 Java 和 C#为例比较其他编程语言是如何处理网络 I/O 的，这里选择的场景是发送一个 HTTP GET 请求。

代码 C-1　使用 Java 发起 HTTP 请求

```
public static void main(String[] args) throws Exception {
    URL url = new URL("http://www.google.com/");
    URLConnection conn = url.openConnection();
    BufferedReader in = new BufferedReader(new InputStreamReader(conn.getInputStream()));
    String inputLine;

    while ((inputLine = in.readLine()) != null){
        System.out.println(inputLine);
    }
    in.close();
}
```

代码 C-2　使用 C#发起 HTTP 请求

```
public static void Main (string[] args)
{
    HttpWebRequest request = (HttpWebRequest)WebRequest.Create("http://google.com");

    HttpWebResponse response = (HttpWebResponse)request.GetResponse();

    Stream receiveStream = response.GetResponseStream();
    StreamReader readStream = new StreamReader(receiveStream, Encoding.UTF8);

    Console.WriteLine("Response stream received.");
    Console.WriteLine(readStream.ReadToEnd());
    response.Close();
    readStream.Close();
}
```

C.4　C# Task

C#在线程上做了进一步抽象，发展出了 Task 和 Task Parallel Library（任务并行库）。C#中的 Task 可以近似看成 JavaScript 中的 Promise，目前 Task 已经成了 C#中编写多线程、异步和并行代码的首选 API。

```
// 新建一个 Task 并启动
Task taskA= new Task() => Console.Writeline("Hello from task,.");
taskA.Start();
```

启动一个 Task 之后，可以在代码任意位置使用 Task.Wait()获取 Task 的结果。

```
Task task = new Task() => Console. WriteLine("Hello from task"));
task.Start();
Console. WriteLine("some other code...);.
taskA.Wait();

// 输出
Some other code
Hello from task
```

Task 接受一个匿名函数作为参数，该函数会在 Task 开始运行后执行，并且可以将返回值传递到外部。

```
Task<int> task2 = new Task<int>(() =>
{
    return 10;
});
task2.Start();
Console. WriteLine("some other logic...");
var res = task2.Result;
Console.WriteLine(res);
// 输出
"some other logic..."
10
```

在处理 Task 时也可以使用 async/await 关键字。

```
static async Task<int> readFile()
      string file = @"C:\node12\README.md";
      StreamReader reader = new StreamReaderf(ile);
      string content = await reader.ReadToEndAsync();
      return content.Length;
}
```

上面的 readFile 方法虽然看起来返回的是一个 int 类型的变量，但 async 方法会将其包装成一个 Task，这和 JavaScript 中 async 方法总是返回一个 Promise 对象的表现是一致的。

```
Task<int> task = readFile ();
task.Wait(); // 也可以使用 await
Console. WriteLine(task.Result);
```

附录D Docker

笔者有段时间希望自己能跟得上最新的技术潮流，于是试着在一台已经用了几年（上面安装了各种开发环境）的 MacBook 上安装 TensorFlow。

官方推荐的安装方式很简单，在准备好 Python 环境后，直接运行 pip install tensorflow 命令即可完成安装。但笔者在实际的安装过程中，遇到了数不清的错误，主要是 Python 和其他依赖软件（six、setupTools 等）的版本问题，总之花了很长时间也没能安装成功。

本来是心血来潮想要体验一下新技术，却把大量的时间花在了配置环境上。如果真的等配置好环境，估计那时候对 TensorFlow 的热情也被消磨殆尽了。

有没有一种软件的安装/运行方式，可以做到开箱即用，不用考虑底层系统的环境问题呢?

D.1 容器技术

容器技术，即 Linux container，是基于 Linux 系统的一种虚拟化技术。container 的直译是集装箱（想象一下港口集装箱的样子），一艘货轮上通常由标准大小的集装箱层层叠加在一起。不管是什么货物，只要被装到集装箱里，就可以方便的由货轮输送到任意地方。

容器技术就是为了实现软件的开箱即用而诞生的。一个容器就是包含了最低限度运行环境的 Linux 系统，它向下屏蔽了操作系统和本地环境的差异，提供了一个“干净”的运行环境。

相比传统虚拟机，容器更加轻量，而且和宿主机的交互也更加方便。而 Docker 就是容器技术的一种实现。Docker 支持 Windows 10、Linux 和 macOS 系统，这里不再介绍安装过程。

D.1.1 镜像

Docker 运行的基本单位为镜像，镜像可以看作是一个描述文件，类似于虚拟机安装时的 img 镜像文件，但更加轻量。hub.docker.com 是一个类似于 npmjs.com 的中心镜像管理库，通过 docker pull 命令可以将镜像仓库中的镜像下载到本地。Docker 部分常用命令如表 D-1 所示。

表 D-1 Docker 部分常用命令

命令	作用
images	列出本地镜像
rmi	删除本地镜像
build	从 Dockerfile 创建镜像
search	从远程仓库中查找镜像
pull	从容器库中拉取容器到本地

续表

命令	作用
run	启动并运行容器
kill	关闭一个运行中的容器
rm	删除容器
pause/unpause	暂停/恢复容器运行
create	创建一个容器
exec	在运行的容器中执行命令
ps	列出本地容器列表
logs	获取容器日志

D.1.2　容器与镜像

容器和镜像是两个概念，如果用虚拟机做例子，一个镜像就好比一个 img 文件，而容器就是基于 img 文件创建的虚拟机实例。

一个容器可以看作是一台逻辑上的虚拟机，它通过端口与外部通信，可以通过配置将本地的端口映射到容器的端口，从而可以访问到容器内部运行的服务。

以 MySQL 为例，使用 docker pull mysql 会下载 mysql 最新版本的镜像。

D.1.3　运行

使用 docker run 命令来运行镜像，该命令格式如下。

```
$ docker run [OPTIONS] IMAGE [COMMAND] [ARG...]
```

- -a stdin：指定标准输入输出内容类型，可选 STDIN/STDOUT/STDERR。
- -d：以后台模式运行容器，返回容器 ID。
- -i：以交互模式运行容器，通常与-t 同时使用。
- -P：随机端口映射，容器内部端口随机映射到主机端口。
- -p：指定端口映射，格式为主机（宿主）端口：容器端口。
- -t：为容器重新分配一个伪输入终端，通常与-i 同时使用。
- --name：为容器指定一个名称。
- --dns：指定容器使用的 DNS 服务器，默认和宿主一致。
- --dns-search：指定容器 DNS 搜索域名，默认和宿主一致。
- -h：指定容器的 hostname。
- -e：设置环境变量。
- --env-file：从指定文件读入环境变量。
- --cpuset：绑定容器到指定 CPU。
- -m：设置容器使用内存最大值。
- --net：指定容器的网络连接类型。
- --link=[]：添加链接到另一个容器。
- --expose：开放一个端口或一组端口。
- --volume , -v：绑定一个卷。

例如，以 Docker 的方式运行 node –v，代码格式如下。

```
// 获取最新版本的 Node 镜像
```

```
$ docker pull node
// 在容器中运行 node -v
$ docker run node node -v
```

使用 docker ps 命令可以查看正在运行的容器。

```
$ docker ps
CONTAINER ID  IMAGE         COMMAND                  ...  PORTS                     NAMES
Ca55ce1d01bf  nginx:latest  "docker-entrypoint.sh"   ...  80/tcp, 443/tcp           nginx
E75f61752a0d mysql:5.6      "docker-entrypoint.sh"   ...  0.0.0.0:6379->6379/tcp redis
```

D.2 运行 MySQL

```
// 将一个名为 employees_db 的文件夹拷贝到运行 MySQL 的容器内
// employees_db 的是 MySQL 官方提供一个数据库
// 模拟了员工、部门和薪水的信息
$ docker cp .\employees_db mysql:/employees_db

// 运行 MySQL 服务
$ docker run --name mysql -p 3306:3306 -e MYSQL_ROOT_PASSWORD=20200202 -d mysql

// 进入 MySQL 容器的 bash 环境
$ docker exec -it mysql bash

// 执行
$ cd employees_db
$ mysql -t -uroot -p 20200202 < employees.sql
```

执行 employees.sql 生成的数据库及表结构如图 D-1 所示。

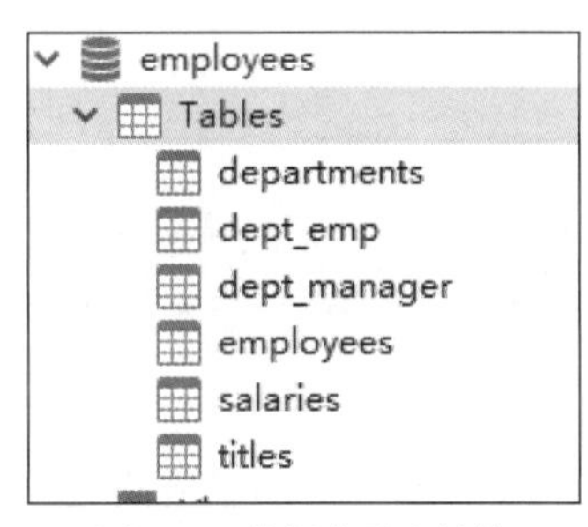

图 D-1　数据库及表结构

D.3 使用 MongoDB

MongoDB 的安装与运行和 MySQL 类似，这里不再赘述。

```
// 获取 MongoDB 镜像
$ docker pull mongo

// 运行镜像
$ docker run --name mongo -p 27017:27017 -d mongo

// 进入容器内部的控制台
$ docker exec -it mongo bash
```

D.4 Dockerfile

除了直接在控制台中使用命令外，还可以使用 Dockerfile 来描述和构建一个 Docker 镜像。这里用前面章节介绍的 Web 服务做例子，展示一下 Dockerfile 的写法。

很多开源软件都已经支持部署在 Docker 中，在 GitHub 开源项目根目录下通常会有一个 Dockerfile 文件，表示该项目支持以 Docker 方式运行。

```
FROM node:10

# 创建 app 运行目录并进入目录
WORKDIR /usr/src/app

# 复制 package.json 和 package-lock.json
COPY package*.json ./

RUN npm install

# 复制源代码文件
COPY ...

# 设置
EXPOSE 3000
CMD [ "npm", "start" ]
```

接着使用下面的命令打包镜像。

```
// 生成 mysite 的镜像
docker build -t mysite . // 不要忽略最后的 "."
// 运行 ，即可通过 localhost:3000 访问 Docker 内部运行的 Node 服务
docker run -p 3000:3000 -d mysite
```

Docker 已经成了现代 Web 服务器端部署的基础设置之一，尤其是在微服务架构中，将数量众多的微服务部署在物理机器上，会给真实机器的运行带来很大的不确定性，使用 Docker 很好地避免了这一点。